Mythische Bäume

URSULA STUMPF, VERA ZINGSEM, ANDREAS HASE

Mythische Bäume

**KULTE UND SAGEN
TRADITIONELLES HEILWISSEN
ÜBERLIEFERTES HANDWERK**

KOSMOS

INHALT

Bäume – Geschenke der Götter
Bestimmt, Himmel und Erde zu verbinden 8

Die mythischen Bäume
Apfel Bescheidener Heiler in unserer Nähe 16
Birke Alle Übergänge meistern 32
Buche Seelische wie leibliche Nahrung bieten 48
Eibe Leben und Tod bewältigen 64
Eiche Für Schöpfertum, Weisheit und Gerechtigkeit sorgen 82
Erle Mit Widersprüchen umgehen 98
Esche Aus der Tiefe in höchste Höhen finden 112
Fichte & Tanne Klarheit und Weihekraft verströmen 124
Hasel Schützend und bergend das Leichte leben 140
Holunder Sich den Verwandlungskräften stellen 154
Kiefer & Zirbe Stille und Neuland erstreben 170
Linde Freude und Schönheit verbreiten 186
Weide Im Strom des ewigen Lebens wachsen 202

Zu guter Letzt
Orte der Kraft, Stille und inneren Einkehr 216
Wo geht die Reise hin? 222
Zum Weiterlesen 228
Porträts der Autoren und Fotografen 230
Übersicht zu den Rezepten und Anwendungen 232
Register 234

Bäume – Geschenke der Götter

Bestimmt, Himmel und Erde zu verbinden

Bäume gehören zum Menschen dazu, seit er seinen ersten Atemzug auf dieser Erde tat. An ihnen richtet sein Blick sich auf, wenn er den Himmel sucht. Sie, deren Krone sich dem Firmament entgegenstreckt, machen ihm Lust, sich zu ungeahnten Höhen aufzuschwingen. So wurden sie zu seiner „Himmelsleiter". Ihre Wurzeln dagegen scheinen jenen Halt zu versprechen, den der Mensch sich im Lauf seines Lebens, das ihm im Vergleich zu dem der Bäume flüchtig erscheint, so dringend wünscht. Ihr Alter, das dem seinen weit überlegen ist, weckt Ehrfurcht.

Den Wurzeln von Bäumen vertrauten die Frauen früher vielerorts ihre Nachgeburt an. Zu Ehren eines Neugeborenen pflanzen wir bis heute gerne einen frischen Schößling. Wachsen möge das neue Lebewesen wie sein pflanzliches Ebenbild, aufrecht von Charakter, biegsam wie die Äste im Wind in den stürmischen Launen des Schicksals sich bewähren, dennoch niemals die Wurzeln seiner Herkunft vergessen. Denn ohne Wurzeln, so das Gefühl, gibt es kein Gedeihen und kein Gedächtnis. Der entwurzelte Baum – schon früh wurde er Ausdruck eines gescheiterten Menschenlebens.

Die Göttinnen des Orients liebten Bäume

Bereits in dem ältesten Mythenkomplex, der uns bis heute schriftlich greifbar ist, in den rund 4000 Jahre alten Geschichten um die große mesopotamische **Göttin Inanna-Ischtar**, Königin von Himmel und Erde, Göttin der Liebe und des Kampfes, spielt solch ein entwurzelter Baum eine Rolle. Es ist der berühmte Huluppu-Baum, den die Himmelskönigin mitten aus den gurgelnden Wassern des Euphrat herauszieht. Sie pflanzt ihn in ihren Garten und sorgt für ihn wie für ihr eigenes Kind. Bereits in dieser frühen Zeit fällt auf, wie sehr das Schicksal der Göttin mit dem Wachstum des Baumes verknüpft, ja in eins gesetzt wird. Es ist ihr eigener Lebensbaum, von dem hier die Rede ist. Große Pläne hat sie mit ihm, doch der Baum

➤ Himmelsleiter an einem Baum: der Weg von unten nach oben

wächst der jungen Frau schon bald über den Kopf. Die Wesen, die er beherbergt, kennt sie noch nicht: Eine Schlange, die sich nicht zähmen lässt, siedelt sich zwischen den Wurzeln an, und oben in der Krone brütet ein machtvoller Raubvogel, an den sie schon gar nicht herankommt. Im Stamm aber erblickt sie das Bild einer anderen Göttin, die ihr dunkel erscheint, ganz offensichtlich so etwas wie ihr anderes Ich, ein Teil ihrer noch unbewussten Seite, die sie dort gespiegelt findet.

Ganz uneigennützig hatte die Göttin den Baum nicht aus dem Strom gezogen. Sobald er groß genug war, wollte sie einen leuchtenden Thron und ein leuchtendes Bett aus ihm anfertigen lassen – zwei wertvolle Gegenstände, von denen jeder einem Teil ihres Wesens entsprach: der Thron ihrem Status als Herrscherin, das Bett ihrem Charakter als Liebesgöttin. Auch das gehört zum Geschenk der Bäume: Vor allem ihr Stamm lässt sich zu Dingen verarbeiten, die den Menschen – und selbst den Gottheiten – helfen, sich wohnlich einzurichten. Möbel, Werkzeuge, Häuser, Schiffe, ja selbst Tempel und Kathedralen lassen sich mit seiner Hilfe herstellen.

Als größter Tempel, als größtes Heiligtum wurde in der alten Welt allerdings der Baum selbst empfunden. Bedeutende Göttinnen wurden in Gestalt von Bäumen verehrt. Selbst im alten Ägypten, einem Land, das allgemein dürftig bewaldet war, genoss der Himmel in Baumgestalt allerhöchstes Ansehen. Es war die verehrte Himmelskönigin und **Liebesgöttin Hathor**, welche als die „Herrin der südlichen Sykomore" dem wahrhaft imponierenden Maulbeerfeigenbaum ihre Seele lieh. Häufig finden wir sie dargestellt, wie sie aus der Baumkrone heraus die Menschen mit Speise und Trank versorgt. Doch sie war auch Totengöttin, die „Herrin des schönen Westens", von der es hieß, dass sie die Menschen in ihrem Grab verjüngt und zur Wiedergeburt geleitet. Eine solche Baumgöttin, die berühmte Aschera, nahmen sich, archäologisch belegt, selbst die alten Israeliten mit ins Grab – zu einer Zeit, da sie offiziell schon längst dem Vielgottglauben abgeschworen hatten.

▲ *Ob im Baldachin der himmelwärts gerichteten Krone oder im tiefen Wurzelwerk: In allen ihren Aspekten wirken Bäume bis heute geheimnisvoll fremd und gleichzeitig unendlich nah.*

Die Germanen erlebten den Wald als Gotteshaus

Bäume als heilige weibliche Wesen anzusehen, war unserer heimischen Mythologie ein vertrauter Gedanke: **Frau Linde**, **Frau Ellhorn** (Holunder), **Frau Weckolter** (Wacholder) – unsere Vorfahren nannten sie beim Namen wie liebe Verwandte. Da die Wörter für Frau und Göttin jedoch synonym verwendet wurden, war stets klar, dass man es hier mit Göttinnen zu tun hatte, denen mit der ihnen gemäßen Achtung zu begegnen war. Etliche dieser Bäume hatten deshalb generell Gottesfrieden, das heißt, man durfte sie unter gar keinen Umständen fällen. Wer es dennoch tat, zog schwerstes Unglück auf sich. Zu diesen auserwählten Bäumen gehörten allen voran die Eiche, die Esche, die Hasel, der Holunder, der Wacholder (Machandelboom). Das, was in ihnen lebte und zu den Menschen sprach, stellte man sich als Nymphe, zu Deutsch „Holde" vor, die zu bluten anfing, sobald die Axt in den Stamm gehauen wurde. Bis heute haben unsere heimischen Baumnamen mehrheitlich den weiblichen Artikel beibehalten

Bei soviel göttlichem Leben verwundert es kaum, dass hierzulande der gesamte Wald als Tempel galt. Hier konnten die Menschen mit ihren Gottheiten Zwiesprache halten, ohne sie hinter Mauern sperren zu müssen: „Im übrigen glauben die Germanen, dass es der Hoheit der Himmlischen nicht gemäß sei, Götter in Wände einzuschließen oder irgendwie der menschlichen Gestalt nachzubilden. Sie weihen ihnen **Lichtungen und Haine**, und mit göttlichem Namen benennen sie jenes geheimnis-

▼ Der Wald als mythischer Raum – heute wie seit jeher

volle Wesen, das sie nur in frommer Verehrung erblicken." Das weiß bereits der römische Geschichtsschreiber Tacitus in seiner Schrift „Germania" aus dem 1. Jahrhundert nach Christus zu berichten. Der Wald erschien den Germanen als ein Gotteshaus, das von Himmel und Erde selbst errichtet war, ganz ohne Zutun des Menschen. Darauf vor allem kam es an.

Dass der Wald im Ganzen als freigiebig und großzügig erfahren wurde, veranschaulicht das folgende Märchen über „Die Stimme im Walde". Ein Bauer wollte einmal in die Stadt zum Markt. Als er durch den Wald kam, hatte er dort eine eindrückliche Begegnung. Er hörte ein unheimliches Geräusch und fand sich schon bald in Rede und Antwort mit einer Stimme verstrickt, zu der er keine Gestalt erblicken konnte. Und ehe er sich's versah, brach ein großes schwarzes Tier aus dem Gebüsch hervor und verschwand so schnell im Wald, wie es gekommen war. Da wurde es dem Bauern zu bunt, und beherzt warf er dem Tier seine beiden Pantoffeln hinterher. Die Antwort ließ nicht lange auf sich warten. Sie flog ihm in Gestalt von zwei Pantoffeln um die Ohren, doch die waren aus purem Gold. Da wurde der Bauer mutiger und warf seinen letzten Silbertaler in den Wald. Postwendend traf ihn ein goldener Taler am Kopf und hinterließ dort eine dicke Beule. Noch hatte er nicht genug. Sämtliche Knöpfe schnitt er sich von Rock und Weste ab, packte sie in seine Mütze und schmiss alles zusammen weit in den Wald hinein. Und tatsächlich: Als Diamanten kamen die Knöpfe wieder zu ihm zurück.

Während der Bauer sein Glück noch gar nicht fassen konnte, stand plötzlich eine schmutzige Alte vor ihm und sprach: „Nun hast du wohl genug, jetzt läufst du nach Hause zu deiner Frau und erzählst ihr, was dir hier passiert ist." Und die Leute meinten, das müsse wohl die Waldfee gewesen sein, die ihn so reich beschenkt hätte.

„Die Stimme im Walde" ist ein Märchen, das ganz in der Tradition der Frau-Holle-Geschichten

◄ *Wohin führt das Tor aus Haselstecken? Für den stillen Beobachter in die eigene Seele ...*

erzählt ist. Und diese Göttin weiß, bei aller Freude am Schenken, auch deutliche Grenzen zu setzen. Genug ist genug, man muss wissen, wann man aufzuhören hat, sonst ist es mit dem Segen schnell vorbei. Das große schwarze Tier weist sogar auf eine Art unterweltlicher Erfahrung hin: Gold, Silber und Edelsteine sind Schätze der unteren Welt, aus dem Inneren der Erde. Da Menschen bei Gold und Silber selten Maß halten können, sind es in unserer heimischen Mythologie oft riesige schwarze Tiere, meistens Pudel mit glühenden Augen, die als Wächter im unterirdischen Reich der Göttin fungieren. Auch die Sibylle von der Teck – die Teck ist ein Höhenzug auf der Schwäbischen Alb – erscheint volkstümlich als **Göttin Freya-Holle**. Sie verfügt in ihrer Höhle über einen derartigen Wachhund, der Unbefugte fernhält.

Die solchermaßen beschriebene Unterwelt galt als Ort der Verwandlung. In diesem unterirdischen

Reich werden die Samen der Pflanzen während der Winterzeit zu neuem Leben vorbereitet, aus ihm beziehen die Wurzeln der Bäume ihre Kraft. Diese Samen und Wurzeln waren der alten Welt kostbarer noch als Gold und Silber, denn es sind die Pflanzen, von denen Tiere und Menschen leben. Die Edelmetalle sind allenfalls das Bei- und Blendwerk einer glücklichen Stunde.

Der Weltenbaum lebt in uns

Dass die mächtig hohen Bäume dem Himmel soviel näher zu stehen scheinen als wir Menschen, hat schon vor Jahrtausenden eine Vorstellung begünstigt, die sich im ganzen nordeuropäischen Raum bis hin nach Sibirien ausgeprägt hat. Dort gehört es bis in die Gegenwart zur Initiation bedeutender Schamaninnen und Schamanen, dass ihre Seelen von Tiermüttern in Vogelnestern auf Bäumen großgezogen werden. Die beiden Bäume, die dazu vor allem prädestiniert schienen, sind die Birke und die Fichte, die ersten Bäume, die nach der Eiszeit vor etwa 12.000 Jahren auf der Erde wieder Fuß fassen konnten. Bis heute spielen diese beiden Baumarten hierzulande eine zentrale Rolle bei der Tradition des Maibaums. Wahrscheinlich ist das ein Überbleibsel aus jenen Zeiten, da der Schamanismus auch in unseren Breitengraden noch blühte. Unsere **heimische Mythologie** jedenfalls ist ihrem Ursprung und Wesen nach stark schamanisch geprägt. Die Parallelen in den Vorstellungen der nordeuropäischen Völker sind mehr als nur Zufall, was in den Baumkapiteln beschrieben wird.

Geradezu weltweit lässt sich darüber hinaus die **Idee des Weltenbaumes** nachweisen. Er kann mit folgenden Merkmalen aufwarten: Er ...
- ist gigantisch groß und entsprechend alt und reicht von den tiefsten Tiefen der Erde bis hinauf in die höchsten Höhen des Himmels;
- ist von Meerwasser umgeben;
- wird von einer Schlange gehütet, die sich um seinen Stamm herumwindet.

► *Die Fichte, verehrt als Maibaum: Sinnbild des Weltenbaumes und seiner Entwicklungskraft*

In seinem Buch „Die kosmische Schlange" entfaltet Jeremy Narby die These, dass es sich bei all diesen Darstellungen von Weltenbäumen, die von Schlangen gehütet werden, um ein tranceartiges Erfassen von Gegebenheiten handelt, wie sie sich in menschlichen Zellen abspielen. Unsere Erbinformation, die DNS, erscheint dort, wie wir mittlerweile wissen, als Doppelhelix: als zwei umeinander gewundene Schlangen, die eine Art Leiter ergeben. Sie ist in diesen Zellen mit Salzwasser umgeben, damit sie sich aufrichten kann: „Sämtliche Zellen auf dieser Erde sind mit Salzwasser gefüllt, wobei die Salzkonzentration die gleiche ist wie in allen Ozeanen. Die Form der verschlungenen Leiter ist eine direkte Folge des wässrigen Milieus. Die DNS ist das Informationsmolekül des Lebens, und ihrem Wesen nach ist sie sowohl einzeln als auch doppelt. Genau wie die Schlangen des Mythos." Unsere DNS weist demnach in ihrer Struktur einige

Züge des Weltenbaumes auf – die *Weltesche* lebt, und sie ist Teil von uns. *Yggdrasil* gibt es noch immer, und zwar in uns!

Vor soviel geistiger wie auch schöpferischer Größe schrumpft unsere Sicht auf den Baum als reiner Nutzholzlieferant in sich zusammen. Sicher, er liefert das Brennholz für unseren Ofen, wir zimmern Möbel aus ihm, pflücken Blüten, Blätter und Rinde für Tees und Heilsalben. Er begleitet uns gewissermaßen von der Wiege bis zur Bahre, und selbst das Papier, auf dem dieses Buch gedruckt ist, verdanken wir seinen vielfältigen Qualitäten. Und dennoch: Wer könnte leben ohne den Geist und die Seele der Bäume, ohne ihren Trost und ihre göttliche Größe, die sich nicht zuletzt in ihrer Heilkraft spiegelt? Das Heilige wurde zu allen Zeiten auch als das Heilende erfahren und angesehen. Auch der **Äskulapstab**, bis heute das Wahrzeichen der Heilkunst, ist seinem Ursprung nach ein Baum mit Blättern.

▲ *Zurück zu den Anfängen gehen, um die Zukunft zu gestalten: Bäume sind dafür die besten Begleiter.*

Am Anfang waren Esche und Ulme

Zuallererst aber verdanken wir den Bäumen überhaupt unser Leben, so zumindest erzählen es die heimischen Mythen. In ländlichen Gegenden wie der Eifel kann man noch heute hören, dass früher jedes Kind aus einem eigenen Baum geboren worden sei, den es sein Leben lang im Wald besuchen kann. Diese Vorstellung von der engen Verbundenheit zwischen Baum und Mensch wird von der nordischen Mythologie unterstützt, der zufolge die gesamte Menschheit von den Bäumen abstammt. Die ersten Menschen waren nämlich zwei Baumstämme: **Ask und Embla**, Esche und Ulme, Mann und Frau. Sie wurden von den Göttern Odin, Hönir und Loki bewusstlos am Strand gefunden, wie es in der Völuspa (Vers 12) nachzulesen ist: „Nicht hatten sie Seele / nicht hatten sie Sinn, / nicht Lebenswärme / noch lichte Farbe." Die drei Götter gaben ihnen Kleider und Namen, Seele, Atem und Leben, Verstand und die Gabe der Rede, Augen und Ohren. So wurden sie zu den Eltern der Menschheit.

Im Grunde wird mit solchen Mythen zugleich eine biologische Tatsache symbolisch zum Ausdruck gebracht: Die Bäume versorgen uns dank der Fotosynthese mit dem Sauerstoff, den wir zum Atmen brauchen, und ohne Atem gibt es weder Geist noch Seele noch Leben. Pflanzen im Allgemeinen und Bäume im Besonderen ernähren Tiere wie Menschen, stellen Nahrung, Werkzeug und Heilung, erfreuen das Auge und die Nase und sichern nicht zuletzt den Wasserkreislauf. Doch ohne die **Luft zum Atmen**, die sie uns täglich schenken, wäre das alles nichts. Wir werden es nicht mehr erleben, dass der letzte Baum gefällt wird, denn vorher haben wir schon längst unseren Atem und damit auch unseren Geist ausgehaucht.

Die mythischen Bäume

APFEL

Malus spec.

Bescheidener Heiler in unserer Nähe

Steht man im Frühjahr vor der reinen, weißroten **Blütenpracht** seiner hummelumschwirrten Dolden, so fühlt man leisen Glauben an kommende gute Tage in sich aufkeimen. In das makellose Weiß der Blüten mischt sich karminrotes Rosenrot, zerläuft dort in einen hauchzarten Rausch der Farben, wie frische Ölfarbe auf der Leinwand. Ungläubig steht man vor diesem Bild aus sanfter Hoffnung, festem Versprechen und zarter Zuversicht, beinahe wie vor einer Offenbarung. Wie der Maler vor seinem Werk. Steht man dagegen an einem im Nebel zerflossenen Herbsttag vor einem schwer tragenden Apfelbaum, der einem im verschwenderischen Überschwang seine grünroten, runden Früchte fast gedankenlos vor die Füße wirft, weiß man sich in Sicherheit, fern von Not, Hunger und Gefahr, ja selbst von Lüge, Trug und Hass.

Apfelbaum: Alles an diesem Wort ist rund. Es gleitet so einfach über die Zunge wie der reife, glatte Apfel durch die Hände gleitet, wenn man ihn einem lieben Menschen schenkt. Langsam und achtsam gesprochen, weckt das Wort umgehend ein Gefühl der Geborgenheit und des tiefen Vertrauens. **Behütetsein**: Das Gegenteil von Furcht.

Der Apfelbaum ist auch das Symbol der Weiblichkeit. Er ist das Urbild von Schönheit und Fortpflanzung, von Ernährung, **Schutz und liebevoller Annahme**, aber auch von Verführung, wie es etwa im bekannten Märchen *Schneewittchen* zum Ausdruck kommt. Verlässt der kultivierte Baum unsere Gärten und Plantagen, verwildert er schnell und ist von dem ursprünglichen, im Wald lebenden Holzapfel nurmehr sehr schwer zu unterscheiden. Er kommt in Hecken oder Auenwäldern vor, immer

▼ *Zart und unschuldig strahlen die Blüten im Frühjahr.*

▲ *Die Frucht gilt als verführerisch: Biblische Zitate und Märchen künden davon.*

Sein Ursprung wird in Vorderasien vermutet, heute kommt er hauptsächlich in den Niederungen Mitteleuropas vor. Vermutlich gibt es den unverfälschten, wirklich ursprünglichen Holzapfel gar nicht mehr, auch wenn sich die im Wald vorkommende **Wildform** insbesondere durch die kleinen, knapp 4 cm messenden, eher schrumpeligen und sauren Früchte noch immer sehr vom Kulturapfel unterscheidet. Das Gehölz kann sich im freien Stand durchaus zu einem über 10 m hohen Baum entwickeln und das niedrige Reich der Sträucher und Büsche verlassen. Der Stamm verzweigt sich schon in geringer Höhe und geht in in sich verwundene, starke Äste über, die weit in den Raum greifen können und am Ende verdornen. So entwickelt er eine unerwartet dichte und breite Krone, die ihm manches Mal ein pilzartiges Aussehen verleiht – in Gärten und Parks wird diese dann gerne kugelrund geschnitten, zuweilen sogar zu kleinen Pyramiden gebunden oder anderer Unfug damit getrieben.

Die eiförmigen und leicht gezahnten Blätter werden bis zu 10 cm lang, sind nur schwach behaart und enden in einer kleinen Spitze. Bereits beim Blattaustrieb Anfang April sind die Knospen voll entwickelt, lange vor der Blüte im Mai oder Juni. Der Apfelbaum ist einhäusig, das heißt, es stehen männliche und weibliche Blüten an einem Baum. Wie die unglaubliche **Schönheit der Blüten** bereits signalisiert, erfolgt die Befruchtung durch Insekten: Bienen, Hummeln und Fliegen lassen sich durch die satte Farbenpracht hierzu verführen.

Interessant sind auch die Wurzeln, die sich nur knapp unter der Erdoberfläche verbreiten, dafür aber sehr in die Breite gehen – fast wie seine Krone. Der Apfelbaum verfügt über ein sogenanntes **Herzwurzelsystem**.

in gehörigem Abstand zu den allzu nassen Böden, die er nicht verträgt. Kultiviert oder wild: Der Apfelbaum ist außerhalb der Blüte- und Reifezeit keine imposante Erscheinung und fügt sich auch in das gebückte Gebüsch, das man gerne übersieht.

Wesen und Charakter: lieblich, fraulich, rund

Der Kulturapfel ist diejenige Baumart, die die meisten **Sorten** hervorbringt – die Angaben schwanken von eintausend bis fünftausend, von denen sich freilich nur die wenigsten durchsetzen konnten und den Weg in unsere Supermärkte finden. Schon in der Jungsteinzeit spielte er eine bedeutende Rolle im Leben des Menschen, wie viele an Ausgrabungsstätten gefundene Apfelkerne beweisen. Inwieweit es unsere Vorfahren bereits damals verstanden, ihn zu veredeln, ist in Forscherkreisen unsicher und umstritten.

Herzensbaum und Lebensbegleiter

Der Name stammt vom germanischen *Apitz*, das zu *Apful*, zu *Afful* und schließlich zu *Apfel* wurde. Bei aller Lieblichkeit und allem Guten, das dieser

Baum der Menschheit geschenkt hat, überrascht der lateinische Name: *Malus* – das *Böse, Schlechte*. Der Holzapfel heißt wissenschaftlich *Malus sylvestris*, also frei übersetzt etwa *Das Böse aus dem Wald*. Von dort soll er wohl stammen, der Apfel, den Eva ihrem Adam reichte – und schon nahm das Böse unaufhaltsam seinen Lauf.

Doch es gelang kaum, den Apfelbaum zum Baum des Bösen zu stilisieren, zu eng ist seine Geschichte mit der des Menschen verwoben, zu groß ist das Gute in ihm, zu sehr steht seine runde Frucht für Sonne, Leben, Liebe. Er blieb beharrlich das Heilsversprechen, das er in den Herzen der Menschen immer war.

Die Frucht des Apfels galt in vielen Hochkulturen als Symbol der weiblichen Fruchtbarkeit, und ist das **Sinnbild des Ewigen Lebens** schlechthin – in den Augen der katholischen Kirche allerdings war sie seit Paradieszeiten das reinste Teufelszeug. Von Martin Luther hingegen ist der bekannte Spruch überliefert: „Und wenn ich wüsste, dass morgen die Welt unterginge, würde ich heute noch ein Apfelbäumchen pflanzen!»

Schon damals war die Sitte, in der Geburtsstunde eines Kindes einen Apfelbaum als **Lebens- oder Geburtsbäumchen** zu pflanzen, uralt – das Neugeborene gedeiht oder verkümmert wie der Baum.

Symbolische Kraft, handwerkliche Spielerei

Der mit dem paradiesischen Urbeginn des Menschen verbundene, lebenspendende Apfel war als **goldener Reichsapfel** jahrhundertelang Päpsten,

◄ *Urahn: Der Wildapfel trägt bereits die runde, geschlossene Gestalt in sich.*

▲ *Der alte Brauch, zur Geburt eines Kindes einen Apfelbaum zu pflanzen, findet heute wieder Anhänger.*

▶ *Alles begann im Paradies: Der Apfel war wesentlicher Teil beim Fall der Menschen in die irdische Welt.*

Apfel auf den Kopf. Die runde Frucht wurde von genau derjenigen Grundkraft der Physik – der Schwerkraft – unwiderstehlich angezogen, die er aufgrund dieser Erfahrung dann als erster Naturwissenschaftler beschrieb.

Das Holz verfügt zwar über große Härte, Festigkeit und feine Struktur. Auch lässt es sich sehr gut beizen und polieren und ist von daher ein gutes Imitat für Ebenholz. Dennoch ist es insgesamt wirtschaftlich nicht bedeutsam. Hauptsächlich findet es Anwendung in der Kunst und in der **Drechslerei**: Eierbecher, Salatbestecke, Obstpressen, Schachfiguren und Brieföffner werden beispielsweise aus ihm hergestellt.

In unserer Zeit ist der Apfel als Markenname eines weithin bekannten amerikanischen Unternehmens der Computerbranche in die Geschichte eingegangen. Heute ist sein Logo, der angebissene Apfel, jedem Kind so geläufig wie früher der Reichsapfel. Und als Symbol der Macht des Geldes und

Kaisern und Königen ein unverhohlenes Symbol der Macht: Als Teil der Krönungsinsignien wurde er den kommenden Herrschern in feierlichen Zeremonien genauso überreicht wie das Zepter. Wer die Fruchtbarkeit beherrscht, wer über Leben und Tod gebietet, wer den Lauf der Dinge bestimmt, herrscht bis ins Mark.

Wirtschaftlichen Nutzen erzielt der Apfelbaum vor allem aufgrund seiner **leckeren Frucht**. Bereits die Römer wussten den wilden Apfel zu kultivieren, anzubauen und zu züchten. Sie hatten diese Kunst vermutlich von den Persern gelernt und brachten sie den Germanen und den Kelten, die bis dahin mit dem sauren Holzapfel zurande kommen mussten. Aber nicht nur auf einer kulinarischen Ebene und in der Symbolik ist der Apfel von großer Bedeutung – nein, auch harte wissenschaftliche Fakten kamen mit seiner Hilfe zutage: Isaac Newton fiel 1660 beim Nachgrübeln über die Geheimnisse der Welt im herbstlichen Garten ein reifer

STECKBRIEF

sommergrüner Laubbaum
deutscher Name: Apfel
wissenschaftlicher Name: Malus
Anzahl der Arten weltweit: etwa 40
Familie: Rosengewächse *(Rosaceae)*
Verbreitungsgebiet: weltweit
Standort: feuchte bis nasse Böden
Höhe: bis zu 10 m, selten darüber hinaus
Alter: 80–100 Jahre
Austrieb: April, Mai
Blütezeit: Mai, Juni
Blatt: eiförmig-oval, leichte Spitze, Rand gesägt
Frucht: Apfel
Rinde: grau, rissig und rau
Eigenschaften des Holzes: Hartholz, schlechter Brennwert

moderner Technologie ist es mindestens genauso weitreichend. Doch man kann sich seinem Einfluss ja entziehen, indem man sich unter einen Apfelbaum setzt – und abwartet, was kommt.

Heilkunde: am besten essen – oder trinken

Zu 85 % besteht die Frucht aus Wasser, was dann eben auch als köstlich schmeckender Apfelsaft deutlich wird. Der Apfel ist ein idealer Muntermacher. Es ist wirklich so, wie wir es von unseren Großmüttern gelernt haben: In und knapp unter der Schale stecken die meisten Vitamine. Zwischen fünf und 50 mg Vitamin C sind da im Apfel verborgen – alte Apfelsorten wie *Boskop* oder *Glockenapfel* sind noch reicher an Vitamin C. Waschen Sie für **gesunden Genuss** deshalb die Außenhaut der Frucht unter fließendem Wasser und reiben Sie sie anschließend mit einem Tuch trocken – das entfernt die meisten Schadstoffe.

Es ist nicht nun nur das Vitamin C allein, das die Gesundheit erhält, sondern das Zusammenwirken aller Inhaltsstoffe. Naturheilkundlich arbeitende Ärzte und Heiler wissen das seit jeher. Besondere Aufmerksamkeit der aktuellen Forschung gilt dem Quercetin, einem sekundären Pflanzenstoff, der die Kraft hat, Viren zu bekämpfen. Außerdem beugt er Grauem Star vor, fördert zusammen mit Glutathion die Entgiftung des Körpers und stärkt auf diese Weise das Immunsystem. Er bindet freie Radikale und schützt vor Herz-Kreislauf-Erkrankungen und Krebs. Obendrein optimiert er die Leistungsfähigkeit des Gehirns und verringert das Risiko, an Demenz zu erkranken. Vitamin E, B-Vitamine, Kalzium und weitere wertvolle Mineralstoffe wie Phosphor, Kalium, Magnesium und Eisen wirken alle zusammen in diesem Gesamtheilwerk Apfel.

Wohlbefinden für Magen und Darm

In erster Linie pflegt der Apfel die Darmschleimhaut und reguliert die Darmaktivität. Zu frischem **Mus auf einer Glasreibe** gerieben hilft er bei Durchfall, wenn Sie es mindestens 3× täglich verzehren. Für diese Wirkung verantwortlich ist zum einen das Pektin, ein Ballaststoff, der Flüssigkeit absorbiert, und zum anderen sind es Gerbstoffe, die Entzündungen hemmen. Äpfel helfen auch beim Gegenteil, der Verstopfung. Auch hier wirkt das Pektin als Ballaststoff mit großem Quellvermögen. Damit Pektin im Darm gut quellen und zusammen mit Zellulose die Darmbewegung anregen kann, sollten Sie zur Apfelkost viel trinken. Pektin wirkt auch der Übersäuerung des Körpers entgegen, indem es sowohl die Bildung von Harnsäure reduziert als auch ihre Ausscheidung fördert. Äpfel und das Pektin in ihnen senken den Cholesteringehalt des Blutes. Drei Äpfel pro Tag reichen für diesen Zweck aus. Getrocknete Apfelringe und naturtrüber Apfelsaft besitzen ebenfalls diese Fähigkeiten (siehe Kasten S. 23).

Äpfel sind auch eine ideale Begleitung zur Einleitung einer Fastenkur oder zum Fastenbrechen. Sie haben wenig Kalorien, regen die Entgiftung an und versorgen den Körper mit den nötigen Nährstoffen. Zum Abnehmen ist eine Apfelkur mit zehn Äpfeln pro Tag durchaus geeignet. Im Anschluss daran dient ein reiner Apfeltag im Monat der Entschlackung. Trinken Sie 2 l **Apfeltee** über den Tag verteilt. Schneiden Sie dafür 1 kg ganze Äpfel in feine Blätter und kochen Sie sie in 2 l Wasser 15 Minuten lang – das ist alles. Dieser Tee stillt den Durst, reinigt das Blut, entgiftet die Lymphe und stärkt die Nerven.

Ein Apfel, am Morgen gegessen, regt Körper und Geist an und gibt einen ersten Energieschub für den ganzen Tag. Vitamin-C-haltiger Apfelsaft vor dem Essen getrunken, verbessert die Aufnahme von Eisen. Wer aufhören möchte zu rauchen, sollte probieren, mehr Äpfel zu essen. Zigarettenrauch und Apfelgeschmack vertragen sich nicht. Je öfter ein Apfel statt der Zigarette genossen wird, desto weniger schmeckt die Zigarette. Und während so nebenbei der Körper mit Vitaminen und Mineralien versorgt wird, kommt zur gleichen Zeit die **Entgiftung** in Schwung.

Ein Apfel vor dem Schlafengehen wiederum garantiert einen erholsamen Schlaf, weil seine Inhaltsstoffe für eine gleichmäßige Verteilung des Blutzuckers während der Nacht sorgen. Manche sagen allerdings, man solle abends keinen Apfel mehr essen, weil er nachts im Darm anfängt zu gären und die Verdauung zu sehr belastet. Es liegt an Ihnen, das auszuprobieren und eigene Erfahrungen zu sammeln. Allergiker sollten die Äpfel vor dem Verspeisen erhitzen, um die Hauptallergene unschädlich zu machen. Gesunde Menschen können ohne Schwierigkeiten reife rohe Äpfel essen. Kranke sollte dagegen eher gekochte und gebratene Äpfel zu sich nehmen.

▼ *Gerade für die Winterzeit ist der tägliche Apfelgenuss die beste Medizin.*

APFEL – BESCHEIDENER HEILER IN UNSERER NÄHE | 23

Trocknen: einfach und schonend bevorraten

Wenn Sie biologisch gewachsene Äpfel schälen, sollten Sie die Schalen nicht wegwerfen. Trocknen Sie sie stattdessen bei der niedrigsten Temperatur – etwa 40°C – im Backofen und bewahren Sie sie für einen wärmenden Schalentee an kalten Winterabenden auf. Fügen Sie dann noch etwas Zimt hinzu und süßen mit Honig – das erhöht den Genuss. So ein Tee entspannt und hilft bei Fieber am Beginn einer Erkältung.

Wenn Sie im Herbst mehr Äpfel haben, als Sie verarbeiten oder lagern können, trocknen Sie sie. Entfernen Sie zunächst das Kerngehäuse mit einem Apfelausstecher und schneiden Sie danach die Äpfel samt Schale in runde, etwa ½ cm dicke Ringe. Die Apfelringe fädeln Sie auf eine Schnur und hängen sie in der Nähe der Heizung oder des Kachelofens zum Trocknen auf. Das schafft gleichzeitig einen heimeligen und belebenden Raumduft. Sie können die Äpfel auch in dünne Schnitze schneiden und sie auf dem Blech im Backofen oder Dörrapparat bei geringer Temperatur dörren. So haben Sie einen schmackhaften und gleichzeitig gesunden Knabbervorrat – nicht nur für lange Winterabende.

Und noch ein Hinweis zur großen Heilkraft des Apfels: Im Mittelalter verwendeten die Menschen braune, **gärende Lageräpfel als Breiumschläge** bei Wundliegen, Erfrierungen oder Verbrennungen. Sie nutzten dabei die keimtötende Wirkung der Schimmelpilze lange vor der Entdeckung des Penicillins. Und natürlich ist es einfach ein Genuss und Lebensfreude, sich ab und zu ein Stück Apfelkuchen oder Apfelstrudel zu genehmigen …

◄ *Unsere Kultur kennt vielfältige Formen der Zubereitung: frisch gerieben, als heißer Strudel oder als saftiger Kuchen sind nur einige davon.*

▲ *Apfelringe schonend trocknen: schmackhafter Vorrat für die dunkle Jahreszeit – Tee aus der ganzen Frucht oder der wertvollen Schale: Reinigung von innen*

Verjüngender heilender Apfelessig

Apfelessig entsteht von ganz allein aus frisch gepresstem, rohem, biologischem Apfelsaft, wenn man ihn einige Wochen – mit einem Tuch abgedeckt – stehen lässt. Zuerst bilden sich von Tag zu Tag immer mehr kleine weiße Schaumbläschen auf dem Saft. Sie zeigen an, dass er anfängt zu gären. Am Boden setzt sich dann langsam eine weiße gallertartige Masse ab, die einer Qualle ähnelt. Das ist die Essigmutter. Sie sorgt dafür, dass der ganze Zucker aus dem Apfelsaft zu Essig vergoren wird. Wenn sich nach ein paar Wochen keine Bläschen mehr bilden, ist die Gärung abgeschlossen und Sie können den Essig von der Essigmutter abfiltrieren und verwenden. Bewahren Sie die Essigmutter – mit Essig bedeckt – gut verschlossen in einem Glas im Kühlschrank auf: für weiteren Gebrauch.

Den Essig können Sie sowohl innerlich zur Pflege des gesamten Stoffwechsels als auch äußerlich zur Pflege von Haut und Haaren verwenden. **Trinken** Sie ihn morgens auf nüchternen Magen, etwa $1/2$ Stunde vor dem Frühstück. Dann bringt er die Verdauung in Schwung. Verrühren Sie dazu in einem Glas 1–2 TL davon mit 1–2 TL Honig und gießen Sie das Ganze mit 200 ml warmem Wasser auf. Eine Apfelessigkur sollte 4–6 Wochen dauern. In dieser Zeit werden Sie merken, was für ein echter Jungbrunnen das ist. Die Kur fördert die Funktion der Nieren, entwässert den Körper und hilft, wasserlösliche Toxine auszuscheiden. Sie regt die Tätigkeit von Magen, Darm und Bauchspeicheldrüse an, beseitigt schädliche Bakterien und reguliert die Darmflora.

Apfelessig ist sehr sanft zur Haut. Er hat einen ähnlichen pH-Wert wie ihr natürlicher Säureschutzmantel, fördert die Durchblutung und sorgt dafür, dass sie schön und gesund aussieht. Für eine glatte und gepflegte Haut können Sie ihn auch ins **Badewasser** geben – etwa $1/4$ l pro Wanne – oder nach dem Duschen in die Haut einreiben. Ihre **Haare** bekommen einen lebendigen und strahlenden Glanz, wenn Sie sie nach dem Waschen mit Apfelessig spülen: Geben Sie 1 TL auf ein Glas Wasser. Und natürlich können Sie auch den **Salat** mit dem feinen und gesunden Apfelessig würzen.

Apfel – Bescheidener Heiler in unserer Nähe | 25

Kein Wunder, dass die vielen helfenden und heilenden Eigenschaften für den Ruf der Unsterblichkeit gesorgt haben.

Wer den Apfelessig nicht mag, kann mit einer **Apfelmaske** die Gesichtshaut verwöhnen. Reiben Sie einen Apfel auf einer Glasreibe, verrühren Sie das Mus mit 1 EL Sahne und 1–2 Tropfen ätherischem Rosenöl. Verteilen Sie die Maske auf Gesicht, Hals und Dekolleté und lassen Sie sie 15 Minuten einwirken. Spülen Sie das Gesicht anschließend mit warmem Wasser ab. So eine Maske nährt und reinigt die Haut und schenkt ihr neues strahlendes Aussehen.

Blütenkraft für Freude und Hoffnung

Das **Blütenwasser** reinigt die zarte Gesichtshaut. Ernten Sie dazu achtsam aus dem rosa-weißen Blütenmeer im April eine Handvoll Blüten und tauchen Sie sie in eine Schale mit 100 ml gutem Wasser. Lassen sie die Schale dann zugedeckt 5–6 Stunden bei Raumtemperatur stehen. Danach filtrieren Sie ab und reinigen die Gesichtshaut mit dem Heilwasser. Übrig gebliebenes Wasser können Sie in einem verschließbaren Fläschchen 3–4 Tage im Kühlschrank aufbewahren.

Für ein **Haut- oder Badeöl** füllen Sie ein Schraubdeckelglas mit Blüten und übergießen sie mit biologischem Mandelöl. Alle Blüten sollten gut vom Öl bedeckt sein. Nach zwei Wochen bei Zimmertemperatur und ohne direktes Sonnenlicht filtrieren Sie das Ganze ab, füllen das fertige Öl in einen schönen Flakon und verwöhnen Ihre Haut damit. Hildegard von Bingen schrieb vor fast 1000 Jahren: „Und wer durch eine Leber- oder Milzschwäche oder von üblen Säften des Bauches oder Magen oder von Migräne im Kopf leidet, der nehme die ersten Sprossen, das heißt die Knospen des Apfelbaumes und lege sie in Baumöl ein und er wärme sie in einem Gefäß an der Sonne und abends, wenn er schlafen geht, salbe er den Kopf mit diesem Öl und tue dies öfters, und er wird sich besser im Kopf befinden."

Der Holzapfel, der wild in alten Hecken wächst, bietet uns kleine, harte Früchte, die holzig schmecken und nur gekocht genießbar sind. Doch gerade aus den Blüten des wilden Apfelbaumes bereitete Edward Bach eine feine Essenz für körperliche, geistige und seelische Reinheit – *Crab Apple* genannt. Sie hilft, sich in der eigenen Haut wohl zu fühlen und bringt inneren Frieden. Ob wild oder weitergezüchtet: Apfelbäume und ihre Blüten vermitteln ein Gefühl der Jugend und des Frohsinns, der Leichtigkeit und der Lebensfreude, der Schönheit und der Liebe. Die Blüten stimmen hoffnungsfroh, fördern die Zufriedenheit mit sich selbst, wecken die Lust auf Gesundheit und regen die Selbstheilungskräfte an.

Wer sich in diese Aura versetzt, mag nachvollziehen, welche wundervollen Eigenschaften die Äpfel für die Kelten besaßen: Sie waren sich sicher, dass allein der Duft Kranke heilen konnte – und wer ganz genau hinhörte, so die Überlieferung, konnte sogar eine leise Musik vernehmen. Das Erstaunlichste allerdings war, dass sie niemals weniger wurden, egal wie viel man von ihnen aß.

◂ Der tägliche Apfelessig: innerlich wie äußerlich pflegend und verjüngend

➤ *Blühende Bäume verzaubern und bereichern jeden Garten: den irdischen wie den himmlischen.*

Mythen, Sagen und Kult: Baum des himmlischen Gartens

Der Apfelbaum ist der größte Wunderbaum. Überall, wo er in der Mythologie auftaucht, wird er mit der Liebe und der Unsterblichkeit des Lebens verbunden. Neben dem guten Geschmack seiner Früchte hat dies vor allem mit seinen Farben zu tun. Äpfel leuchten golden an den Zweigen, ganz wie die „güldene" Sonne zur Mittagszeit. Gleichzeitig haben sie rote Wangen und rund sind sie noch zudem. Was lag näher, als ihr Aussehen mit dem unseres Zentralgestirnes zu vergleichen: das Rot mit den Farben seines Auf- und Untergangs, das Gelb mit der strahlenden Mittagssonne. Äpfel sind, mythologisch gesehen, **Miniatursonnen**, die an Zweigen wachsen und Frohsinn verströmen, denn eine betrübte Sonne ist schlechterdings nicht vorstellbar. Die Sonne lacht vom Himmel, wie der Apfel vom Baum herunterstrahlt.

Dass die Sonne unermüdlich auf- und untergeht und aus der Nacht erfrischt an den Himmel zurückkehrt, machte sie schon früh zu einem Sinnbild des ewig wiederkehrenden Lebenskreislaufs:

Die *goldenen Äpfel der Hesperiden*, die *goldenen Äpfel der Iduna* – sie sind schon dem Klang nach Poesie und verheißen denjenigen, die davon kosten, unsterbliche Verjüngung. In Griechenland war es die Göttin Hera, Göttin der Liebe und Ehe, Königin von Himmel und Erde, die zu ihrer Hochzeit von ihrer Mutter, der Göttin Erde, einen Apfelbaum mit den Früchten ewiger Jugend als Geschenk erhielt. Sie pflanzte ihn in ihren **himmlischen Garten** und bestellte die Hesperiden zu seinen Wächterinnen. Die drei Hesperiden galten als Töchter der Hesperis, die ihrerseits eine Tochter des Abendsterns Hesperos war.

In diesem Garten ließ auch der Sonnengott Apoll jeden Abend seine unsterblichen Rosse ausruhen, die tagsüber seinen Wagen über den Himmel zogen. Der indoeuropäische Wortstamm für Apfel lautet *abol* – der Name Apoll hängt dem Klang und Ursprung nach damit zusammen: Der Apfel, leuchtend wie sein himmlisches Pendant, ist also eine Form von Unsterblichkeit, die wir zu uns nehmen können.

Als Hera einmal herausfand, dass die Hesperiden, denen sie ihren kostbaren Baum anvertraut hatte, in unbeobachteten Momenten von den Früchten naschten, bestellte sie zusätzlich eine große Schlange zu seiner Wächterin. Es war die Schlange Ladon – männlich vorgestellt –, die sich alsbald um den Stamm herumwand und Unbefugten den Zugang zu den goldenen Äpfeln verwehrte. Der antike Dichter Lukrez beschreibt Ladon so: „… der schuppige Drachen mit stechendem / Blicke, der Hüter / golden erstrahlender Äpfel im Garten / der Hesperiden. / Der mit riesigen Ringeln die Stämme / des Baumes umwindet."

Der alten Welt galt die Schlange als das weiseste von allen Tieren. Ihre Fähigkeit, sich zu häuten, brachte ihr schon früh den Ruf der Unsterblichkeit ein, womit sie den Gottheiten gleich wurde. Auch Ladon ist ein Ausbund an Weisheit. Er hat hundert Köpfe und spricht gleich mehrere menschliche Sprachen. Als Herakles diese **weise Schlange** tötet, um sich mit dem Apfel zugleich die Unsterblichkeit zu rauben, ist Hera untröstlich. Im Sternbild der Schlange setzt die Göttin Ladon ein Denkmal an den Himmel.

Idunas Kraft der ewigen Verjüngung

Der Name der keltischen Insel *Avalon* leitet sich ebenfalls von *abol* ab: Avalon, das ist jene bekannte **magische Apfelinsel**, auf der die Fee Morgane dem König Artus zu immerwährender Gesundheit verhilft, ein Garten wie ein Paradies, in dem Krankheit und Tod unbekannt sind. Daraus, dass Artus diese Insel nie wieder verlassen wird, ersehen wir, dass er in der Tat die Welten gewechselt hat und sich in einem Jenseits unsterblicher Liebe befindet. Denn auch das bewirkt nach altem Glauben der Biss in den Apfel: ein Vergessen, das mit höchster Seligkeit einhergeht.

In unserer nordisch-germanischen Mythologie waren die goldenen Äpfel ewiger **Verjüngung** der Göttin Idun(a) vorbehalten. In ihrer Obhut befand sich nicht nur ein einzelner Baum, sondern eine ganze Plantage dieser zauberhaften Früchte. Entsprechend freigebig konnte sie mit ihnen umgehen: Jeden Morgen erhielten sämtliche Mitglieder der heimischen Götterwelt von ihr einen Apfel zum Geschenk, und dank dieser Gabe blieben sie jung

◄ *Griff nach Unsterblichkeit: Herakles besiegt die Schlange Ladon und raubt die Äpfel der Hesperiden. – Iduna ist die Hüterin der ewige Verjüngung schenkenden Apfelfrüchte.*

▲ *Jedes Frühjahr bringt die Göttin die Bäume – und dadurch die Herzen – zum Leuchten.*

und vital. War Iduna allerdings nicht zur Stelle und blieb deshalb der Apfelsegen aus, dann alterten auch die Götter und Göttinnen, bekamen Falten und graue Haare, ganz wie sterbliche Menschen. Iduna war so etwas wie die Lebensversicherung der Gottheiten.

Sie selbst galt vor allem als eine Göttin des Frühlings und der Auferstehung, darin vergleichbar der Göttin Ostara. Idunas Gemahl war der Dichtergott Bragi, der gerne die Wonnen des Monats Mai besang, einer Zeit, in der die Apfelbäume in voller Blüte auf den Wiesen prangen. Im Herbst jedoch, so erzählen es die Mythen, wird die Göttin von den Sturmriesen geraubt. Dann verwandelt sie sich in eine Nuss, macht sich klein und überwintert in der Erde wie die Samen der Pflanzen, damit sie im Frühling umso prächtiger hervorspringen können.

Wie sehr der Apfel symbolisch mit der **Geburt neuen Lebens** verknüpft wurde, verdeutlicht eine Geschichte um die nordische Göttin Frigg, Gemahlin des Göttervaters Odin: Ein schon betagtes Königspaar litt sehr darunter, keinem einzigen Nachkommen das Leben geschenkt zu haben. Als eines Tages der König ins Gebet versunken auf einem Hügel unter einer Fichte saß, fiel ihm plötzlich ein Apfel in den Schoß. Die Göttin Frigg hatte ihre Botin Gna in Gestalt einer Nebelkrähe ausgesendet, um dem Kummer der beiden Eheleute abzuhelfen. Der König gab den Apfel seiner Frau zu essen, und neun Monate später gebar sie den ersehnten Sohn. Er sollte zum Begründer des edlen Wölsungengeschlechts werden, von dem später der ruhmvolle Held Sigurd abstammte.

Baum der Göttin Holle
Es gibt hierzulande eine weitere große Göttin, die unzertrennlich mit dem Apfelbaum verbunden ist. Im **Garten der Göttin Holle** steht, dem bekannten Märchen zufolge, ein Apfelbaum, der geschüttelt werden will. Da ist sie, die Frau Holle unserer Kindertage. Sie ist aber nicht nur eine Märchenfigur, sondern wurde früher als die große Göttin des gesamten Jahreskreises verehrt. Einst – so berichtet es die Sage – eilte sie mit wenigen Schritten von Skandinavien bis an den Meißner hinüber, der mit einer Höhe von 740 Metern die höchste Erhebung in Niederhessen ist. Dort holte sie ein lästiges Steinchen aus ihrem Schuh heraus, das sie achtlos beiseite warf. So entstand die *Blaue Kuppe*, ein Felsblock im Gebiet des Hohen Meißners bei Kassel, wo noch heute der sogenannte *Frau Hollenteich* zu besichtigen ist.

Frau Holle ist also eigentlich Göttin Holle und als solche eine Riesin, wie man an der Entstehungsgeschichte um die Blaue Kuppe unschwer erkennen kann. Sie gehört damit, bildlich gesprochen, zum Urgestein unserer Welt. Da sie in Märchen und Mythos für den Schnee verantwortlich ist, können wir sie zu den Frostriesen zählen. Alles, was weiß ist, gehört zu ihr: die Farbe der Linden- und Holunderblüten und ganz besonders das strahlende Weiß der Apfelblüten. Wenn wir im Mai über eine Streuobstwiese wandern, sieht es so aus, als feierten die Bäume Hochzeit, als hätten sie sich in ein leuchtendes hochzeitliches Gewand gekleidet. Fallen die Blütenblätter dann zu Boden, wirkt es von weitem, als hätte es geschneit. Blühen und Verwelken, Leben und Sterben gehen Hand in Hand. Das Hochzeitskleid und das Totenhemd waren früher aus demselben Stoff gewirkt: dem weißen Linnen, auch dieses übrigens eine Gabe der Holle (siehe Linde S. 196).

In diesen Vorstellungskreis passt die Sage, die man sich zur Weihnachtszeit erzählte: In der Mitternachtsstunde der Christnacht, zur Wintersonnenwende, wenn die dunkelste Zeit des Jahres dem aufsteigenden Licht die Hand reicht, sollen die Apfelbäume blühen und Früchte tragen! Blüte und

▼ *Die Äpfel sind das Vorbild für die roten Kugeln am Weihnachtsbaum – Sinnbild für ewiges Leben.*

Frucht, Anfang und Vollendung zur selben Zeit. Die roten und goldenen **Christbaumkugeln**, die viele noch immer an ihre Weihnachtsbäume hängen, sind eigentlich Äpfel – und als solche wiederum Sonnensymbole. Sie vergegenwärtigen die Wiederkehr des Lichts in der tiefen Dunkelheit, symbolisieren Wiedergeburt und ewiges Leben an einem immergrünen Baum, sei es Fichte oder Tanne.

Frau Holle und der Apfelwein

Der Holle schreibt man noch eine weitere Wohltat ins Stammbuch: Sie gilt als die Erste, die den köstlichsten **Apfelwein gekeltert** und das Rezept an die Menschen weitergegeben hat. Und das kam so: Wieder einmal erscheint Frau Holle zu Besuch bei den Menschen, um ihr Herz zu prüfen. Mitten in einer sturmumtosten Nacht klopft sie in der Gestalt eines alten verhutzelten Mütterchens an die Tür einer Tagelöhnerhütte. Dort trifft sie auf eine verarmte Familie. Der Vater ist als Tagelöhner unterwegs, die Mutter sitzt mit ihren beiden Töchtern am Spinnrad in der Stube. Zu Beißen und zu Brechen gibt es wenig, doch die drei Frauen nehmen die frierende, zerzauste Alte mitleidig in ihrem Heim auf. Zu einer Schale warmer Roggengrütze schenken sie ihr noch ein Glas selbst gekelterten Apfelweins ein. Der mundet ihrer Besucherin ausgezeichnet und sie rät ihren Gastgeberinnen, mehr davon zu machen. Die Mutter jedoch verweist traurig auf den einzigen Baum in ihrem Garten, der soviel nicht hergebe.

Am nächsten Morgen ist die Alte verschwunden. Zurück bleibt im Schlafzimmer nur ein Hauch von Rosenduft, ein untrügliches Zeichen dafür, dass die Göttin Holle zu Besuch gewesen war. Und tatsächlich: Kaum ist der Winter dem Frühling gewichen, da stehen von einem Tag auf den anderen die schönsten Apfelbäume im Garten und glänzen weithin im Schneekleid der Blüte. Die musste Frau Holle als Dank für die gastliche Aufnahme eigenhändig dort gepflanzt haben. Zusammen mit ihren Helfern, den **Zwergen**, sorgt sie als Erdenmutter

➤ *Apfelwein ist ein Geschenk der Göttin Holle: lebenspendend wie der geheimnisvolle Fünfstern, der sich im Kerngehäuse verbirgt.*

für die Bäume, bis sie im Herbst schließlich wangenrote Früchte tragen.

Bald darauf hilft sie der Tagelöhnerfamilie, einen köstlichen, würzigen Apfelwein zu keltern, wie es seinesgleichen bisher in ganz Thüringen nicht gegeben hat. Schon bald werden ihre Schützlinge wohlhabend, denn die Sache spricht sich herum, und alle wollen vom neuen Wein kosten. Der Ruhm dieses Getränks lockt immer mehr Neubauern an, die auch ihr Glück beim Keltern versuchen wollen, und so entsteht das Dorf Weingarten am Hörselberg. Den Wein der Tagelöhnerfamilie kann allerdings niemand übertreffen, denn wo Frau Holle selbst gepflanzt hat, da wachsen nun einmal die himmlischsten Früchte.

Als Göttin der Liebe wohnt Frau Holle – unserer heimischen Mythologie zufolge – im Venusberg, das ist eine Bezeichnung für das Reich der himmlischen Freuden. Ein anderer Name für Venusberg war der oben erwähnte Hörselberg. In der Vorstellung des **Venusbergs**, wie sie hierzulande gepflegt wird, sind die drei sagenhaften Welten von Himmel, Erde und Unterwelt eins. Im Inneren des Berges gelegen wird hier die Unterwelt zu einem freudvollen Ort der Seligkeit. Venusberg, das ist auch die Lust des Vergessens, welche die Gegenwart zu einem Fest macht.

Es gibt hierzulande viele Sagen und Märchen, in denen Menschen plötzlich in das Innere eines solchen „Berges" entrückt werden. Das mag als Vorgeschmack auf die ewige Seligkeit betrachtet werden, mit der wir jederzeit in Kontakt treten können, wenn wir nur offen dafür sind.

Der kosmische Tanz der Venus

Entsprechend seiner fünf Blütenblätter bildet der Apfel in seinem Inneren ein fünffächeriges Kerngehäuse aus. Wenn wir den Apfel quer aufschneiden, entdecken wir in seiner Mitte also einen fünfzackigen Stern. Dieses Bild hat wohl die alte Welt zur Zeichnung des berühmten Pentagramms inspiriert. Da man einen **Fünfzack** endlos über-

zeichnen kann, ohne je den Finger oder Stift absetzen zu müssen, wurde er zum Symbol des unendlichen Lebensfadens, und damit zum Sinnbild für ewiges Leben.

Das **Pentagramm** wird auch Drudenfuß genannt und gilt bis heute als machtvolles Schutzzeichen. Es wird seinem Erscheinungsbild nach mit dem Schwanenfuß verbunden, und der Schwan ist das klassische Symboltier der Liebesgöttinnen, von Aphrodite-Venus über Freya bis zur Holle. Bedeutungsvoll ist zudem der planetarisch-kosmische Aspekt des Pentagramms. Man hat nämlich herausgefunden, dass der Venusstern zusammen mit der Erde einen fünfzackigen Stern um die Sonne „tanzt". Bei der Bewegung des Planeten um die Sonne trifft er sich mit der Erde in schöner Regelmäßigkeit immer wieder an exakt denselben fünf Punkten. In der Abfolge, in der sie aufeinanderstoßen, zeichnen sie ganz genau ein Pentagramm. Für dieses Muster braucht die Erde acht und die Venus 13 Jahre. Auf diese Weise wird der Apfel schließlich zu einer Frucht, die uns sogar mit den Sternen verbindet.

▲ *Von der Frucht zum Symbol: Das Pentagramm steckt voller Magie und vielfältiger Bedeutung.*

BIRKE

Betula spec.

Alle Übergänge meistern

Wäre die Birke ein Musikinstrument, sie wäre eine Harfe, so zart und zerbrechlich klingt das Konzert ihrer hellgrünen Blätter im Frühling. Alles an ihr ist ein fortwährendes Werden, kein Stillstand, kein Vergehen. Selbst in ihrem Tod wandelt sich ihr helles, seiden schimmerndes Holz zum sicheren Hort für zahllose Wesen, die in ihm entstehen, leben und wieder vergehen – das „Stirb und werde!" hat die Birke vollkommen verinnerlicht. Wiegt sie sich sacht im Wind, sieht sie aus wie eine liebevoll erzählte Gutenachtgeschichte. Andere Bäume mögen aussehen, als würden sie in den Himmel wachsen. Die Birke aber weckt den Anschein, als würde sie uns **aus dem Himmel** entgegenwachsen – und eine Brücke bauen.

Ihr Name besteht fast aus den gleichen Buchstaben wie der Stoff, aus dem ihr Kleid gemacht ist, das ihr diesen unverwechselbaren Anblick verleiht: Ihre blättrige Borke changiert irgendwo zwischen strahlendem und schmutzigem Weiß. Sie verbirgt viele Grautöne in sich, die beinahe hinabsinken können zu einem Schwarz, das durch den Kontrast tief und geheimnisvoll scheint. So vielfältig wie ihr Aussehen, sind die Empfindungen, die sie im aufmerksamen Beobachter weckt: vom jugendhaften, frechen Mädchen über federleichte, verspielte Sylphen bis hin zur liebenswerten Lebensweisheit eines alten Mütterchens und zum Schalk rätselhafter Hexenwesen.

All das birgt die Birke in sich. Und doch ist sie immer weiblich, immer zart. Ihr fehlt alles Wuchtige, Behäbige, und selbst im heftigen Sturm bewegt sie sich grazil und elegant, manchmal wie eine Balletttänzerin im Spiel mit Licht und Lüften,

▼ *Mit dem Wind wesensverwandt, immer luftig und leicht*

manchmal wie eine Zauberin zwischen Magie und Macht. Wer je sah, wie eine Birke fällt, der weiß, dass sie selbst das mit **stolzer Eleganz** tut. Vielleicht rührt von daher ihre unermesslich große Bedeutung für die alten nordischen Völker.

Wesen und Charakter: zäh und zart in einem

Bei aller Zartheit hält die Birke viele handfeste Überraschungen bereit: Dieses zierliche Geschöpf verfügt über großen **Mut und Pioniergeist** und ist immer ganz vorne dabei – jedes Jahr ist sie eine der ersten, die ihre zarten, hellgrünen Blätter in den noch kühlen Frühlingswind entrollt. Sie ist der klassische Frühlingsbaum. Doch schon kurz nach den ersten Austrieben lässt sie sich bereitwillig von vielen anderen Baumarten überholen. Buche, Weide und andere scheinen sich von der vorwitzigen Lichtspielerin nicht abhängen lassen zu wollen. Ähnlich hält es die Birke im gesamten Lebenslauf: Kann sie die ersten 20 Jahre pro Jahr fast einen Meter an Höhe gewinnen, so lässt dieser ungestüme Wachstumswille danach stark nach. Die restlichen etwa 40 bis 60 Jahre ihres Lebens legt sie nur noch höchstens zehn bis zwölf Meter zu.

Die Birke ist der **Baum des Nordens**. Hitze verträgt sie wesentlich schlechter als extrem tiefe Temperaturen. Sie ist bis zu −36 Grad frosthart, selbst die jungen Blätter vertragen bis zu −6 Grad. Im Norden Europas wird sie am ältesten, bis zu 180 Jahre. In unseren Breitengraden dagegen und in den südlichen Ausläufern der Alpen erreicht sie nur selten 80 Lenze. Als Pionierbaum erobert sie ganze Landschaften, sammelt Humus an, senkt so die Spätfrostgefahr für andere Bäume und bereitet den Boden für mächtige Mischwälder, die nach ihr kommen – und sie dann überholen und überwuchern. Ihre lichtdurchlässige Krone erlaubt es

▼ *Im rauen Gebirge wie im nassen Sumpf: Die zart wirkende Pionierin ist überraschend zäh.*

anderen Baumarten, in verspielter Großzügigkeit, unter ihr Fuß zu fassen. Doch auch hier ist Undank der Welten Lohn: Allzu leicht wird sie bald von den stärker werdenden Emporkömmlingen verdrängt. Folglich fühlt sie sich in der vermeintlichen Geborgenheit eines tiefen Waldes auch nicht recht wohl und bevorzugt eher seinen sicheren Rand und jene Standorte, die ihr das für sie so lebenswichtige Licht lassen.

So hoch der Anspruch ist an Sonne und Himmel, so gering ist er an Boden und Erde. In ihrer **Bescheidenheit** keimt sie aus kahlen Mauerfugen, auf ruppigen Schotterflächen, verlassenen Gleisanlagen und selbst in vernachlässigten Dachrinnen! Im norddeutschen Flachland kommt sie vor und erklimmt gleichzeitig die Alpen bis auf eine Höhe von etwa 2000 Metern. Reine Birkenwälder gibt es im deutschsprachigen Raum wenig, doch in Nordeuropa und bis nach Sibirien kann die überwältigende Schönheit des Baumes ganze Landstriche mit sich reißen.

Lichte Blätter, lichte Borke

Die beiden bei uns hauptsächlich vorkommenden Arten, die Hänge-, Sand- oder Weiß-Birke und die Moor-Birke sind recht leicht voneinander zu unterscheiden. Ihr Name ist Programm: Herabhängende Zweigspitzen kennzeichnen die **Hänge-Birke**, an der **Moor-Birke** hingegen strebt alles nach oben und die Blätter und jungen Zweige sind mit Flaumhaaren überzogen. Für beide gilt: Die sehr fein strukturierten und von Adern gleichmäßig durchzogenen Blätter sind am Rand doppelt gezahnt, wodurch sie ihre typische Form erhalten. Seit jeher spielen sie eine sehr große Rolle in der Naturheilkunde. Mit unbändiger Vitalität treibt die Birke zumeist Anfang April, manchmal bereits Mitte März ihre Blätter aus, beginnt fast gleichzeitig zu blühen und lässt ihre zahlreichen Pollen in alle Winde verwehen – sehr zum Unwillen vieler Allergiker, denen es ob solch forschen Vorgehens die Tränen in die Augen treibt. Die sehr dominanten, mit jeweils bis zu fünf Millionen (!) Pollen schwer beladen herunterhängenden weiblichen Kätzchen ziehen die Aufmerksamkeit auf sich. Hingegen werden die aufrechten kleineren, männlichen Fruchtblütenkätzchen leicht übersehen.

Das junge Blätterkleid umgarnt den zartgliedrigen Baum und im strahlenden Sonnenlicht verwischen die Konturen in das Blau des Himmels. Die hellen Blätter scheinen um jeden Lichtstrahl zu

▲ *Hänge-Birke mit typischer Geste: der Erde entgegen*

▲ Alles am Baum ist lichtvoll. Die weiße pergamentige Borke drückt es aus.

▶ Birkenpech: zäh, klebrig – und schwarz

gelblich-weißen Borke. Ähnlich wie die Linde und der Apfelbaum verfügt auch die Birke über ein **Herzwurzelsystem**, das sich bei ihr aber schnell verjüngt. Es geht in fadendünne Feinwurzeln über, an deren Ende fast besenartige Büschel sitzen. Auch im Wurzelwerk ist also alles an diesem Baum zart und filigran.

Steinzeitlicher Klebstoff und reine Klänge
Viele Bäume haben eine Jahrtausende alte Tradition als treue Begleiter und wahre Beschützer an der Seite des Menschen. Manche kraftvoll und entschlossen, andere zurückhaltend und im Hintergrund oder aufopferungsvoll bis zur Selbstaufgabe. Und wenn es unter den vielen wunderbaren Baumarten eine gibt, die dem Menschengeschlecht **Schutzengel** sein kann, dann ist es die Birke. Doch nicht nur bei den nordischen Völkern Europas ist

wetteifern, mit ihm zu spielen, ihn zu reflektieren, und fast meint man, sie leuchten von innen. Das ist tatsächlich keine optische Täuschung oder haltlose Schwärmerei: Auf den Adern der gezahnten Birkenblätter finden sich kleine Drüsenschuppen, die ein flüssiges Sekret auf der Ober- und Unterseite absondern, das dann wie natürlicher Klarlack abtrocknet und einen Sommer lang die verschiedensten **spiegelnden Lichtspiele** und Reflexionen bewirkt. Dies ist auch der Grund, weswegen man in der Zeit des Austreibens sein Auto besser nicht unter einer Birke parkt, denn das harzartige Sekret ist nur schwer wasserlöslich und zeitigt auf Autolack ganz eigene Effekte – auch schön anzusehen, doch man muss es mögen.

Der Stamm fällt vor allem durch die Einmaligkeit der **weißen Borke** auf. Bei beiden hier in Rede stehenden Birkenarten ist die Borke in der Jugend eher rötlich-braun. Bei der Moor-Birke wird sie in der Jugend beneidenswert glatt und weiß bis grau mit schwarzen Flecken. Die Hänge-Birke hingegen entwickelt später grobe wulstige Längsrisse in einer

sie seit Urzeiten von vielschichtiger kultureller Bedeutung, auch im Fernen Osten spielt sie von jeher eine tragende Rolle.

In Nordrhein-Westfalen stießen Archäologen auf den bislang ältesten in Mitteleuropa gefundenen Klebstoff – **Birkenpech**. Es lässt sich durch Destillation der Rinde gewinnen. Deutlich sichtbare Reste davon fanden sich bei insgesamt 83 etwa 120.000 Jahre alten Feuersteinklingen. Bereits die Neandertaler verwendeten Birkenpech offenbar bei der Herstellung von Werkzeugen und Waffen: Weitere Funde in Italien belegen, dass dieser Werkstoff über Hunderttausende von Jahren gefertigt und verwendet wurde. Auch in den neolithischen Pfahlbausiedlungen am Bodensee, die rund 6000 Jahre alt sind, erfreute er sich großer Beliebtheit.

Im Brandschutt eines jungsteinzeitlichen Hauses in Bodmann-Ludwigshafen fand man ein Gefäß in Frauengestalt, in dem Birkenteer gekocht wurde. Das Pech haftet sogar heute noch in dicken Krusten im Inneren des gefundenen Kruges. Durch die aufmodellierten Brüste ist das Gefäß klar als weibliche Gestalt zu erkennen. Die chemische Veränderung, die sich in seinem Inneren vollzog, erhält durch die Frauenfigur eine zusätzliche symbolische Bedeutung, galt doch der Leib der Frau ganz allgemein als ein Ort lebensspendender Verwandlungen. Die äußere Form sollte wohl zum Gelingen des Prozesses in magischer Weise entscheidend beitragen. Der stark **aromatische Duft**, der dem Birkenteer während der Erhitzung entsteigt, könnte zusätzlich einen erwünschten „weihrauchähnlichen" Effekt gebildet haben, der die Sinne für die Welt des Spirituellen öffnet.

Das Holz des Baumes bildet keinen dunklen Kern aus und verfügt im gesamten Querschnitt

STECKBRIEF

sommergrüner Laubbaum
deutscher Name: Hänge-, Sand- oder Weiß-Birke, populär auch Haarbirke, Besenbirke, Glasbirke oder Behaarte Birke; Moor-Birke
wissenschaftlicher Name: Betula pendula; B. pubescens
Anzahl der Arten weltweit: etwa 50
Familie: Birkengewächse *(Betulaceae)*; auch die Hasel und die Hainbuche gehören dazu
Verbreitungsgebiet: Europa, Asien und Nordamerika
Standort: anspruchslos, Waldrandlage
Höhe: bis zu 30 m
Alter: bis zu 60 Jahre, im Norden erheblich älter
Austrieb: März, April
Blütezeit: März bis Mai
Blatt: leicht 3-eckige Form, wechselständig
Frucht: bräunliches, geflügeltes Nüsschen
Rinde: weiß mit tiefen Rissen
Eigenschaften des Holzes: hart, hoher Brennwert

Kunsthandwerk mit Funktion: Gefäße aus der Rinde machen Essbares haltbarer. – Heller, reiner Klang: Das Klavier ist ohne die Birke nicht denkbar.

über die gleiche, seidig glänzende Farbe. Durch die relativ geringe Tragfähigkeit des feinen Splintholzes und seine hohe Anfälligkeit für Pilz- oder Insektenbefall ist es als Bauholz kaum zu verwenden. Zudem ist es kaum witterungsfest und hat der zerstörerischen Kraft des Wassers wenig entgegenzusetzen. Es lässt sich aber gut bearbeiten, leicht schnitzen, drehen und drechseln, jedoch nur schwer spalten. In der Industrie findet es hauptsächlich Verwendung als Ersatz für Nussbaum, Mahagoni oder andere wertvolle Holzarten, insbesondere für Furniere, im Zweiten Weltkrieg gar im Flugzeugbau und bis heute als **Sperrholz**.

Bemerkenswert ist das Holz der finnischen Birken, da es im Wuchs wesentlich gerader ist und es viel seltener zu Fehlbildungen kommt. Nicht nur für die Herstellung von Langlaufskiern und Schlittenkufen, wie das traditionell in Finnland ja naheliegt, ist das von großer Wichtigkeit, sondern insbesondere auch für den **Instrumentenbau**. Hier findet das meist finnische Birkenholz für die 88 Hammerstiele von Klavieren und Pianos Anwendung, wobei der reine Klang des zwölf Zentimeter langen Hammerstiels beim Aufprall auf einem Metallstück dafür entscheidend ist, wo genau er dann im Klavier eingebaut wird. Diejenigen Hölzer mit den höchsten Klängen werden für das Anschlagen der hohen Grundtöne des Klavieres verwendet, die mittleren für die Mittellage, die dunklen Klänge für die Basslage. So sorgt das Holz der Birke für einen **Klang, so licht und rein** wie ein klarer Sommertag – was vormals das Auge erfreut hat, erfreut nun das Ohr. Kleinere Holzstücke finden Verwendung für Wäscheklammern, Zündhölzer, Trinkbecher und Holzschuhe, dickere Stämme des lichtreichen Holzes für Möbel, früher vorzugsweise für das Schlafzimmer oder gar als ganzes Musikzimmer.

Laut dem Südtiroler Archäologiemuseum, in dem Ötzi, der weltbekannte Mann aus dem Eis, gezeigt wird, wurden bei ihm zwei **Gefäße aus Birkenrinde** gefunden. In einer transportierte er überlebenswichtige Glut und in der anderen bewahrte er seine Essensvorräte auf. Die antiseptische Wirkung des in der Rinde enthaltenen Betulins macht sie zum idealen Aufbewahrungsort für Lebensmittel, beispielsweise als wunderschöne Brotdosen aus der feinen Rinde. Selbst nach über 5000 Jahren sind solche Dosen noch gebräuchlich. Sie werden nach wie vor von Hand hergestellt und sind im guten Fachhandel erhältlich.

Und – wen wundert es: Das Holz des Lichtes ist sehr **gut brennbar**, sogar ungelagert und in frischem Zustand. Der hohe Anteil ätherischer Öle sorgt dabei nicht nur für die gute Entzündbarkeit und eine wunderschöne, bläulich züngelnde Flamme, sondern auch für einen angenehmen Duft am offenen Kamin.

Aus dem Laub hat man lange Zeit Farben gewonnen: das sogenannte *Schüttgelb*, das beispielsweise bei Künstlern in der Ikonenmalerei des Mittelalters beliebt war. Schlussendlich erweisen die Birkenzweige nach wie vor den **Besenmachern** gute Dienste. Kaum ein anderes Material ist so geeignet dafür, unebene Oberflächen abzukehren. Welch ein guter Freund des Menschen ist dieser Baum ...

Heilkunde: zum Fließen bringen

Belauschen Sie im Frühjahr einmal das Innenleben dieses Baumwesens. Wenn es möglichst ruhig um Sie herum ist, legen Sie Ihr Ohr an den weißen Stamm und horchen hinein. Erstaunlich weich und warm fühlt sich die „Haut" der Birke an. Horchen Sie mit geschlossenen Augen. Hören Sie das Rauschen? Es kommt aus weiter Ferne. Es ist die Birkenwasserleitung. In ihr strömen im Frühjahr pro Tag etwa 70 l Flüssigkeit aus der Wurzel in die Krone nach oben und „treiben" Blätter und Blüten aus ihrer Winterruhe. Im Hochsommer können es sogar bis zu 400 l Wasser pro Tag sein, die über die Blätter verdunsten. Deswegen ist selbst an heißen Sommertagen ein Aufenthalt unter der Birke so wohltuend **erfrischend**.

Die Germanen bohrten im Frühling ein Loch in den Stamm einer Birke, steckten einen Strohhalm als „Wasserleitung" hinein, banden einen Behälter – vielleicht aus Birkenrinde – darunter und fingen so den Saft auf. Sie tranken ihn als **belebenden Frühlingstrank**, der Gesundheit und neue Lebenskräfte bringt. Die moderne Wissenschaft hat die Inhaltsstoffe erforscht: Invertzucker, Pflanzensäuren, Salze, Eiweiße, Wachstumsfaktoren, Mine-

◄ *Heilsamer, wie Quellwasser schmeckender Birkensaft im Frühling: reinigend und klärend*

▶ *Die frischen zarten Blätter stecken voller Leben und Kraft.*

ralstoffe wie Kalium, Natrium, Magnesium und Spurenelemente wie Selen, Chrom, Eisen, Kupfer und Bor. Heute verwendet ihn die Kosmetikindustrie in Haarwässern, Shampoos und als Tonikum für die Kopfhaut.

Bei Wunden und Verhärtungen

Nicht nur der Saft, auch die **jungen Knospen** – *Betulae gemmae* genannt – sind gesund. Ab März, sobald sie anfangen zu treiben und knapp einen Zentimeter lang sind, können Sie sie ernten. Ihr zartes Inneres ist noch von kleinen, dachziegelartig angeordneten braunen Schuppen mit grünem Rand geschützt. Stecken Sie eine Knospe zum Probieren in den Mund und zerkauen Sie sie langsam und gründlich. Das Geschmackserlebnis entfaltet sich dann von mild über leicht herb bis hin zu einer nussigen Note. Birkenknospen haben eine ähnliche Wirkung wie der frische Saft – schließlich ist er es ja, der sie anschwellen lässt. Die geballte Frühlingskraft der Knospen steckt obendrein voller Medizin. Sie senken Fieber, fördern das Schwitzen, bessern Erkältungen und vertreiben den Husten. Ihr Harz desinfiziert und reinigt und machte die Knospen in alten Zeiten zu einem geschätzten Wundheilmittel.

Junge Blätter – *Betulae folium* genannt – ernten Sie am besten an den ersten warmen Frühlingstagen. Wahrscheinlich kleben Ihre Finger anschließend von dem Harz der Deckblätter, die die Knospen vor den Winterfrösten schützten. Streifen Sie die **zarten Blätter** einfach von den Ästen herunter – zu diesem frühen Zeitpunkt wachsen sie tatsächlich noch einmal nach. Sie schmecken lecker und frisch, beispielsweise auf einem Butterbrot oder im gemischten Salat. Für den Jahresvorrat pflücken Sie die festeren Blätter bis Ende Juni und trocknen sie im lichten Schatten auf einem Leintuch.

Birkenblätter wirken gesundend bei allen **Nieren- und Blasenproblemen**: dank der Komposition wertvoller Inhaltsstoffe wie Flavonoiden, Salicylsäureverbindungen, Gerbstoffen, Vitamin C oder Saponinen. Sie schwemmen Wasseransammlungen (Ödeme) aus dem Körper heraus und steigern die Urinausscheidung um zehn bis 15 Prozent. Auch helfen sie, Krankheitskeime aus den Harnwegen herauszuspülen. „Die Haut ist die dritte Niere", sagten die alten Ärzte. Das bedeutet: Wenn die Nieren nicht richtig arbeiten, versucht der Körper, Schadstoffe über die Hautoberfläche auszuscheiden. Das führt zu Pickeln, Akne, Eiterungen, Ekzemen oder Juckreiz. Deswegen ist es wichtig, bei allen Hautproblemen viel zu trinken und so die Funktion der Nieren anzuregen.

Ein **Tee aus Birkenblättern** ist dafür bestens geeignet. Die Blätter stecken voller basischer Mineralsalze und helfen, harnsaure Ablagerungen aus den Gelenken herauszuschaffen. So nehmen sie auch die Schmerzen bei rheumatischen Beschwerden und Arthrose und bringen die Beweglichkeit zurück. Wer aufgrund einer Herz- oder Nierenfunktionsstörung an Wassereinlagerungen im Gewebe leidet, sollte Birkenblätter allerdings nicht anwenden. Dies gilt ebenso bei einer Allergie gegen die Pollen des Baumes.

Birkenzucker gegen Karies

Trapper, Jäger und Fallensteller in den Birkenwäldern Kanadas und Sibiriens schätzten immer die **wundheilende Kraft der Rinde**. Sie kochten sie dafür aus, was das Betulin, den heilsamen harzigen Inhaltsstoff, herauslöste. Betulin verleiht der Rinde ihre typisch weiße Farbe und schützt den Stamm vor Umwelteinflüssen. Wenn Sie mit Ihren Fingern die weiße Rinde reiben, bleibt das Betulin als weißer Überzug auf der Haut haften. Heute ist bekannt, dass es bei trockener, rissiger Haut und chronischen Hautentzündungen wie Neurodermitis und Psoriasis hilft. Forscher untersuchen es auch auf seine Wirkung bei Krebs.

▼ *Echter Birkenzucker: Xylit ist süß und wirkt dennoch gegen Karies.*

Tee wirkt besser als eine Tinktur

Für den „inneren Frühjahrsputz" empfiehlt sich eine **Teekur** mit den Blättern. Trinken Sie zwei Frühlingswochen lang täglich 1 l Tee aus den frischen Blättern und zusätzlich noch mindestens 1 l reines Wasser. Das reinigt den Körper und bringt neue Energie. Auch Fastentage können Sie damit wunderbar begleiten. Und so gehts: Übergießen Sie 1 TL Blätter mit 250 ml kochendem Wasser und lassen Sie alles 15 Minuten lang zugedeckt ziehen. Trinken Sie davon 3–4 Tassen pro Tag. Überschüssigen Tee verwenden Sie am besten als abendliches **Gesichtswasser** oder als Kompresse bei Hautunreinheiten. Auch Haare und Kopfhaut bedanken sich für eine Massage mit neuer Kraft und lebendigem Glanz.

Die innere, gelbe Schicht der Rinde, das Kambium, enthält Öl, Vitamin C und Birkenzucker, den so genannten **Xylit**. Für so manchen Jäger oder Trapper in Kanadas Wäldern war diese Schicht in strengen Wintern die letzte Notration. Heute wird der Zucker zunehmend geschätzt, weil er – im Gegensatz zu normalem Zucker – die Zähne vor Karies schützt. Er lockt den Speichelfluss im Mund und lässt Kariesbakterien absterben.

Birkenpollen zählen zu den heftigsten und hartnäckigsten Auslösern von **Allergien** im Frühling. Je nach Region und Witterungsverhältnissen haben sie von Ende März bis Mitte Mai Saison. Die Pollen sind leicht und winzig klein, ihr Durchmesser ist halb so dick wie ein Haar – und sie fliegen Hunderte von Kilometern weit. Sobald es wärmer als 15 Grad ist, fängt die Birke an zu blühen.

Die Erfahrung aus der ganzheitlichen Heilkunde zeigt: Jemand, der auf Pollen allergisch reagiert, sträubt sich unbewusst gegen die Kräfte des Frühlings, gegen Erneuerung, Veränderung und Wachstum. Die Birke ist ein Symbol für Lebensfreude und Lebensmut. Oft wird sie mit einem jungen Mädchen verglichen, das voller Schönheit, Anmut und Heiterkeit steckt. Doch nicht für jeden Menschen ist es leicht, seine schönen Seiten auch äußerlich selbstbewusst zu zeigen. Das wäre die Herausforderung, um die Allergie zu überwinden.

Mythen, Sagen und Kult: Baum von Neugeburt und Wandel

In einer altenglischen Runendichtung heißt es: „Die Birke trägt keine Frucht, / doch sie schießt empor, / ohne sich auszusamen, / hat schimmernde Äste / hoch in ihrer geschmückten Krone; / mit Blättern beladen / berührt sie den Himmel." Von allen Bäumen dieses Buches ist allein die Birke ihrem Namen nach bereits als Göttin gekennzeichnet, und eine besonders vielschichtige ist sie noch zudem. Hergeleitet aus der indoeuropäischen Wurzel *bhirg* steht ihr Name in Verbindung mit Birgit, Brigid(a), Brigitte, Brigantia, allesamt Namen gro-

Heilmittel selbst herstellen

Die **feinstoffliche Essenz** aus den Blüten hilft bei dem Gefühl von Einsamkeit und Verlassensein. Sie vermittelt Geborgenheit, Sicherheit und Vertrauen in die eigenen Ressourcen. Füllen Sie 30 ml Quellwasser in eine kleine Glasschüssel und bedecken Sie die Wasseroberfläche mit frischen Blüten. Lassen Sie die Schale dann 3–4 Stunden im Sonnenschein unter der Birke stehen. Sammeln Sie danach die Blüten wieder ab und geben Sie zu dem Blütenwasser 30 ml Weinbrand. Die fertige Essenz füllen Sie in kleine braune Tropfflässchen. Zum Gebrauch geben Sie einen Tropfen davon in ein Glas Wasser und trinken es schluckweise über den Tag verteilt.

Für eine **frisch-kräftige Würze** schneiden sie einen jungen Zweig ab und trocknen Sie ihn als Ganzes 4–5 Tage an der frischen Luft im Schatten. Zupfen Sie dann die trockenen Blätter ab und zerkleinern Sie sie grob zwischen den Händen oder zerreiben Sie sie in einem Mörser zu feinem Pulver. Fertig ist das Birkenblättergewürz. Streuen Sie es bei Bedarf über Spaghetti mit Tomatensoße, Reisgerichte oder Suppen.

ßer Göttinnen oder heiliger Frauen. Die dazugehörige germanische oder altnordische Wortform lautet Berkana oder Bjarkan. Sie leitet sich aus dem althochdeutschen Wort *berahta* oder *perahta* ab, was *leuchten* oder *strahlen* bedeutet. Alles an der Birke erscheint einem licht und leicht. Wem kommt da nicht unwillkürlich das schöne **Frühlingslied** „Es geht eine helle Flöte" in den Sinn, in dem es heißt: „Birken horchen auf die Weise, Birken, und die tanzen leise ..."

Das Wort *berahta* findet sich wieder in den Namen *Berchta*, *Bertha* oder *Percht*, jener strahlend weißen Göttin des Lichts, die eins ist mit Frau Holle. Das Strahlende an diesen Göttinnen bezog sich zunächst auf den Schnee, der als ihr Werk galt und der mit seinem Glanz den Winter, die dunkelste Zeit des Jahres, zum Leuchten bringt. Es versteht sich von selbst, dass diese weißen Frauen als gütige, freudvolle und freudenbringende Erscheinungen vorgestellt und verehrt wurden. Berchta, das ist auch die Frau mit dem Schwanenfuß, die als Schwanfrau durch die Lüfte fliegt und in ihrer Gestalt die **Weisheit mit der Liebe vereint**. Ein Symboltier, das auch der Göttin Brigid zugeschrieben wird. Wie bei der germanischen Göttin Freya weist der Schwan gleichzeitig auch auf Brigids kämpferische Seite hin.

Reinigender Baum für guten Neubeginn

Verglichen mit der Zeit des tiefsten Winters ist die Birke mitsamt den ihr zugeordneten Göttinnen allerdings schon einen Schritt weiter. Ihr Monat ist der Februar, der den Übergang vom Winter in die Welt des Frühlings bezeichnet. Für die Kelten war er der Monat des Jahresbeginns. Das Alte muss dem Neuen weichen. So ist der Februar, wie sein Name sagt, der Monat der Reinigung. Das lateinische Wort *februa* hängt mit *räuchern* und *reinigen* zusammen. Birkenzweige ergeben bekannterweise zusammengebunden einen kraftvollen Besen, mit dessen Hilfe man alles Alte, Abgelebte und Muffige zur Tür heraustreiben kann.

◂ *Die Heilige Brigitte ist die Schutzpatronin Irlands und ging aus der keltischen Birkengöttin Brigid hervor.*

Birkenreiser, die man einst um Haus oder Garten herumsteckte, sollten unwillkommene Geister fernhalten. Auch der sogenannte **Hexenbesen**, gebunden aus Birken- und Weidenruten, diente zu deren Vertreibung. Mit Birkenzweigen berührte und segnete man umgekehrt alles, was fruchtbar

► *Reisig aus den Zweigen, um das Alte auszukehren*

werden und gedeihen sollte, und nannte das *Quicken*. Ein durchaus „erquicklicher" Brauch, der heute allerdings aus der Mode gekommen ist. *Februa* steht übrigens auch in Zusammenhang mit *Fieber*, das durch Erzeugen von Hitze den Körper von Schlacken befreit.

Vom keltischen Baumkalender kennen wir sieben heilige Bäume: Birke, Weide, Stein-Eiche, Hasel, Eiche, Apfel sowie Erle. In dieser Reihenfolge werden sie zugleich den sieben Wochentagen und Planeten zugeordnet. Und wie der Apfelbaum als Baum der Liebe, dem Freitag, dem Tag der Liebesgöttinnen, zugedacht ist, so gehört der **Sonntag** zur Birke. Das Strahlende, das diesen Baum umgibt und bereits in seinem Namen beschlossen liegt, verbindet ihn also nicht nur mit dem Schnee, sondern auch mit der Sonne. Brigid, die weiße Göttin, ist zugleich Sonnengöttin und wurde als solche verehrt. Das wiederum macht die feurige Seite verständlich, die wir an dieser überaus vielseitigen Erscheinung bewundern dürfen. Der Göttin zu Ehren fertigt man noch heute sogenannte **Brigidakreuze** aus Stroh, die aussehen wie kleine Swastiken, kleine Sonnenräder, wie sie von Indien bis Skandinavien bekannt sind. Sie sollen Glück, Gesundheit und Wohlstand ins Haus bringen.

Die Birke eröffnet den Reigen der Wochentage, so wie der Februar recht eigentlich das neue Jahr einleitet, den Übergang von der Dunkelheit ins Licht spürbar werden lässt. Es ist, als ob sich das Wesen des ganzen Monats in diesem besonderen Baum zusammenfinden würde. Am 1. oder 2. Februar bereits feierte man früher das Fest der Brigid, denn um diese Zeit scheint die Sonne einen Sprung zu tun. Es wird spürbar heller. Wie beinahe überall ersetzten die christlichen Missionare die alte Göttin durch die Gottesmutter Maria und tauften das Fest *Mariä Lichtmess*.

Urbeginn und Ende
Brigid gilt als die **Hüterin der Quellen** und wird selbst mit einem tiefen Born verglichen. Ein leben-

diges Wasser, das zugleich heilt. Große Orakelstätten sind nicht ohne ein murmelndes Wasser zu denken, aus dessen Raunen die Seherinnen der alten Zeit ihre Sprüche erahnten; mehrdeutig, wie Poesie eben ist. Bis heute sprechen wir vom *Redefluss*, sprudeln uns Worte über die Lippen.

Der Born der Weisheit macht Brigida zur Schutzherrin der Dichtkunst, einer Kunst, von der man sich zugleich Heilung versprach. Der **Schwan als Symboltier** gehört unabdingbar dazu. In Indien begleitet er die Göttin *Sarasvati*, Göttin des Redeflusses, der Musik und aller kulturbringenden Künste. Es heißt, dass sie sich auf die Zungenspitze der Dichtenden und Wissenden setzt, um ihre Rede zu beflügeln. Auch ihr ist die Birke geweiht. Einer der heiligsten Flüsse Indiens ist nach ihr benannt. In Griechenland steht der Sonnengott Apollo mit dem Schwan im Bunde. Auch er ist ein Gott des Orakels und der Dichtkunst.

Im keltischen Baumalphabet bezeichnet die Birke den ersten Buchstaben: *Beth*. Von Betula ist es in der Sprachforschung nicht weit bis zu *Betyl*. Betyle, so nannte man **heilige Steine**, in denen man sich göttliche Kräfte gehalten dachte. Im alten Israel wurde daraus *Beth-El*, das *Haus Gottes*. Ohne Stein, ohne Erde gibt es kein Wachstum. Der Stein hält das Wasser, das als Quelle aus dem Berg hervorspringt. Das eingangs erwähnte Wort *Berkana* bringt ebenso etwas zum Ausdruck: Es hängt mit *Berg*, *bergen* und *Geborgenheit* zusammen. Im nordischen Runenalphabeth bezeichnet es die 18. Rune *Bjarka*, die *Rune der Weiblichkeit*. Der Buchstabe B, der die Rune formt, steht für die Brüste der Göttin, die ihre Milch verströmen. Nicht umsonst wärmen wir uns am „Busen der Natur", sprechen wir von der „Milch der guten Denkungsart".

In der nordischen Numerologie kann die Zahl Achtzehn einen Neuanfang auf einer höheren spirituellen Ebene anzeigen. Damit kann auch der Schritt in die jenseitige Welt gemeint sein. Das Wort *Birke* steht somit auch in Verbindung mit *Barke* und *Bahre* und meint dann die Totenbarke, die uns „ans andere Ufer" trägt. In keltischen Gräbern, wie in Eberdingen-Hochdorf, fand man beispielsweise Hüte aus Birkenrinde, die man den Toten für ihre **letzte Reise** mit auf den Weg gab – vielleicht ein Sinnbild für die Hoffnung auf Wiedergeburt in einer anderen Welt.

▼ *Verehrung göttlicher Kräfte im Brigidakreuz. – Das Quellende, Fließende, Wässrige ist eng mit dem Birkenwesen verbunden.*

Licht der Flammen und Glut

Brigid wird als zweites Element das **Feuer** zugedacht, und auch das passt ausgezeichnet zur Birke. Nichts brennt besser als Birkenrinde. Selbst in nassem Zustand ist sie noch entzündbar. Das Feuer steht einerseits für die Flamme der Begeisterung, die jeden Morgen neu aus dem Haupt der Göttin hervorbricht. Mit seiner Hilfe bringt sie den Schnee zum Schmelzen, der die Flüsse und Quellen im Land neu schwellen lässt. „Wohltätig ist des Feuers Macht ..." – auch beim Ausüben der Schmiedekunst, die wiederum bei Brigid in guten Händen liegt. Der *Smid*, das war in der nordischen Tradition nicht nur der Waffen-, sondern auch der Liederschmied. Bis heute schmieden wir Verse!

Als Schirmherrin des Schmiedehandwerks unterstehen ihr die Waffenherstellung und die Kampfkunst. Wie alle großen Göttinnen tritt sie selbst als Kriegerin auf. Wie sonst sollte sie die ihr Anvertrauten beschützen können? Auch ihr Symboltier, der Schwan, ist ja nicht nur ein Sinnbild für Reinheit und Weisheit, sondern, wenn es darauf ankommt, im realen Leben ein Ausbund an Kampfkraft. Alle **Schwanfrauen** sind Kämpfende und Liebende zugleich. Die Liebesgöttin Freya, Anführerin der Walküren, macht da keine Ausnahme. Bei Brigid liegt das im Namen verborgen: *bri* oder *brig* bedeutet *hoch* und *stark*, was an eine Festung erinnert. Der andere Name *Brigantia* weist beispielsweise auf das Wort *Brigade* hin. Sehen wir es weniger martialisch, dann könnten wir von Brigid die Entschiedenheit lernen, Grenzen zu setzen, um uns selbst zu schützen, den Mut aufzubringen, unser **Licht in die Welt hineinleuchten** zu lassen.

► *Wertschätzend-spielerische Verehrung des mythischen Baumes: Die luftige Birke leuchtet umso mehr in die Welt hinein.*

Birke – Alle Übergänge meistern | 47

Brigid ist nicht zuletzt auch die **Göttin des Herdfeuers**, einer Flamme, die in der alten Welt nie verlöschen durfte. In Irland wurde die im Jahr 523 verstorbene Heilige Brigitte zu ihrer christlichen Nachfolgerin und Schutzpatronin des Landes ernannt. Als Äbtissin des Klosters von Kildare hatte sie verordnet, dort ein ewiges Feuer brennen zu lassen. Es soll sich nach ihrer Beerdigung ganz von selbst auf ihrem Grab entfacht haben.

Urbaum der Menschen

Die Birke zählt, neben der Fichte, zu den großen und heiligen Bäumen der Schamaninnen und Schamanen. Es ist vor allem ihr lichtvoller Charakter, der sie mit der Sonne, dem Himmel und den Gestirnen verbindet. In zahlreichen Einweihungsträumen wächst sie aus dem goldenen Nabel der Erde hervor und wird in direktem Zusammenhang mit der **Erschaffung der Welt** gesehen. In ihren Visionen treffen Eingeweihte häufig auf die eine besondere Birke, die allen Menschen das Leben geschenkt hat. Der Geist des Baumes erscheint dabei oftmals als eine reife Frau, welche die Initianden mit ihrer Milch stärkt. Diese besondere Birke steht auf einer Insel inmitten eines großen Sees und streckt ihre Zweige bis in den Himmel. Um sie herum wachsen neun Kräuter, aus denen sämtliche Pflanzen der Welt hervorgehen. Auf den Ästen sitzen Menschen, die sich als die Ureltern vieler Völker zu erkennen geben.

Der Baum fungiert bei solchen Einweihungsritualen als **Himmelsleiter**. Die Äste, die erklommen werden müssen, entsprechen häufig den sieben Planeten. Davon wissen unsere hiesigen Märchen noch ein Lied zu singen. In der Geschichte „Von dem hohen Baum der himmlischen Schönheit und der finsteren Welt" erklettert der junge Held in sieben Tagen einen Baum, der eines Tages mitten im Dorf emporgewachsen und dessen Krone schon bald in den Wolken verschwunden war. Jeden Abend wird der Junge von einem anderen Licht angezogen, und wenn er näher kommt, entdeckt er nach und nach die Herrinnen der sieben Wochentage. Uralt wie die Welt selbst sitzen sie in aufsteigender Höhe in ihren Astlöchern, bieten ihm Essen und ein Bett an und schicken ihn immer weiter hinauf bis in den Wipfel des Baumes. Dort begegnet er – am Sonntag – der Liebe und macht somit die wunderbarste Erfahrung von allen. Nun wusste er, wie es „da oben" war, erzählt das Märchen.

Birken und Fichten verbindet noch eine weitere Gemeinsamkeit: Zwischen ihren Wurzeln gedeiht der **Fliegenpilz**, und der hat – schon dem Namen nach – etwas mit dem „Fliegen" zu tun. Fliegen bedeutet hier, die Grenzen von Raum und Zeit zu überwinden. Was es mit dem Schamanenbaum im Allgemeinen und unserem Weihnachtsbaum im Besonderen auf sich hat, wird ausführlich bei der Fichte (S. 134) beschrieben.

◄ Das kämpferische, ernste Gesicht des heiligen Baumes kommt eher im Herbst zum Vorschein.

BUCHE
Fagus sylvatica

Seelische wie leibliche Nahrung bieten

Die bei uns heimische Rot-Buche gehört zur Familie der nach ihr benannten Buchengewächse und ist wohl ihre vornehmste Vertreterin. Sie erhielt ihren Namen nicht durch den Farbton ihres Blattwerks, sondern vielmehr durch die Farbe des geschlagenen Holzes. Mit 15 % Anteil am deutschen Wald ist sie der am häufigsten vorkommende Laubbaum und insgesamt hinter Fichte und Kiefer auf Platz 3. Eine ausgewachsene Buche erreicht eine Höhe von 40 m und mehr. Das macht sie nicht nur zu einem der häufigsten, sondern auch zu einem der höchsten Bäume Mitteleuropas – sie ist eine wahre **Himmelsstürmerin**.

In ihren ersten 70 Lebensjahren kann sie sich um 40–70 cm jährlich in die Höhe strecken. Mit etwa 120 Jahren ist das Höhenwachstum abgeschlossen. Sie wird 250 bis 300, manchmal sogar bis zu 500 Jahre alt. Eine Buche wird spätestens im Alter von 100 bis 250 Jahren zu einem stattlichen Prachtexemplar. Der Wind wispert durch etwa 600.000 Blätter – das sind mehr Blätter als Düsseldorf Einwohner hat – und jedes einzelne davon ist ein einzigartiges Wunderwerk der Natur, was man vielleicht nicht von jedem Düsseldorfer behaupten möchte. Zusammen genommen ergeben sie eine Fläche von über 1000 m². Mit dem Blattwerk von sieben solcher Buchen könnte man die Fläche eines Fußballfeldes bedecken.

Buche: Mehr als bei jedem anderen Baum führt auch hier die Aussprache und der Wortlaut in die Mitte eines Geheimnisses. Wie sich das Wissen unserer Urmütter und Vorväter in uns kumuliert, wenn wir diesen Zugang zulassen, so half die Buche dabei, die Menschheitsgeschichte zu schrei-

▼ *Das Ausgreifen und Streben nach oben ist ihr eingeboren.*

➤ *Erhaben und wärmend schimmert der Buchenwald im goldenen Oktober.*

ben. Und das in vielerlei Hinsicht, nicht nur als geritzte *Buch*staben in ihrer grauen, glatten Haut. Johannes Gutenberg schnitzte 1450 seinen ersten Buchstaben aus Buchenholz und wickelte ihn in Papier. Der Abdruck, der auf dem Papier entstand, inspirierte ihn zu der Erfindung der Druckerpresse. Die erste gedruckte Bibel, die sogenannte *B 42*, erschien dann im Jahr 1466 in einer Auflage von 180 Exemplaren. Noch brauchte man zwei Jahre Zeit für die Produktion, doch bald ging es schneller und besser. Ohne Buche also keine Buchstaben, ohne Buchstaben keine Bücher, ohne Bücher keine Computer und kein Internet.

Eines ist aber geblieben, bis heute: Ein meditativer Gang durch einen Buchenhain hat bei jedem Wetter, sommers wie winters, und zu jeder Tageszeit immer etwas **Erhabenes**, etwas Großes. Es ist ein Weg durch himmelhohe Säulenhallen einer von Gotteshand erbauten Kathedrale der Schöpfung: jeder Baum, jeder Zweig, jedes Blatt ein unverzichtbarer, tragender Teil eines unermesslichen, allwissenden, lebendigen Ganzen.

Wesen und Charakter: gesellig und freigebig

Die Buche oder Rot-Buche verdankt ihren lateinischen Gattungsnamen *fagus* dem Griechischen *phagein*, was *essen* bedeutet. Der die Art beschreibende Zusatz *sylvatica* trägt die Bedeutung *aus dem Walde kommend* in sich. Im Ganzen heißt das also in etwa: *Essen, das aus dem Walde kommt*. Wer die Bucheckern – von gotisch *Akran*, das bedeutet

Frucht –, die zur Reifezeit zu tausenden zur Erde fallen, einmal probiert hat, ahnt, weswegen. Früher wurde aus ihnen Mehl gemahlen, das unseren Vorfahren zu überleben half.

Die Buche ist die unbestrittene „Königin des Waldes". In einem unberührten, naturbelassenen Wald wäre sie die bei uns am **häufigsten vorkommende Baumart**, und nicht nur auf Platz drei. Das war sie auch, bis der Mensch mehr und mehr in die Zusammensetzung des Waldes eingriff. Sie war für unsere Ahnen ohne Zweifel der lebensbestimmende Baum. Davon zeugen noch die unzähligen Dörfer und Marktflecken, für deren Namensgebung sie Pate stand. Über 1500 Ortsnamen leiten sich von der Buche her: Buchholz, einer der häufigsten, ist das beste Beispiel, aber auch Bocholt, Bochum und Buxtehude verbeugen sich vor der Königin des Waldes mit ihrem Namen.

Beständigkeit und Schutz

Frei stehende Einzelbäume zeichnet oftmals eine runde, sehr imposante, bis zu 30 m weite Krone aus. Ihre beladenen Äste geben ihr ein wuchtiges Aussehen, die vielen Zweige streifen bis zum Boden und sie entfaltet sich in ihrer vollkommenen Schönheit. Im dichten Wald gibt es dafür dagegen nicht ausreichend Licht, und die ersten Äste entwachsen dem dicken, **geradewüchsigen Stamm** erst im oberen Drittel des Baumes.

In den Monaten April oder Mai treibt sie aus. Sie benötigt dafür Tageslängen von mindestens 13 Stunden, wobei es weniger auf den Temperaturverlauf als auf die tägliche Lichtdauer ankommt. Ihre jungen Blätter sind von einem hauchzarten Grün, durch das das strahlende Frühlingslicht golden schimmert und den ganzen Wald in eine aufregende Aufbruchsstimmung versetzt. Mindestens genauso beeindruckend sind die leuchtenden Herbstfarben der Buchenblätter: von Hellgelb bis Tiefrot, bald vertrocknet und oft knarzend noch bis tief in den Winter an den Zweigen hängend. Die Blätter sind leicht gezahnt und elliptisch geformt. Sie wachsen wechselständig – das heißt nicht jeweils einem anderen Blatt gegenüber, sondern versetzt – und verfügen über stark ausgeprägte Seitenadern. Nicht weniger als 100 bis 300 Poren pro Quadratmillimeter Blattoberfläche, sogenannte Stomata, sorgen für den geordneten Gasaustausch und Wasserhaushalt des Baumes – bei einer mittelgroßen Buche sind das bis zu 60 Milliarden kleine Öffnungen, die aktiv geöffnet oder verschlossen werden können!

Etwa zur gleichen Zeit des Austriebes beginnt die einhäusige, androgyne Buche – männliche und weibliche Blüten sind an einem Baum zu finden – zu blühen. Die männlichen Blüten hängen und strecken sich in den Wind, um sich von ihm ihre

◄ *Welche Kräfte wirken, wenn die königliche Buche ihren geraden Wuchs in mystische Gestalten verändert?*

➤ *Bucheckern: Die sich öffnende Hülle entlässt den Samen – der, eingepackt in ein schützendes Häutchen, auf den Boden fällt.*

Last abnehmen zu lassen, die weiblichen Blüten stehen dagegen aufrecht: Zerfaserte und zerzauste Blättchen bilden schon ansatzweise die Becherform, aus der sich im Herbst die Frucht, die **Buchecker**, lösen wird. Zahllos und verschwenderisch fallen die Früchte dann vom Baum und in jeder einzelnen steckt das gesamte Wissen, die Botschaft und Idee eines neuen, vollkommenen Baumes.

Dessen ungeachtet sind sie vielen Waldbewohnern wie Waldmäusen, Eichhörnchen und Siebenschläfern sowie einigen Vogelarten wie dem Eichelhäher ein willkommenes Fressen. Das Überleben ihrer Art sichert die Buche dadurch, dass sie mehr Früchte abwirft als die Tiere fressen können – sie werden ihre Beute horten und für magere Zeiten verstecken. Viele Schlupfwinkel werden allerdings vergessen und so können dort neue Bäume keimen. Genau darauf gründet sich die erfolgreiche Zusammenarbeit zwischen Pflanze und Tier – die „Versteckausbreitung".

Die Buche bildet **keine Borke** aus. Ihre Rinde schmiegt sich straff und glatt um den Stamm und verleiht dem Baum die imposante Aura einer mächtigen Säule. Gleichermaßen beeindruckend wie der sichtbare Teil dieses wunderbaren Geschöpfes ist auch der unsichtbare, unterirdische Teil, das Wurzelwerk. Die Buche ist nämlich zugleich **Flach- und Tiefwurzler** – und damit eine Seltenheit im Kosmos der Bäume. Armdick schlängeln sich die sichtbaren Wurzeln über den feuchten Waldboden, bevor sie sich irgendwann in das Erdreich krallen, dort mit den mächtigen, tiefgreifenden Wurzelstämmen verwachsen und gemeinsam das Herzwurzelsystem bilden.

Die Königin des Waldes kann im dichten Wald wie eine herrische und gnadenlose Despotin erscheinen, die ihrem Umfeld erbarmungslos die Lebensbedingungen diktiert. Durch die weit ausladenden Kronen und das dichte Blätterdach fängt sie, die sie selbst nicht viel Licht braucht, einen Großteil der direkten Sonneneinstrahlung ab und gibt anderen, kleineren Bäumen sowie Büschen und Kräutern unter ihr keine Möglichkeit auf ein gedeihliches Leben. Im ursprünglichen, naturbelassenen Wald war dies jedoch anders – die Bäume wuchsen mit einem viel größeren Abstand zueinander, sodass für ausreichend Raum zwischen den Urwaldriesen gesorgt war. Zudem sorgt der große Schatten der Nährmutter auch dafür, dass das sie umgebende Erdreich nicht austrocknet. Sie hält die Temperatur und schafft auf diese Weise ein stets **feuchtes Klima**, das für zahlreiche Lebensformen die Grundlage ihrer Existenz ist.

Enge Verbindung zum Feuer

Die Buche half entscheidend mit, das Feuer zu domestizieren, ihm seine zerstörerische Kraft und seinen Schrecken zu nehmen, es den menschlichen Bedürfnissen dienstbar zu machen. Mithilfe des **Zunderpilzes**, der sich an abgestorbenen und verwitterten Buchen- oder auch Birkenstämmen besonders wohl fühlt, wurde über Jahrhunderte hinweg Feuer gemacht. Er ist eines der wirkmächtigsten Zaubergewächse unserer Vorfahren. „Das brennt wie Zunder" ist bis heute jedem geläufig und spricht die uralte, praktische Verwendung des Pilzes an. Aus ihm wurden die Zunderpilzlappen hergestellt, die mit einem Funken zu entzünden waren und die die Glut über Tage hinweg am Glimmen hielten. So wurde das Feuer transportabel – ein bis dahin unvorstellbarer Durchbruch der Zivilisation, bedeutender als der Buchdruck.

Die Buche diente aufgrund ihres guten Brennwertes seit jeher als begehrtes **Brennholz** und bereits im Altertum begannen findige Handwerker mit der Köhlerei, dem Herstellen von Holzkohle aus Buchenholz – eine innovative Technik, die freilich Jahrhunderte später zu argem Raubbau an den Wäldern führte. Auch als gutes, festes **Bauholz** und darüber hinaus als Nahrungsmittellieferant für Vieh und Mensch war die Buche stets ein treuer und verlässlicher Partner. Viel früher als alle anderen Bäume wurde sie daher zu bloßem Nutzholz herabgewürdigt. Die Farbe des frisch geschlagenen Holzes ist hellgelb, färbt aber schnell nach und wird zu einem Gelbrot, das in ein rötliches Braun

▼ *Zunderpilze an einem älteren Stamm. – Auch die große Bedeutung als Brennholz weist auf den Bezug zum Feuer hin.*

mündet. Seine Härte, die Festigkeit und die leichte Spaltbarkeit machen es für die Nutzung so interessant – ebenso wie seine unerreichte **Scher- und Zugfestigkeit**. Allerdings wird es nur durch eine weitere Behandlung wetterfest und ist allein auf diese Weise für den Außenbereich einsetzbar. Dann allerdings steht es der Dauerhaftigkeit des Eichenholzes nicht nach und wird beispielsweise gerne für Eisenbahnschwellen genutzt.

Wegen der meist sehr gleichbleibenden Textur des Holzes wird es auch gerne für **Möbel** verwendet. Aufgrund seiner Dichte und der immensen Härte diente es früher zur Herstellung von Felgen, Naben, Achsen, aber auch Heringfässern, Maischbottichen, Butterkübeln und ähnlichem. Diese Härte blieb auch Millionen von Schülern im Gedächtnis, die an Schreibpulten und auf Sitzbänken aus Buchenholz lernten, litten und auch ihre Freude hatten. Durch neuere Verfahren wird das Buchenholz heutzutage zu Kunstharzpressholz weiterverarbeitet. Auf diese Weise entstehen völlig neue, sehr harte, isolierende und leichte, wenn auch nicht vollkommen natürliche Werkstoffe.

Raubbau für die Glasfertigung

Weniger bekannt ist die Rolle, die der so eng mit der Kulturentwicklung verbundene Baum bei der Herstellung von Glas spielte. Noch in der früheren Neuzeit war die Holzasche aus der Buche die Grundlage für Waschlauge – und diese wiederum war wichtig für die Fertigung von Glas. Das war ein Hauptgrund für das massive Abholzen wertvoller Buchenbestände. Zwei Teile der Asche mit einem Teil Sand gemischt ergab das grüne **Waldglas**. Der Holzbedarf für die industrialisierte Glasherstellung war enorm. Für 100 kg reiner Pottasche – die ihren

➤ *Früher wurden ganze Buchenwälder für Waldglas abgeholzt. Heute ist die Waldwirtschaft von Nachhaltigkeit geprägt und schonender.*

◄ Beruf des Köhlers: Wenn aus Holz Kohle werden soll, heißt es kräftig anzupacken.

Namen den großen Bottichen oder Pötten verdankt, in denen die Holzasche ausgelaugt wurde – benötigten die Glaser rund 200 m³ Holz. Vergegenwärtigt man sich, dass ein 25 m hoher Baum mit 40 cm Durchmesser gerade mal über gut 3 m³ Holz verfügt, so entspricht dies mehr als 60 Bäumen im Alter von 100 Jahren. Weitere 100 m³ Holzmasse waren dann noch notwendig, um die Pottasche zu Glas aufzuschmelzen. Hierfür wurde aufgrund des sehr guten Brennwertes zumeist wiederum die Holzkohle aus der Buche verwendet. Die abgeholzten Buchenbestände wurden daraufhin bevorzugt mit der schnell wachsenden Fichte wieder aufgeforstet. Dabei entstand ein neuer Waldtyp, den man **Glaswald** nannte: aus reinen, vom Standort her unnatürlichen Fichtenwäldern.

STECKBRIEF

sommergrüner Laubbaum
deutscher Name: Rot-Buche
wissenschaftlicher Name: *Fagus sylvatica*
Anzahl der Arten weltweit: etwa 250
Familie: Buchengewächse *(Fagaceae)*
Verbreitungsgebiet: Europa
Standort: kalkreiche Böden
Höhe: bis zu 40 m
Alter: bis zu 300 Jahre
Austrieb: März, April
Blütezeit: April und Mai, kurz nach dem Austrieb
Blatt: eiförmig, wellig, bis zu 10 cm lang und 8 cm breit
Frucht: Buchecker
Rinde: glatt, silbergrau, manchmal rötlich
Eigenschaften des Holzes: Hartholz, gleichmäßig gemasert, hoher Brennwert

Heilkunde: wärmende, reinigende Nährmutter

Die Asche eines Herdfeuers aus Buchenholz ist voller Pottasche, chemisch als Kaliumcarbonat bezeichnet. Die Hausfrauen nutzten diesen Naturstoff früher als **Seife und Waschmittel**. Sie übergossen die Asche mit Wasser, ließen das Ganze über Nacht stehen und schöpften am nächsten Tag die überstehende Lauge ab. Darin kochten sie die Wäsche aus, reinigten Holzgeschirr und scheuerten mit dem natürlichen Reinigungsmittel die Fußböden. Da die Mineralstoffe des Holzes vollkommen hitzestabil sind, finden sie sich in hoch konzentrierter Form in der Asche wieder: Kalium, Kalzium, Magnesium, Eisen, Phosphor, Natrium und Silizium sind darin enthalten. Die Bauern schätzten den wertvollen Stoff vor allem wegen seines hohen Gehaltes an Kalium und verteilten ihn als guten Dünger auf ihren Feldern.

Buchenholzasche ist darüber hinaus auch ein altbewährtes traditionelles Heilmittel. Sie reinigt und desinfiziert entzündete Haut und ist deshalb beispielsweise in alten Rezepturen für **Zahnpulver** enthalten. Naturkundige Frauen verrührten sie einst mit Johanniskrautöl – auch Rotöl genannt – und einem konzentrierten Absud aus Malven zu einer **weichen Heilpaste**. Damit versorgten sie etwa Geschwüre und brachten eiternde Wunden zum Abheilen.

Für eine eigene Medizin voller Buchenkraft verreiben Sie in einem Porzellanmörser mit rauer innerer Oberfläche 9 Teile Asche zu einem feinen Pulver. Das geht sehr schnell. Dann fügen Sie nach und nach 1 Teil frische Buchenknospen hinzu und verreiben beide Anteile intensiv miteinander. Machen Sie am besten aus diesem Vorgang eine Art Meditation – nehmen Sie sich Zeit dafür, vielleicht eine ganze Stunde. Achten Sie währenddessen auf alles, was in Ihnen seelisch wie körperlich vorgeht. Machen Sie sich von Ihren Eigenstudien eventuell Notizen. Im Anschluss daran füllen Sie die Asche zum Aufbewahren in ein gut verschließbares Glas. Zum Gebrauch geben Sie ½ TL davon in ein Glas Wasser und trinken es schluckweise über den Tag verteilt. Alternativ reiben Sie damit Ihre Haut ein. Sie können die Asche grundsätzlich auch pur auf die Haut auftragen und ihre Wirkung beobachten. Ein Hinweis dazu: Die Verreibung verbindet das Alte, Abgestorbene – die Asche – mit dem Neuen, aus dem alles erwachsen kann – der Knospe.

Holzteer der Buche, Kreosot, erhält man durch trockene Destillation des Holzes: das heißt durch Erhitzen unter Luftabschluss. Er war einst ein beliebtes **Schutz- und Imprägnierungsmittel** für Hölzer, die lange halten sollten, etwa Schiffsplanken oder Bahnschwellen. Waldarbeiter schätzten früher seine antiseptische und antiparasitäre Wirkung. Bei chronischen Ekzemen wurde er auf trockene Hautstellen gepinselt. Er enthält allerdings giftige Phenole und deswegen ist seine Anwendung seit 2003 in der EU verboten.

Nahrung und duftendes Schlafkissen

Das Buchenlaub hieß in alten Tagen **Esslaub**. Wie wahr! Die zarten jungen Blätter, im April und Mai gesammelt, schmecken fein säuerlich mild, ähnlich wie Sauerampfer oder Sauerklee: Sie sind eine schöne Erfrischung an den ersten warmen Frühlingstagen, regen den Speichelfluss an und beleben den ganzen Menschen. Am besten schmecken sie, wenn sie noch nicht voll entfaltet sind. Sie ausgiebig zu kauen, reinigt und stärkt das Zahnfleisch. Jedem Butterbrot verleihen sie eine feine Würze, werten Frischkäsezubereitungen auf und verfeinern eine Kräuterlimonade.

Auch die zarten Schösslinge – zu erkennen an ihren zwei runden Keimblättern, die zusammen fast einen Kreis bilden und aussehen wie die Ohren von Elefanten – sind essbar. Sie wachsen am Boden unter und über dem Laub vom letzten Jahr. Die **Buchenkeimlinge** schmecken am besten, wenn sie noch ganz jung sind und das haarige Hütchen vom letzten Herbst noch wie ein Zwergenhut auf dem jungen Bäumchen sitzt. Solange sie noch knackig sind, passen sie roh in den Frühlingssalat oder

▼ *Knackige Keimlinge voller Lebenskraft. – Die graue Asche ist ein wertvolles Heilpulver.*

auch angedünstet in Gemüse. Sie schmecken leicht nussig und sind voller Kraft – steckt in ihnen doch das Zeug zu einer riesigen Buche.

Etwas ganz Besonderes ist ein schmackhafter **Buchenblattlikör**. Schneiden Sie zwei Handvoll frische junge Blätter klein und übergießen Sie sie mit ½ l Doppelkorn. Lassen Sie den Ansatz zwei Wochen stehen, wobei Sie ihn manchmal gut umschütteln. Danach filtrieren sie ihn durch einen Kaffeefilter ab. Kochen Sie aus ¼ l Wasser und 250 g Zucker einen Sirup und mischen Sie ihn mit dem Alkohol. Ein Schnapsgläschen Likör vor dem Schlafengehen führt in einen guten Schlaf.

Ein wässriger Auszug aus den Blättern desinfiziert entzündete Wunden. Dazu quetschen Sie eine Handvoll frische – junge oder ältere – Blätter mit einem Nudelholz an, geben 250 ml kaltes Wasser hinzu und kochen beides zusammen auf. Nach dem Abfiltrieren eignet sich der Absud sehr gut als **Umschlag bei entzündeter Haut** oder bei rheumatischen Gelenksbeschwerden. Die Alten füllten das getrocknete junge Laub auch in **Kissen**. Der Duft bringt die Ruhe der Wälder in den nächtlichen Schlaf. Säcke mit Buchenlaub dienten manchmal sogar als Matratzen.

Selbstversorgung mit Bucheckern

Wenn im Herbst immer mehr Wind und manchmal auch Sturm aufkommt, prasseln die dreieckigen Buchennüsschen auf den Waldboden. Die Tiere des Waldes lieben sie – und auch Haustiere wie Ziegen, Schafe und Schweine knuspern sie gerne und verwandeln sie in Winterspeck. Für uns sind Bucheckern ebenfalls sehr nahrhaft, bestehen sie doch fast zur Hälfte aus wertvollem Öl, außerdem 30 % Stärke und 20 % Eiweiß. Sie stecken voller Kalzium und Eisen, Vitamin C und Vitamin B6. Nehmen Sie sich ein Beispiel an den Tieren – und

➤ *Junge, noch ganz weiche Blätter entfalten sich und strecken sich in den Raum.*

knabbern Sie sie unterwegs als Stärkung. Bei Bedarf schieben Sie das Laub mit den Füßen zur Seite, so finden Sie sie ganz leicht.

Nehmen Sie am besten gleich einen Vorrat mit nach Hause. Sie sollten allerdings nicht zu viele rohe Bucheckern essen, weil das zu Magenverstimmung und Kopfschmerzen führen könnte. Verursacht wird das durch geringe Mengen eines Blausäureglykosids. Allerdings schwankt der Gehalt von Baum zu Baum sehr stark – und auch die Empfindlichkeit der Menschen ist unterschiedlich. Allgemeingültige Aussagen zur Verzehrmenge sind also schwierig. Erhitzen, Darren, Rösten oder Abkochen macht diese leicht giftigen Inhaltsstoffe allerdings auf jeden Fall unschädlich. Das **Rösten** verbessert obendrein noch das gesamte Aroma.

Zuvor müssen Sie die Nüsschen von ihrer Schale befreien. Das ist etwas mühsam und strapaziert die Fingerspitzen. Eine Erleicherung ist es es, wenn Sie die Nüsschen mit heißem Wasser übergießen. Mit einem Küchenmesser holen Sie dann den inneren Kern heraus, wobei das braune Häutchen dranbleiben kann. Rösten sie Sie in einer Pfanne unter ständigem Rühren etwa fünf Minuten lang, bei Bedarf mit etwas Natursalz verfeinert: Das ergibt eine ganz besondere, nicht alltägliche Naturknabberei. Auch für einen außergewöhnlichen Herbstsalat schmecken die selbst gesammelten und gerösteten Bucheckern köstlich. Darüber hinaus bereichern sie jedes Müsli, Gerichte mit Joghurt oder das selbst gebackene Brot.

Etwa alle sieben Jahre gibt es das Naturphänomen der so genannten *Mastjahre* mit einer üppigen Fruchtreife. Dann gibt es so viele Samen, dass es sich sogar lohnt, ein **Öl zu pressen.** Es besteht aus einfach und mehrfach ungesättigten Fettsäuren, schmeckt nussig mild und ist lange haltbar. Um Bucheckern in großer Menge zu ernten, breiten die erfahrenen Sammler große Tücher unter den Bäumen aus und schütteln oder schlagen dann die Nüsschen von den Bäumen. Heutzutage gibt es nur noch wenige Mühlen, die das besondere Öl

pressen. Wer sich eine kleine Ölpresse zulegt, kann sich durchaus seine eigenen Öle – auch von anderen Samen wie Wal- und Haselnüssen oder Aprikosen- und Traubenkernen – selbst herstellen.

▲ *Die Bucheckersamen sind essbar – und vor allem nach dem Rösten bekömmlich.*

Feinstoffliche Heilung

Im Kanon der klassischen **Bach-Blüten** ist *Beech* die Blüte für jene Menschen, die sehr kritisch mit sich selbst und anderen umgehen. Mithilfe dieser Essenz lernen sie, den Wert und die Schönheit im eigenen Leben und in den anderen zu entdecken und nach und nach mehr Gleichmut zu entwickeln. Die Essenz führt von der Kritik zur Akzeptanz, von Vorurteilen zum Mitgefühl, von Abwehr zu Verständnis. Sie vermittelt das Wissen, dass jeder Mensch seinen Weg auf seine eigene Weise gehen muss und lenkt die Aufmerksamkeit auf das Gute im inneren Kern eines jeden.

In der **Homöopathie** hilft *Kreosotum*, der destillierte Buchenholzteer, jenen Menschen, denen alles schnell zu Herzen geht. Weil sich ihre zu hohen Ziele nicht verwirklichen lassen, sind sie oftmals

▲ *Am Stamm einer mächtigen Buche zu sitzen, schafft Klarheit und mag für eine manchmal heilsame Demut sorgen.*

sehr unzufrieden. Vor lauter Aufregung pulsiert es im ganzen Körper, bis in die Fingerspitzen hinein. Ihre Schleimhäute sind wund und brennen, die Haut neigt zu Blutungen und ist so dünn und zart wie junge Buchenblätter. Wärme und Bewegung tun ihnen gut.

Wer seine Atmung kühlen und vertiefen möchte, sollte schlichtweg eine Buche umarmen oder sich mit dem Rücken **an den Stamm setzen**. Diese Erfahrung kühlt selbst Hitzköpfe und hilft, allmählich wieder klare Gedanken fassen und den roten Faden wiederzufinden. Gerade in einem Buchenwald breitet sich spürbar eine große Ruhe aus. Es wächst das Gefühl für den eigenen Rhythmus und für ein friedvolles Miteinander.

Mythen, Sagen und Kult: Baum des Schicksals

Obwohl sie mindestens ebenso imposant erscheint wie die Eiche, ranken sich um die Buche so gut wie keine Mythen. In Rom fand man auf dem Esquilin, einem der sieben Hügel der Stadt, ein dem Donnergott Jupiter geweihtes Heiligtum. In Tusculum wurde ein heiliger Buchenhain der Diana, ihres Zeichens Göttin der Jagd und des Waldes, gewidmet. Dennoch kann man weder Jupiter noch Diana als direkte Gottheiten der Buche ansehen. Jupiter galt als Eichengott, und Diana wurde als Mondgöttin mit anderen Bäumen wie der Hasel und der Weide verbunden.

Im österreichischen Waldviertel wiederum wurde an der Straße, die von Heinrichs auf den Mandelstein führt, eine uralte Buche als heilig und heilkräftig verehrt. Alle Versuche, sie zu fällen, waren vergeblich. In ihrem Stamm barg sie ein großes Loch, durch das vermutlich einst Kranke geschlüpft sind, um alle krankmachenden Energien von sich abzustreifen – wie eine Schlange ihre Haut – und so gleichsam neu geboren zu werden. An diesem Baum hängt bis heute ein Marienbild, und ein solches Bild lässt immer Rückschlüsse auf einen vorrangigen Göttinnenkult zu.

Spirituelle Runenweisheit
Die Buche und der damit verbundene Buchstabe stehen in enger Beziehung zur Entwicklung des Runenalphabets und öffnen damit eine Tür zu spirituellem Wissen und göttlicher Weisheit. Das Alphabet umfasst insgesamt 25 Zeichen, und jedes wird mindestens einer Göttin oder einem Gott des nordisch-germanischen Pantheons zugedacht. Das **Runenalphabet** ist somit eine wahrhaft heilige Schrift, und wurde erst viel später für profanere Schreibtätigkeiten verwendet. Durch das Ritzen der Runen in Holz wollten sich unsere germanischen Vorfahren mit den Kräften der jeweiligen Gottheiten verbinden.

Der Überlieferung nach war es der Gott Odin, auch Wodan genannt, dem die Schriftzeichen offenbart wurden. Das alleine deutet bereits auf ihren göttlichen Ursprung hin. Während seiner neuntägigen Einweihungszeit, da er kopfüber am Weltenbaum hing (siehe Esche S. 122), wurden ihm die Runen von der Göttin *Erde* geschenkt. Das machte sie zu den kostbaren Instrumenten einer ganz besonderen Weisheit und begründete die heilige Scheu, die man diesen Zeichen gegenüber empfand. Jede Rune enthält für sich genommen bereits einen ganzen Mythenkomplex. In ihrer mehrdeutigen, bildhaften Ausdrucksweise hütet sie Geheimnisse, die jeder für sich entschlüsseln muss, den 22 großen Arkana des Tarot vergleichbar.

Eine Rune repräsentiert in erster Linie ein mystisches, heiliges – und heilendes – Konzept, das uns mit den Geheimnissen der Welt und des Kosmos verbindet und sie für uns erfahrbar macht. Das hat der Runenkult gemeinsam mit den Mysterienkulten auf der ganzen Welt. In dieser Hinsicht ist es überaus stimmig, dass die **Zeichen als Vision** während eines Einweihungsrituals „gesehen" wurden, und dies vom Göttervater höchstpersönlich. Odin vermittelt auf diese Weise einmal mehr das Bild eines Gottes, der sich für seine Welt aufopfert, um ihr spirituelles Wissen zu erweitern.

Runen hatten jedoch nicht nur eine erkennbare und unterscheidbare äußere Form. Da sie lediglich aus einer Verbindung von geraden Strichen bestanden, konnte man sie leicht durch eigene Körperhaltungen nachstellen – den sogenannten *stödhur*, *Standbildern* –, um sich gleichsam selbst in ihr **heiliges Abbild** zu verwandeln. Damit nicht genug, war jeder Rune noch ein ganz besonderer Ton zugeordnet, mit dessen Unterstützung man sich in den Klang und die Harmonie des Universums einschwingen konnte.

▼ *Wie steinerne Runen ragen die Felsen in den Himmel. Spricht sich hier die Göttin Erde aus?*

▲ *Die Runen wurden Odin offenbart und sind Zugänge zu spirituellem Wissen. – Im Germanischen hängt das Feuer mit der Rune Not und der ihr geweihten Buche zusammen.*

Zauberlieder und Weltenklang

Dass für unsere Vorfahren die Welt Klang war, können wir an so großen Göttinnen wie Gefjon oder Freya und am **Dichtergott Bragi** erkennen. Wenn die Welt aber Klang ist, dann ist sie auch mittels Tönen zu bewegen, zu beeinflussen und zu verändern. Der Ursprung jedweder „Zauberlieder" ist hier zu suchen. Kein schamanisches Ritual vollzieht sich ohne begleitende Lieder. Dichtung war in früheren Zeiten immer auch **Gesang** und ohne Musik überhaupt nicht denkbar. Daraus entwickelte sich schließlich die Tradition der fahrenden Sängerinnen und Sänger.

Gleichzeitig galt Dichtung als die dunkle, sprich geheimnisvolle Kunst, mehrdeutig wie die Runen selbst und dadurch Denken, Gefühl und Intuition gleichermaßen fördernd wie herausfordernd. Dichtung, die ihrem Namen Ehre machte, sollte in Rätseln sprechen, die allein mit dem Intellekt nicht zu lösen sind. Die Rune, die der Buche besonders geweiht war, ist *Not* oder *Naudhiz*, die zehnte im heute gängigen Runenalphabet. Dazu heißt es in einem altenglischen Runengedicht: „Not schnürt die Kehle zusammen, / jedoch entsteht daraus den Menschenkindern / oft Hilfe und Gesundheit, / wenn sie ihr rechtzeitig Beachtung schenken."

Die Buche wurde als ein nachdenkliches Wesen angesehen, und vor allem das **Nachdenken** war bei der Rune Not angesagt. Sie verweist – etwa während einer Runenbefragung – auf die jeweils aktuelle Not des Fragenden. Ihrem Namen nach steht sie in Verbindung mit der Göttin *Nott*, der Göttin der *Nacht*. Sie bringt den *Tag*, sprich den Gott *Dag*, als ihren Sohn auf die Welt, dem die 24. Rune des Alphabets geweiht ist (siehe Eibe S. 65). Die Dunkelheit ist der Ursprung des Lichts, wenn die Not sich wendet, sehen wir Licht am Ende des Tunnels.

Reifung durch Widerstand

Das Element der Rune Not ist das Feuer. Ihrem Aussehen nach erinnert sie auch an den Holzstab und -klotz, mit denen zusammen man Feuer entfachen konnte. Damit symbolisiert sie zugleich das Bild einer Situation, die uns **Widerstand** bietet, denn ein solches Feuer entsteht nur durch Reibung. Nots Erscheinungsbild mit einem senkrechten Strich, der von einem schrägen gekreuzt wird, deutet auch auf eine Waage hin, die nach einer Seite hin zu stark belastet ist, sozusagen Schlagseite hat. Not als Notwendigkeit bedeutet hier eine Not, die sich wenden lässt – wenn man zu einem Ausgleich jener Kräfte zurückfindet, die diese Situation erst hervorgerufen haben.

Auch die beiden Waagschalen des Bewussten und Unbewussten müssen zum Ausgleich gebracht werden, will man eine gerechte und weise Entscheidung treffen. Das gilt auch und gerade dann, wenn es darum geht, sich selbst gerecht zu werden. Bei einer Runenbefragung ist dies das A und O, denn bei dieser altüberlieferten Kunst gibt es keine festgelegten Bedeutungen.

Not ist jenes Gleichgewicht, zu der alle Dinge langfristig zurückkehren müssen, wenn sie nicht komplett aus dem Ruder laufen sollen. Die Rune wird daher auch von Skuld regiert, der jüngsten der drei Nornen (siehe Eibe S. 75), die symbolisch für das steht, was sein wird. Sie reitet auch als Walküre. Als *Totenwählerin* zeigt sie Tod wie Verwandlung an, die Geburt des Neuen aus den alten Voraussetzungen. **Schicksal** könnte man das auch nennen: das Gesetz von Ursache und Wirkung, das unserem gesamten Handeln zugrunde liegt. Durch unsere Taten im Hier und Jetzt begründen wir unser Schicksal von morgen. In der Form der Rune Not kann man letztlich auch einen Spinnwirtel erblicken, durch dessen gleichmäßiges Drehen sich ein Faden bildet – unser Lebensfaden, der die Dauer unserer Existenz bemisst. Nicht zuletzt ist die Endlichkeit unseres Lebens ein Zwang, dem wir nicht entrinnen können.

◄ *Bragi (ganz rechts) neben Iduna, Loki und Heimdall. Er ist der Gott der Dichtkunst – Schöpfer lebendiger, feuriger Gedanken.*

EIBE

Taxus baccata

Leben und Tod bewältigen

Wie der hoffnungsvolle Anfang eines weltweisen Gedichts über die Tiefe des Lebens klingt der Name dieses bedeutenden mythischen Baumes: *Eibe*. Still schlummert Ewigkeit und zeitlose Unvergänglichkeit im Klang dieses uralten Wortes. Doch unheilvoll schwingt auch etwas Bedrohliches mit: Die Eibe gilt als Baum des Todes. Und sie ist es in vielfacher Hinsicht.

Sie ist wirklich nicht der Baum, in dessen Rinde verliebte Pärchen Herzen ritzen wollen. Sie spendet keinen wohltuenden Schatten an heißen Sommertagen, man sucht dort keine angenehme Kühle, sondern fühlt etwas Beklemmendes, denn sie umgibt sich mit einer bedrückenden, dunklen Aura. Doch genau dies zieht den dafür offenen Betrachter unmerklich in seinen Bann wie der feste Zauberglaube eines alten Magiers. Man ahnt, weswegen die alten Druiden ihre Zauberstäbe häufig aus dem Holz der Eibe schnitten und die *Ogham*-Runen, die Zeichen des keltischen Baumalphabets, aus diesem Holz geschnitzt wurden. Es ist dieser Widerspruch zwischen staunender Bezauberung und grauenvoller Todesahnung, den man intuitiv spürt, der tief berührt und der einen nie wieder loslässt, wenn man ihn einmal empfunden hat. Die Eibe nimmt die Sinne gefangen.

Wesen und Charakter: wandelbar und doch beständig

Jede der überraschend **weichen und breiten Nadeln** dieses Baumes raunt ein eigenes Mysterium in den Wind, der um sie streift. Die Nadeln sind biegsam und fühlen sich merkwürdig freundlich an. Sie sind von einer starken Mittelader durchzogen, die

▼ *Das keltische Baumalphabet ordnet jeden Buchstaben einem Baum zu. Die Stäbe für das Befragen der Runen waren oft aus Eibe.*

► *Die Eibe kann, wie dieses ehrwürdige Exemplar zeigt, uralt werden.*

auf der Oberseite gut sichtbar ist. An der Unterseite finden sich zwei hellere Streifen mit den Stomata, kleine Poren in der Nadelhaut, über die sich der Gasaustausch vollzieht. Hierüber nimmt der Baum, wie alle Pflanzen, einerseits einen Großteil des benötigten Kohlendioxides auf und gibt andererseits Sauerstoff und Wasser in die Umwelt ab. Durch die Poren dampft aber nicht nur lebenserhaltender Sauerstoff aus, sondern auch das starke Alkaloid Taxin, eine stickstoffhaltige organische Verbindung, die **psychogene Wirkungen** besitzt.

Viele Drogen und Nervengifte entfalten ihre Wirksamkeit durch die in ihnen enthaltenen Alkaloide. Empfindsame Menschen berichten denn auch bereits nach wenigen Minuten unter einer Eibe von Mundtrockenheit, Entspannung und einem diffusen Wärmegefühl. Bei längerem Aufenthalt kann es zu Beklemmungen, Kopfschmerzen und Herzrasen kommen, aber auch von Trance und rauschartiger Euphorie ist die Rede. Eine tödliche Gefahr ist die Eibe nicht nur für Menschen, sondern auch für bestimmte Tiere wie Pferde, Rinder und Schafe, die sich gerne einmal an den flaumigen Nadeln gütlich tun.

Bitteres Gift, zuckrige Süße
Vor allem in den Wintermonaten konzentriert sich das **Gift** in den Nadeln, aber auch die Borke, das Holz und die Samenkerne sind gefährlich – alles ist toxisch, bis auf das Fleisch des purpurroten, kugelförmigen Arillus, der sich an den Ästen einer weiblichen Eibe gegen Ende des Sommers bildet und den Samenkern schützend umhüllt. Aufgrund seines fleischigen Aussehens wird der Arillus oft fälschlich als Eibenfrucht oder Beere bezeichnet, die er jedoch botanisch nicht ist. Sein überraschend

süßlicher Geschmack kommt vom hohen Zuckergehalt – knapp 20 % – und ist bei Vögeln sehr beliebt, denen die botanische Zuordnung bei der Auswahl ihrer Speisen herzlich egal ist. Sie scheiden den Samenkern unverdaut wieder aus und sorgen so für die Ausbreitung.

So werden etwa Mönchsgrasmücke, Misteldrossel und Buntspecht zu Erfüllungsgehilfen eines höheren Willens. Der Kleiber hingegen legt in seinem Wintervorrat den Eibensamen gerne in schwer zugänglichen Felsspalten ab. Entkommt der Samen dann aus welchen Gründen auch immer dem Appetit des Vogels, gedeihen die anspruchslosen Eiben mit ihrem festen Wurzelwerk gut und sprießen aus dem Fels hervor, froh, mit dem Leben davongekommen zu sein. Durch das drohende Aussterben vieler Singvogelarten Europas zieht am Horizont allerdings gerade eine ganz neue Gefahr für die Eibenbäume auf, die bisher kaum im Blick der Wissenschaftler ist.

Junge Eiben verfügen über eine straffe, grünliche, feste Borke. An älteren Bäumen verfärbt sie sich in ein **rötliches Braun,** sie wird schuppig und blättert haltlos ab, als könne sie sich nicht mehr recht dazu überwinden, den Stamm kraftvoll zu umschließen. Dieses Phänomen verstärkt den mystischen Eindruck des Baumes noch, der seit jeher ein typischer Friedhofsbaum ist.

Alterslos alt

„Jenseits der Zeit", so wird die Eibe oft beschrieben, als Herrin über Leben und Tod, als Tor zur Anderswelt. Und tatsächlich ist sie unsterblich – auch hier zeigt sich, dass der „Baum des Todes" bei genauem Hinsehen genau das Gegenteil ist: Die Eibe ist ein *Baum des Lebens*. Und sie ist es in vielfacher Hinsicht: Es gibt keinen biologischen Grund, weswegen sie im Alter sterben müsste. Im für ihre Verhältnisse kindlichen Alter von 250 Jahren beginnt das Innere des Stammes zu verfaulen, es entstehen die skurrilen, geisterhaft knorrig erscheinenden Baumgestalten. Häufig bilden sich nun im Hohlraum des Stammes **Innenwurzeln**, die sich zu einem neuen Stamm entwickeln können. Da das

▼ *Im Lauf der Zeit nimmt die Borke einen rötlichen Ton an. – Nur der rote Fruchtmantel ist ungiftig, allerdings ohne den kleinen schwarzen Samenkern darin.*

STECKBRIEF

immergrüner Nadelbaum
deutscher Name: Eibe
wissenschaftlicher Name: Taxus baccata
Anzahl der Arten weltweit: etwa 80
Familie: Eibengewächse (Taxaceae)
Verbreitungsgebiet: Mittel- und Osteuropa, Nordamerika
Standort: anspruchslos
Höhe: bis zu 20 m
Alter: bis zu 8000 Jahre
Austrieb: viele Johannitriebe möglich
Blütezeit: März, April
Blatt (Nadel): 1–3 cm lang, spitz, aber weich und biegsam, oben dunkelgrün und glänzend, unten mit blassgrünen Streifen, zweireihig an Seitenzweigen, an aufrechten Zweigen schraubig stehend
Frucht: Scheinfrucht; purpurrote Ummantelung des Samens (Arillus)
Rinde: blättrig, rötlich braun
Eigenschaften des Holzes: sehr hart, hohe Beständigkeit und Wasserfestigkeit, hohe Fäulnisresistenz

Dickenwachstum der ansonsten sehr langsam wachsenden Eibe niemals zum Stillstand kommt, entsteht in einem ewigen Kreislauf aus dem Inneren des Baumes – ein neuer. Durch dieses Phänomen verfügt sie allerdings nicht über die sonst überall anzutreffenden Jahresringe und ihr Alter ist oftmals kaum zu bestimmen.

Als einziger Nadelbaum ist die Eibe **zweihäusig**, das heißt, es gibt ausschließlich männliche oder weibliche Exemplare. Doch gibt es sogar das Beispiel einer uralten Eibe in Schottland, bei dem seit dem Sommer 2015 offensichtlich eine Geschlechtsumwandlung stattfindet: An dem seit Jahrhunderten nachgewiesenermaßen männlichen Exemplar prangen plötzlich knallrote Arillen, die ausschließlich an weiblichen Eiben vorkommen können. Eine solche Wandlung ist wohl einmalig in der Botanik und noch tut sich die Naturwissenschaft sehr schwer mit der Erklärung.

Die Eibe wächst vor allem in jungen Jahren sehr langsam. Wozu sich auch beeilen, wenn man Jahrtausende Zeit hat? Sie verfügt über keinerlei Harz und so entsteht ein extrem widerstandsfähiges, aber **sehr biegsames Holz**. Es gibt kaum mehr nennenswerte Bestände – der größte in Deutschland ist mit etwa 2300 Bäumen der *Paterzeller Eibenwald* in Bayern –, weswegen sie als bedrohte Art gilt und unter besonderem Schutz steht.

Der mythische Baum wird in unseren Breitengraden selten höher als 20 m, bleibt aber oftmals erheblich darunter, und nimmt fast buschartigen Charakter an. Seine natürliche Gestalt ist ei- und

Eibe – Leben und Tod bewältigen | 69

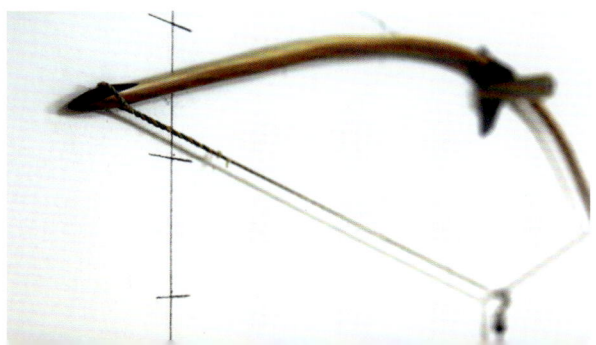

manchmal fast kugelförmig – und leidet oft erheblich unter den wütenden Werkzeugen allzu ehrgeiziger Friedhofsgärtner. Aufgrund des sehr dichten Wuchses als immergrüner Baum ist die Eibe als **Heckenpflanze** sehr beliebt. Die geringe Frosthärte ist maßgeblich für das Verbreitungsgebiet: Sie liebt kühle Sommer, milde Winter, hohe Luftfeuchtigkeit und viel Regen.

Ihr Verlangen, sich nach Innen zu richten, zeigt sich auch an der Eigenschaft, dass die Wurzeln mit größerer Kraft ins Erdreich stoßen als Stamm und Triebe nach oben streben. Die Ansprüche an Boden und Licht sind sehr bescheiden. In natürlicher Umgebung gedeiht sie am besten unter dem dichten Blätterdach eines urwüchsigen Mischwaldes.

Langbögen und Lauten

Der Baum stand so lange unter dem Schutz von Kirche und Staat, wie seine religiöse und magische Bedeutung im Vordergrund stand. Das änderte sich, als unsere Vorfahren das Holz als Ausgangsmaterial für Waffen entdeckten. Ein weitläufiger Irrtum ist aber die Annahme, dass es für Bögen erst im Mittelalter verwendet wurde – denn Archäologen fanden **Eibenbögen** im Alter von 5000 bis 8000 Jahren. Allerdings wurde die Eibe erst im frühen Mittelalter in einem fast schon industriellen Ausmaß genutzt. Man schnitzte damals die besten Langbögen in der Geschichte der Waffentechnik. Von einem solchen Bogen abgeschossene Pfeile erreichten eine bis dahin unerreichte Durchschlagskraft und Geschwindigkeiten von bis zu 160 km/h. Bereits im frühen 14. Jahrhundert gab es in England deswegen kaum mehr Eiben: Alle Bestände bis auf religiös bedeutende Einzelbäume fielen der Aufrüstung zum Opfer.

Natürlich ist bei der Verarbeitung des Holzes Vorsicht geboten, denn aufgrund seiner giftigen Inhaltsstoffe kann es beim Umgang mit den Sägespänen und dem Holzstaub schnell zu Übelkeit und Hautreizungen kommen. Dennoch erlangte das widerstandsfähige, harte Holz einen guten Ruf

◄ *Für den Bau elastischer Bögen ist das schöne und vor allem biegsame Holz hervorragend geeignet.*

für Drechseleien und die Schnitzerei. Es gilt als sehr wasserbeständig und wurde für zahlreiche **Pfahlbauten** verwendet, da es kaum vergeht. Im Instrumentenbau hat es als Werkstoff für den Klangkörper der Laute eine uralte Tradition.

Heilkunde: Gift nutzbar machen

Der botanische Name *Taxus* leitet sich ab vom griechischen *toxon*, was *Bogen*, sowie *toxikon*, was *Gift* bedeutet. *Baccata* weist auf die *beerentragenden* Äste hin. Die volkstümlichen Namen *Bogenbaum* und *Totenbaum* weisen auf die erwähnte Verwendung hin. Seit mehr als zweitausend Jahren sind Vergiftungen mit Eiben bekannt. Eibenauszüge waren nicht nur zur Abtreibung – bei denen oft auch die Mutter starb –, sondern auch für Morde und Selbstmorde begehrt. Bekannt ist beispielsweise auch, dass die Kelten ihre Pfeilspitzen vor der Jagd in einen **Absud der giftigen Nadeln** tauchten. Die getroffenen Tiere starben schnell. Die Jäger wussten ganz genau, dass sie die Stelle, in der der Pfeil steckte, weiträumig ausschneiden mussten, um sich beim Essen des Bratens nicht selbst zu vergiften. Die giftigen Alkaloide von Holz, Rinde, Nadeln und Samen, die Taxane, variieren im Gehalt in den verschiedenen Pflanzenteilen. Im Herbst und Winter ist die Konzentration am höchsten.

Auszüge der Nadeln bewirken starke Reizungen von Magen und Darm, schädigen die Nieren und lähmen die Herzmuskulatur. Vergiftungen zeigen sich schon nach etwa einer halben Stunde: mit Übelkeit, Schwindel, roten Lippen, Durchfall und Erbrechen. Sie führen zu Bewusstlosigkeit, Blutdruckabfall und schließlich zum Tod durch Kreislauf- und Atemlähmung. Schon beim Verdacht auf eine Vergiftung ist unbedingt der Notarzt zu rufen.

Vorsicht im Umgang

Versehentliche Vergiftungen mit tödlichem Ausgang sind sehr selten, denn ein Erwachsener müsste 50 bis 100 Nadeln oder Samen gründlich zerbeißen und kauen, damit die giftigen Alkaloide vom

▼ *Etwas Besonderes: eine Eibenlaute. – Das Gift des Baumes wurde in verschiedenster Weise eingesetzt: auch in Form von Pfeilen.*

Körper aufgenommen werden. Einfaches Hinunterschlucken genügt nicht. Kleine Kinder sind stärker gefährdet, wenn sie den süßlichen roten, ungiftigen **Samenmantel essen** und den kleinen, schwarzen, giftigen Kern nicht wieder ausspucken. Die schwarzen Samenkerne schmecken beim Zerkauen allerdings ziemlich bitter.

Besonders in den Balkanländern ist es Tradition, aus den roten süßlichen Früchten **Marmelade** zu kochen. Leider sind keine alten Rezepte überliefert. Wer es mit unseren heutigen Geliermitteln versucht, hat damit zu kämpfen, dass das fertige Produkt sehr schleimig schmeckt. Das wichtigste, schwierigste und gefährlichste dabei ist natürlich, bei der Zubereitung unbedingt die giftigen kleinen Samen vollständig zu entfernen.

Neben den roten Samenmänteln sind auch die Pollen, die der Baum im zeitigen Frühjahr zahlreich verstreut, ungiftig. Unter den Zweigen der Pflanzen sitzen zahllose Blütenknospen, deren Blütenstaub der Wind weit über die Landschaft weht. Der an sich **harmlose Pollen** ist allerdings an so manchem Heuschnupfen im Frühling beteiligt. Da hilft dem Betroffenen auch das Wissen nichts, dass es mindestens 20 bis 30 Jahre dauert, bis eine Eibe zum ersten Mal blüht.

Auf Nummer sicher gehen: Eiben erkennen

Eibenbäume lassen sich mit einiger Übung gut von anderen immergrünen Nadelbäumen unterscheiden:
- Sie tragen **keine Zapfen**.
- Das Holz ist **frei von Harz**.
- Der Stamm besteht oft aus mehreren **dünnen Trieben** und hat selten einen Durchmesser über 70 cm.
- Die **Nadeln** sind an jungen Trieben **locker rund um den Zweig** verteilt, an älteren exakt zweizeilig angeordnet. Ihre Oberseite ist dunkler grüngefärbt als die Unterseite.

Mittel gegen Krebs

Im frühen Mittelalter wurden mit Zubereitungen aus der Eibe Epilepsie, Diphterie und Rheumatismus behandelt, daneben auch Hautausschläge und Krätze. Heute sind solche Anwendungen längst vergessen, denn die Nadeln sind einfach zu giftig, um in der Volksheilkunde noch Verwendung zu finden. Umso überraschender ist, was Hildegard von Bingen in ihrer *Physica* schreibt: „Die Eibe bezeichnet die Freude. Und von ihrem Holz, wenn es am Feuer entzündet wird, schaden weder Dampf noch Rauch, die von ihr ausgehen, irgendwem. Doch wenn jemand in seiner Nase und in seiner Brust von üblen Säften ein Gebrechen hat, nehme er den Rauch dieses Holzes in seine Nase und in seinen Mund auf, und so werden jene üblen Säfte sanft und angenehm gelöst werden und verschwinden ohne Gefahr für seinen Leib. Aber wenn je-

◄ *Der Umgang will gelernt sein: Besonders slawische Völker kennen eine Marmelade aus den süßlichen Samenmänteln.*

mand aus diesem Holz einen Stab macht und ihn in seinen Händen trägt, ist es für ihn gut und nützlich und zum Wohlergehen und zur Gesundheit seines Körpers."

Ende der 1960er-Jahre waren Wissenschaftler der Vereinigten Staaten auf der Suche nach einem Antikrebsmittel aus der Natur. In der Rinde der Pazifischen Eibe *(Taxus brevifolia)* fanden sie einen Stoff, der die Zellteilung der **Krebszellen hemmt**: Taxol oder Paclitaxel. Allerdings war in der gesamten Rinde eines ausgewachsenen Baumes viel zu wenig des begehrten Stoffes enthalten. Für 1 kg Taxol mussten mehr als 1000 Bäume gefällt werden. Das gefährdete natürlich den Bestand dieser langsam wachsenden Bäume. Etwa 30 Jahre später entwickelten französische Forscher eine Methode, aus den jungen Nadeln unserer Europäischen Eibe *(Taxus baccata)* einen Stoff zu isolieren, den sie im Labor zu einem krebshemmenden Medikament umbauen konnten. Seit 2002 wird dieses Medikament aus Eibenzellkulturen in großem Maßstab produziert. Es ist mittlerweile zur Behandlung einiger Krebsarten wie Ovarial-, Brust- und Prostatakarzinom zugelassen. Aufgrund der schweren Nebenwirkungen darf es jedoch erst verwendet werden, wenn andere Therapien versagt haben.

Homöopathische Aufbereitung

Die Giftwirkung wird zur Heilwirkung, wenn frische Nadeln homöopathisch soweit aufbereitet, das heißt potenziert werden, bis die Giftstoffe mit heutigen Methoden nicht mehr nachweisbar sind. Das **homöopathische Medikament** *Taxus baccata* kommt vor allem bei Hautkrankheiten sowie Magen-Darm-Beschwerden zum Einsatz.

Die Eibe als uraltes Sinnbild für ein langes und sogar ewiges Leben findet in jeder Zeit die ihr zustehende Bedeutung, wenn man ihre Kräfte zu nutzen versteht: Fanden einst im alten Schottland unter der Eibe die Einweihungen in die großen Mysterien des Todes und der Wiedergeburt statt, so sind es heute die die **Lebenskraft unterstützenden Heilmittel**, die zum Tragen kommen. Manche Sprachforscher weisen in diesem Zusammenhang auch auf die Verwandtschaft zwischen dem Wort *Eibe* und dem Wort *ewig* hin. Die Eibe als Symbol für den Übergang kann Kranken auch dabei helfen, den Sinn ihrer Erkrankung zu finden und die Kräfte auf das Wesentliche auszurichten.

Wer eine alte Eibe in einem Park oder auf einem Friedhof findet, kann sich der **Ausstrahlung** kaum entziehen. Der mythische Baum hilft, mit den tiefsten Ebenen der Seele in Kontakt zu treten. Vielleicht ist irgendwo im eigenen tiefen Inneren das ewige Leben zu erahnen. Ängstlich und verkrampft über den Tod nachzudenken verliert seinen Schrecken. Eine neue Ehrlichkeit breitet sich aus und ungeliebte Erfahrungen bekommen einen neuen Sinn. Gelassenheit und Verstehen finden ihren Raum. Das Lebensgefühl wird schöner und die Stimmung hellt sich auf. Nebenbei lösen sich Verhärtungen von Muskeln, Sehnen oder Bändern. Die Eibe macht frei.

▼ *Auf die Menge kommt es an! Homöopathisch aufbereitet wird das Gift zu einem Heilmittel.*

◄ *Standhaft wie der Weltenbaum: gute Kandidatin für die berühmte Yggdrasil*

Mythen, Sagen und Kult: den Weltenbaum verstehen

In der *Völuspa* („Der Seherin Gesicht", Verse 13 und 14) heißt es: „Eine Esche weiß ich, / sie heißt Yggdrasil, / die hohe, umhüllt / von hellem Nebel: / Von dort kommt der Tau, / der in Täler fällt. / Immergrün steht sie / am Urdbrunnen. / Von dort kommen Frauen, / Vielwissende, / drei aus dem Born, / der unterm Baume liegt: / Urd heißt man die eine, / die andere Werdandi – / Sie schnitten ins Scheit – / Skuld die dritte; / Lose lenkten sie, / Leben koren sie / Menschenkindern, / Männergeschick."

Unsere heimische Mythologie begriff die Welt als kosmischen Lebensbaum: die **Weltesche** Yggdrasil, schon vom Klang her geheimnisumwittert. Das Wort Yggdrasil ist bis heute so umwölkt wie die Stirn des Gottes Odin. Es ist schlichtweg nicht klar, was Yggdrasil bedeutet. Die häufigste Deutung ist *das Pferd Odins* (siehe Esche S. 120).

Die Esche ist nicht immergrün, wie im obigen Gedicht beschrieben. Ganz im Gegenteil verliert sie im Herbst ihre Blätter; wie alle Laubbäume unterliegt sie dem Zyklus von Werden und Vergehen. Von einem Weltenbaum allerdings erwarten wir Dauerhaftigkeit, Beständigkeit im Auf und Ab des kreisenden Lebens, und die ist eher bei der Eibe gegeben. In den altnordischen Schriften finden wir Yggdrasil als wintergrüne Nadelesche beschrieben, und das scheint in der Tat des Rätsels Lösung zu sein. „Die Eibe ist der wintergrünste Baum", verrät uns die altnordische Runendichtung. Hart, fest und unverwüstlich steht sie in der Erde, kann über tausend Jahre alt werden, ist älter als manche mittel-

➤ Bau von übergreifender Dimension: Die Reiche und Ebenen des Weltenbaums können auch heute helfen, die Fragen des Menschseins zu beantworten.

Der Weltenbau des Weltenbaums

Ein Baum, der hoch hinaus will, braucht kraftvolle Wurzeln. Yggdrasil hat drei Verankerungen, die von drei unterschiedlichen Brunnen in der Tiefe gehalten und genährt werden: der Urd-, der Mimirs- und der Helbrunnen. Am bedeutungsvollsten erscheint der **Urdbrunnen**. Dort residieren die drei Nornen Urd, Werdandi und Skuld, die täglich das Gewebe der Welt und unsere Lebensfäden spinnen. Dieser Brunnen steht in direkter Verbindung zur Welt der Menschen, die etwa in der Mitte des Stammes ihr Zuhause finden: *Midgard – Mittelburg*. Dass der Brunnen gleichzeitig auch die göttliche Welt mit seinem lebendigen Wasser versorgt, ist zunächst vielleicht ein befremdlicher Gedanke, doch *Asgard*, die *Götterburg*, findet sich nur einen Regenbogen weit von den Menschen entfernt.

Der **Mimirsbrunnen** dagegen gehört zum uralten Reich der Riesinnen und Riesen. Sie vergegenwärtigen uns eine Welt, die schon bestanden hat, bevor es Götter und Menschen überhaupt gab. Dieser Brunnen wird vom Riesen Mimir gehütet und steht mit der Welt der Berg- und Eisriesen in Verbindung. Der **Helbrunnen** oder auch *Hwergelmir*, was übersetzt *rauschender Kessel* heißt, ist *Hel* zugeeignet: jener Göttin der Unterwelt, die von der institutionalisierten christlichen Welt fälschlicherweise mit der *Hölle* gleichgesetzt wurde.

Alle drei Wurzeln werden von Riesinnen und Riesen gehütet. Diese Giganten gehören zum Urgestein unserer Welt und werden in Frost- und Bergriesen unterschieden. In beiderlei Gestalt erscheinen sie unbeweglich und starr und damit eher lebensfeindlich. Götter und Menschen sehen wir einen nimmermüden Kampf vor allem gegen die – nach der Eiszeit – noch überaus feindliche Welt des Eises führen. Doch Siege konnten immer nur vorübergehend und von Fall zu Fall errungen werden. Wenn es um Stabilität geht, dann sind Riesenkräfte durchaus vonnöten. Sie verankern den Weltenbaum in der Tiefe, geben Stütze und Halt gegen jegliche Stürme und Katastrophen.

alterliche Kirche, deren Friedhof sie schmückt. Als das Wort *Nadelesche* in Vergessenheit geriet, blieb nur noch die Erinnerung an seinen zweiten Teil übrig: Esche. Es kam vielleicht auch darauf an, was man betonen wollte: Geht es um Beständigkeit und Festigkeit, dann ist Eibe zutreffend. Will man allerdings eher die Zerbrechlichkeit und Gefährdetheit der Welt beschreiben, dann kommt durchaus auch Esche in Betracht.

Gleich ob Eibe oder Esche: Unser nordischer **Mythos vom Weltenbaum** ist ein Wunderwerk an Bedeutungsverästelungen. Von den Wurzeln bis über die Krone hinaus entfaltet sich vor unseren staunenden Augen ein ausgeklügelter Kosmos an Vielfalt und Ausgewogenheit, Zerbrechlichkeit und Beständigkeit, der seinesgleichen in anderen Kulturen kaum findet. Es lohnt sich, sich mit den einzelnen Bedeutungsebenen zu beschäftigen.

Götter und Menschen – im Schicksal verbunden

Am Urdbrunnen leben die drei Nornen mit Namen Urd, Werdandi und Skuld, die in einer hochgewölbten, von heiligen Wasserfluten umrauschten Felsenhalle an der Quelle sitzen und die Schicksalsfäden spinnen, mit denen sie täglich die Welt neu erschaffen. Diese Dreiheit ist so etwas wie die Schaltstelle oder das Herzstück des ganzen Systems. Bei diesen drei Riesinnen laufen im wahrsten Sinne des Wortes alle Fäden zusammen. Nicht nur die Geschicke der Menschen werden von den *Schicksalsschwestern* gesponnen und gehütet, sondern auch die göttliche Welt hängt bei ihnen gewissermaßen am seidenen Faden.

Und das kam so: Als die beiden Göttergeschlechter der Wanen und Asen gegeneinander zu kämpfen begannen, kam der erste Krieg in die Welt. Zwar trug keine Seite den Sieg davon, doch was blieb, waren Verwirrung und Tod. Seither sind die Gottheiten des germanischen Götterhimmels sterblich. So brachten nicht die Menschen, sondern die Götter selbst den Tod in die Welt. Sie trafen daher Vorsichtsmaßnahmen, um weitere Kriege zwischen ihnen zu verhindern, und entschieden sich dafür, bei den Nornen an der Weltwurzel eine Gerichtsstätte einzurichten.

Jeden Tag mussten sämtliche Gottheiten dorthin reiten, um sich mit den Riesenschwestern zu beraten, die zusammen so alt sind wie die Welt und das innerste Geheimnis der Zeit abbilden. Alle Göttinnen und Götter besprachen sich freiwillig mit diesem obersten Frauenrat, da sie Recht und Gerechtigkeit als höchstes Gut erkannten. Das trug ihnen den Namen die *Rater* ein. Eine demokratische Götterwelt, in der alle miteinander beschlossen, was jeweils als nächstes zu tun war. Die größere Weitsicht der Nornen, die sich allein schon aufgrund ihrer langjährigen Erfahrung ergab, erachtete man für die Urteilsfindung als unverzichtbar.

Urd ist die älteste der drei Nornen und so alt wie die Welt. Ihr Name, wie auch der ihrer Schwester **Werdandi**, geht auf die Sanskritwurzel *v-r-t* zurück

◄ *Die drei Nornen weben den Faden des Schicksals: des einzelnen Menschen wie der gesamten Menschheit.*

und ist nicht nur identisch mit den Begriffen für *Wurzel* und *Wort*, sondern hängt etymologisch mit dem Wort für *Rose* als dem Symbol für *Liebe* zusammen: Im Anfang war das Wort Liebe, und Liebe ist die Wurzel der Welt. Dazu passen die beiden Schwäne, die auf dem Urdbrunnen ihre Kreise ziehen. Sie gehören als Symboltiere ebenso zur Weisheit wie zur Liebe.

Der Urdbrunnen ist der älteste und heiligste aller Brunnen. Sein Wasser ist so rein, dass alle Dinge, die hineinfallen, so weiß werden wie die zarte Haut im Inneren eines Eis. Jeden Morgen begießen die Schicksalsgöttinnen ihre Wurzel des Weltenbaumes mit diesem Lebenswasser und dazu mit dem Schlamm, der die Quelle umgibt. Davon werden die Zweige der „Esche" saftig und glänzend. Vom feuchten Laub steigt Nebel auf, der als Tau zurück in die Täler fällt, Pflanzen wachsen lässt, die Tieren und Menschen Nahrung spenden, und zuletzt wieder in den Brunnen mündet.

Während Urd und Werdandi den Neugeborenen einen goldenen Faden spinnen, dreht **Skuld** ihnen einen schwarzen. Ihr Wirken bezieht sich auf die Zukunft, und in der Zukunft liegt der Tod. Aufgrund ihrer Nähe zum Tod jagt Skuld selbst als Walküre durch die Welt. Walküren sind Schutz-, Kampf- und Liebesgöttinnen, die auch in Gestalt von Schwänen über die Welt fliegen. Die „Pferde", die sie häufig reiten, erscheinen in der Menschenwelt als Wolken. Der Schaum, der von ihren Mäulern tropft, geht als Regen zur Erde nieder, der wiederum die Brunnen am Fuße der Weltesche speist. So sorgt gerade Skuld mit dafür, dass der Wasserkreislauf, der unsere Welt lebendig und zusammen hält, intakt bleibt.

Der **Mimirsbrunnen**, der die zweite Wurzel des Weltenbaumes beherbergt, wird vom Riesen Mimir gehütet, der seinerseits der Onkel des Gottes Odin ist. Nach ihm wird die Weltenesche auch *Mimameide, Mimirs Baum,* genannt. In diesem Brunnen sind Scharfsinn und Verstand verborgen. Mimir hängt von der Wortwurzel her mit *Minne* zusammen. Das Wort *Minne* bedeutet sowohl *Liebe* als auch *Gedächtnis*. In diesem Fall ist es ein Riesengedächtnis, dessen Tiefe wir niemals ausloten werden, mit dem zu beschäftigen sich aber gleichwohl lohnt – wofür der Germanengott Odin selbst das beste Beispiel gibt.

Eines Tages kam er zu seinem Onkel und bat ihn um einen Trunk aus seiner Weisheitsquelle. Mimir verlangte im Austausch dafür das Auge seines Neffen als Pfand. Der Göttervater, stets auf der Suche nach Weisheit und spirituellem Wissen, opferte sein linkes Auge und darf nun jeden Morgen aus dem Brunnen trinken. Seither ist **Odin ein Einäugiger**, so wie es auf der Welt nur eine Sonne gibt. Sein fehlendes Auge verdeckt er mit einer Augenbinde. Es wird wie ein sichelförmiges Horn beschrieben und als Mondauge gedeutet, das für Innenschau, Intuition, Fantasie und Gefühl steht.

➤ *Schutzamulette aus dem Holz des wirkmächtigen Baumes halfen, böse Einflüsse abzuwehren – oder die Kraft zu haben, mit Schicksalsschlägen umzugehen.*

▲ *Die heilige Eibe hütet seit jeher besondere Orte: als Führerin über die Schwellen von Werden und Vergehen, von Vergehen und Werden.*

Bleibt die dritte Weltwurzel. Sie ist der Göttin **Hel** überantwortet, die von Geburt her nur eine Halbriesin ist, die Tochter des Gottes Loki mit einer Riesin. Sie wird als halb schwarz und halb weiß vorgestellt. Ihr Reich nennt sich *Niflhel – Nebelheim*. Ihr Brunnen, der „rauschende Kessel", entlässt aus sich zwölf Eisströme, aus denen wiederum alle Flüsse der Welt entspringen. Entsprechend ihrem doppeldeutigen Charakter hat die Göttin freudvolle, goldene Säle wie auch – für die verbrecherischen Wesen – Mördergruben, die mit Giftschlangen gefüllt sind. Hel kommt von *Halja*, die Bergende, und bedeutet *Heim*. Als Baldur, der liebevolle Lichtgott, der von seinem Bruder hinterrücks ermordet wird, zur Hel fährt, erwartet ihn dort ein festlich geschmückter, goldener Saal. In dieser Halle wird ihm der Metbecher genauso kredenzt wie es auf Walhall üblich ist.

Ringen der Gegensätze

Es entbehrt nicht eines weitreichenden Verstehens, dass die nordische Mythologie ihre größte Lichtgestalt in die tiefsten Tiefen der Hel hinunterschickt. Auch die Sonne geht ja jeden Abend unter, so wie auch die Unterweltsgöttin eine helle und eine dunkle Seite hat. Solange diese unsere Welten-„Esche" besteht, werden sich Hell und Dunkel, Gut und Böse immer die Waage halten.

So ergeht es nicht zuletzt dem Weltenbaum selbst. Obwohl der Weltenbaum so standfest erscheint, muss er doch viel Übles erdulden. Ganz unten an seinen Wurzeln frisst beständig der **Neiddrache**. Dank der drei Brunnen wird er vorerst zu keiner Gefahr, doch eine Warnung ist er trotz allem: Unsere Welt ist verletzlicher als wir denken, gehen wir also sorgsam mit ihr um. Der Neiddrache unten findet sein Pendant im Wipfel der Esche. Dort nistet ein vielwissender **Adler** und singt das Lied vom Werden und Vergehen. Zwischen seinen Augen wiederum lebt ein Habicht namens *Wettermacher*. Adler und Drache sind einander nicht grün, doch werden sie sich wohl kaum je treffen. Damit sie dennoch miteinander kommunizieren können, wird das **Eichhörnchen** *Ratatwisker*

▲ Aus welcher Quelle am Fuß des Weltenbaums entsprang wohl dieser Bach?

(*Ratatösk*) als Bote zwischen den Welten eingesetzt. Emsig läuft es tagaus tagein den Stamm hinauf und hinunter, um Botschaften von oben nach unten und zurück zu tragen. So ist jede Seite doch über die andere im Bilde.

Verlassen wir die Wurzeln der Esche, stoßen wir auf zwei Riesenreiche: **Muspellheim** im Süden und **Jötunheim** im Norden, die Welt des Feuers und die Welt des Eises. Darüber erst liegt Midgard, unsere menschliche Welt. Sie wurde zwischen Feuer und Eis erschaffen, liegt sozusagen im Spalt dazwischen, im *Ginnungagap*. In Muspellheim führt der Feuerriese Surtur mit seinem Flammenschwert das Regiment, in Jötunheim sind die Frostriesen zu Hause, die Göttern wie Menschen gleichermaßen das Leben schwer machen. Aus Muspellheims Funken allerdings ist die Welt unserer Gestirne entstanden, auch Sonne und Mond. Ein zerbrechliches Gleichgewicht auch hier: Keine Seite darf je die Oberhand gewinnen, sonst stirbt unsere Welt entweder den Hitze- oder den Kältetod.

Der überwältigenden Kraft der **Riesen** steht wiederum die Welt des kleinen Volks gegenüber, die **Zwerge**, die auch Alben oder Elfen genannt werden. Im Unterschied zu den Riesen wurden diese winzigen Geschöpfe allerdings erst von den Göttern geschaffen. Während die Lichtalben in Asgard zu finden sind, wirken die Schwarzalben tief in der Erde. Als begnadete Schmiede fertigen sie dort die schönsten Schmuckstücke, wie etwa *Brisingamen*, die goldene Halskette der Freya. Alle magischen Gegenstände auf Asgard verdanken sich ihrer grandiosen Erfindungsgabe. Am berühmtesten ist natürlich Thors Hammer, ohne dessen Hilfe er im Kampf gegen die Eisriesen nicht bestehen könnte. Wie ein Bumerang kehrt er nach getaner Tat stets zu seinem Werfer zurück und kann nach Belieben kleiner und größer werden.

Ziemlich in der Mitte des Weltenbaumes liegt **Midgard**, die Welt der Menschen. Sie wird von der Midgardschlange umzingelt, die sich wie ein Ring um den Weltozean legt und dabei ihren Schwanz im Maul hält. *Jörmungand* heißt sie, *großer Zauberstab*, und sie ist männlich vorgestellt. Sie schafft es, unsere Welt im Äußeren zusammenzuhalten. Wehe jedoch, wenn ihr Maul je den Schwanz freigibt. Dann wird er mit Gift und Geifer alles um sich herum vernichten.

Der Hammergott Thor hatte die Midgardschlange bereits einmal an der Angel, und es war ein Riese, der ihn gerade noch daran hindern konnte, die Welt aus den Angeln zu heben. Ein anderes Mal stellten die Riesen Thor selbst auf die Probe und hießen ihn eine Katze vom Boden aufzuheben. Er schaffte es nicht. Nachher stellte sich heraus, dass er in Wirklichkeit Jörmungand angehoben hatte. Nur ein paar Zentimeter höher, und die ganze Welt wäre aus den Fugen geraten. Auf die menschliche Gesellschaft übertragen könnte das heißen: Ehe wir leichtfertig etwas anrichten, das sich nicht mehr umkehren lässt oder dessen Gefährlichkeit wir nicht einschätzen können, sollten wir lieber Vorsicht walten lassen. Die Welt wird nur dann zu einem wohlwollenden Ort für uns, wenn wir das Schicksal nicht herausfordern.

Schöpferkraft als göttliches Mittel der Verbindung

Von der Menschenwelt aus führt eine Regenbogenbrücke hinüber nach **Asgard**, in die Burg der Götter und Göttinnen. Für die Menschen ist diese göttli-

◀ *Schlangenförmiger Wuchs: Ausdruck unsichtbarer Kräfte der Natur. – Midgard ist die sichtbare Menschenwelt: Ein Eibenkranz drückt die Achtung vor der Welt des Unsichtbaren aus.*

che Welt dauerhaft erst nach dem Tod erreichbar. Dann allerdings können dort alle nach ihrer Fasson selig werden: Alle Liebespaare etwa kommen zu Freya nach Folkwang, die Kampfeslustigen zu Odin nach Walhall, die Walküren nach Wingolf, Frauen, die sich keinem Mann verbunden haben, zur Erdgöttin Gefjon ... Es würde zu weit führen, alle diese Lebensformen hier aufzuführen. Entscheidender ist es wahrzunehmen, wie weit die Welt der Menschen und der Götter im Hier und Jetzt verbunden sind. Nicht umsonst teilen sich beide denselben Brunnen, sprich in ihrer beider Adern kreist dasselbe heilige Wasser. Eine hochangesehene Verbindungslinie zwischen ihnen bildet die Dichtkunst, denn der berühmte **Dichtermet Odrörir**, was übersetzt *Geisterreger* heißt, wird von den Gottheiten bereitwillig mit den Menschen geteilt. Durch Poesie und Musik werden wir den Göttern in ihrer schöpferischen Kraft ebenbürtig.

Iduna, die Göttin der Auferstehung hütet nicht nur die goldenen Äpfel ewiger Verjüngung (siehe Apfel S. 27), sie hält auch den Dichtermet in ihrer Obhut. Mit ihm begießt sie täglich die Wurzeln der Weltesche am Urdbrunnen, denn auch der Trank poetischer Begeisterung hat verjüngende und verschönernde Kraft! Die blühende Iduna hatte sich ein lichtes und luftiges Heim in den schimmernden Zweigen des Baumes eingerichtet. Dort empfing sie abends Bragi, ihren geliebten Gemahl und Gott der Dichtkunst, der sie mit seinen Liedern erfreute. Dann stimmten die Vögel des Waldes fröhlich mit ein, und die Melodien klangen so mitreißend, dass selbst die ernsthaften Nornen davon bewegt wurden. Der Urdbrunnen wurde deshalb bisweilen selbst Geisterreger genannt, weil er den Dichtermet in Strömen fließen ließ. Kein Wunder, dass wir Menschen eine künstlerische Ader haben. Sie ist sozusagen göttergegeben!

In der Krone von Yggdrasil äsen allerdings auch **vier Hirsche** und knabbern ununterbrochen an ihren Knospen, Blüten und Zweigen, die man allegorisch mit Stunden, Tagen und Jahreszeiten gleichsetzen kann. So verliert der Baum immer wieder frisches Grün, doch wirklich schaden können die Tiere ihm nicht. Mögen auch die Stunden, Tage und Jahreszeiten verrinnen, so bleibt unsere Welt im Ganzen doch bestehen.

Lärad, Friedespender, heißt der Wipfel des Weltenbaumes. Neben dem Hirsch Eichdorn klettert dort auch die **Ziege Heidrun** durchs Geäst. Beide tun sich an den saftigen Blättern der „Esche" gütlich, geben dafür aber auch etwas zurück. Aus dem Euter der Ziege quillt jeden Tag ein Schöpfeimer voll Met. Er versetzt die Gottheiten wie auch die Verstorbenen auf Asgard in einen seligen Rausch und ist dem indischen *Amrita*, dem *Trank Todlos*, oder dem griechischen Nektar der Unsterblichkeit gleichzusetzen. Mindestens genauso wertvoll ist der Hirsch Eichdorn. Von seinem Geweih tropft Flüssigkeit hinunter bis in den unterweltlichen Brunnen Hwergelmir und speist alle Flüsse der Welt, die dort unten entspringen.

So zeigt sich, wie alles mit allem zusammenhängt. Das Wasser aus der Tiefe wird vom Wipfel des Baumes wieder aufgefüllt. Dasselbe Wasser durchströmt einmal die seligen Gefilde der Gottheiten und ein anderes Mal die Hallen der Hel. Es kommt zu den Verstorbenen wie zu den Lebenden, es macht keinen Unterschied zwischen Gott, Mensch, Tier und Pflanze, ja speist selbst noch die Toten. Sie alle nähren sich aus denselben Quellen, und da diese Quellen heilig sind, haben auch alle Wesen, die daraus trinken und getränkt werden, Anteil an dieser Heiligkeit. Alle sind sie im selben **heiligen Geist**, der durch ihre Adern fließt, miteinander verbunden. Eine perfekte Kommunion, in der alles mit allem in einer Beziehung steht, und das Göttliche nicht getrennt von Menschen, Pflanzen und Tieren erfahren wird. Keine Energie geht verloren, alles verwandelt sich in einem beständigen Austausch zwischen unten und oben, Schöpfung und Zerstörung. Das Urbild der modernen Ökologie und Nachhaltigkeitsbewegung findet sich im Weltenbaum!

Der Weg ins neue Zeitalter

Ganz oben über der Krone des Baumes ziehen Sonne und Mond, Tag und Nacht ihre Bahnen. Die Göttin *Nott*, die *Nacht*, schickt jeden Morgen ihren strahlenden Sohn *Dag*, den *Tag*, auf die Reise. Beide werden begleitet von Sonne und Mond. Alle ziehen sie auf ihren von edlen Rossen gezogenen Wagen ihre Bahn. Die Sonnengöttin Sol und der Mondgott Mani tun das allerdings unter beständiger Gefahr.

Beide werden sie von **zwei Wölfen** verfolgt, deren Namen bereits Ungutes verheißen. *Hati*, der *Hasser*, schnappt nach dem Mond, während *Skoll*, die *Bosheit*, der Sonne auf den Fersen bleibt. Noch können sie bisher die Gestirne nicht einholen und insbesondere Sol lässt sich ihre Fröhlichkeit nicht nehmen. Selbst wenn es dem Wolf am Ende der Zeiten gelingen sollte, die Sonne zu verzehren, so wird sich ihre Tochter doch in die kommende Welt retten können. Undenkbar, dass in der neuen Welt keine Sonne scheinen würde!

Auch Menschen wird es dann wieder geben, und erneut werden sie aus den Bäumen entstehen: „Aus dem Holze Hoddmimirs", erzählt die Edda, kommen *Lif* und *Lifthrasir*, *Leben* und *Lebensdrang*, wobei Lif als männlich, Lifthrasir als weiblich gelten. Zusammen mit den Kindern der untergegangenen Gottheiten werden sie eine neue Welt erschaffen, eine Welt in Frieden und ohne Sterblichkeit, wo das goldene Weltgesetz gefunden wird und alle Wesen ganz von selbst zum Wohle aller handeln werden.

▲ *Mystischer, geheimnisvoller Eibenwald – Tor in das Bewusstsein unserer germanischen Vorfahren*

EICHE
Quercus robur

Für Schöpfertum, Weisheit und Gerechtigkeit sorgen

Der König der Bäume strahlt gebieterische Macht und selbstbewusste Präsenz aus. In seinem Schatten wird sofort deutlich, wie klar und unzweideutig er sich allein durch seine Gestalt ausdrückt. Er ist der **kraftvollste Baum Europas**, was sich in *robur*, das heißt *kräftig*, ausdrückt. Gerade die Stiel-Eiche ist raumgreifend, dominant und prägt durch ihre eindrucksvolle Erscheinung die Landschaft. Sie scheint nicht nur in den sie umgebenden Raum hineinzuwachsen – nein, sie erobert ihn, nimmt ihn in Besitz, bestimmt ihn, ja mehr noch: Der Raum scheint durch den willensstarken Wuchs des Baumes erst erschaffen zu werden, so als könne ohne diesen König nichts sein.

Dabei streckt sich kein geradliniger Stamm bis in den Wipfel. Er teilt sich bald und sehr starke, waagerechte und weit ausladende Äste bilden eine unregelmäßige, **majestätische Krone**. Was aussieht wie eine statische Unmöglichkeit, verstärkt den raumschaffenden Charakter noch erheblich. In jungen Jahren ist die Borke glatt und von glänzendem Grau, später wird sie von tiefen Rissen durchfurcht. Fingerdicke Platten schützen den Stamm wie eine wehrhafte Burg. Es ist unmöglich, in diese Borke seinen Namen zu ritzen, und kein naturverbundener Mensch käme auf diesen respektlosen Gedanken.

Eine starke und tiefgreifende **Pfahlwurzel** gibt dem Baum festen Halt, macht ihn sturmfest und garantiert ein langes, vitales Leben. Alles an seinem knorrigen und königlichen Erscheinungsbild ist männlich, ist Sinnbild von Stärke, Sieg und Sicherheit – das Eichenlaub auf den Schultern von Soldaten, die sich im Kampf bewährten, spricht Bände.

▼ *Mächtig, in sich ruhend und stark steht er da – der Eichenbaum.*

Im Nachhall der keltischen und germanischen Naturreligionen tanzten die Völker in den Wäldern noch bis in das frühe Mittelalter hinein zumeist um den mächtigen Stamm einer Eiche. Der heilige Bonifatius machte dem jedoch ein Ende und fällte um 723 nach Christus nahe des heutigen Geismar in Hessen ein berühmtes Baumheiligtum, die *Donar-Eiche*, bei seinem Bemühen, das heidnische Volk der Chatten zu bekehren. Erst 30 Jahre später, nach weiteren, ungezählten Zerstörungen von Baumheiligtümern, wurde der dann über 80-Jährige von wütenden Friesen bei einem offensichtlich gescheiterten Versuch, auch sie zu missionieren, kurzerhand erschlagen.

▶ *Der irische Mönch Bonifatius brach den Widerstand germanischer Stämme, indem er ihre Baumheiligtümer fällte.*

Wesen und Charakter: großzügig und hingebungsvoll

Es mag überraschen, wie weiblich das Wesen dieses erstaunlichen und arg missverstandenen Baumes in Wirklichkeit ist. Er ist sozusagen die **Nährmutter** der direkten Umgebung, ermöglicht durch sein Dasein ungezählten Wesen das Leben. Die deutsche Bezeichnung *Eiche* entspringt vermutlich dem lateinischen Wort *esca*, was so viel heißt wie *Speise*, und die tiefgreifende Bedeutung des Baumes für Mensch und Tier verdeutlicht. Sicherlich ist es kein Zufall, dass die deutschen Übersetzungen für Buche und Eiche *Essen* bedeuten: *fagus* aus dem Griechischen, *esculenta* aus dem Latein.

Kein anderer Baum gibt sich der Tierwelt so hin wie die Eiche. Für uns jedoch sind alle Teile der Stiel-Eiche – wie auch der ebenso häufigen Trauben-Eiche *Quercus petraea* – aufgrund der vielen Bitterstoffe leicht giftig und roh nicht genießbar. Die Früchte bestehen zu 70 % aus Stärke und Zucker und gedeihen in für viele Tiere leicht erreichbaren, einladenden Bechern. Die Eiche ernährt über 500 verschiedene Spinnen- und Insektenarten, unzählige Vögel und nicht zuletzt eine ganze Reihe von *Eich*-Hörnchen.

Neben der Buche und vielleicht noch der Ess- oder Edel-Kastanie ist die Eiche das erhabenste Mitglied der Familie der Buchengewächse, der *Fagaceae*, die etwa 900 Mitglieder zählt. Sie ist der sprichwörtliche Baum der Deutschen, die sich schon immer gerne mit den ihr zugeschriebenen Tugenden schmückten: So wird die Stiel-Eiche nicht nur als *Sommereiche*, sondern auch als *Deutsche Eiche* bezeichnet; die Trauben-Eiche heißt *Wintereiche* oder *Steineiche*. Gerade im Winter lassen sich die beiden gut voneinander unterscheiden: Die größere und stärkere Sommer-Eiche stößt ihre Blätter im Herbst aktiv ab, die Winter-Eiche hingegen lässt sie einfach absterben und trägt ihr braunes, raschelndes Blätterkleid oft bis in den Frühling hinein.

Würde des wahren Herrschertums

Die Stiel-Eiche zählt mit über 40 m Höhe zu den **höchsten Bäumen** Europas. In der Jugend wächst sie schnell und ungestüm. Mit etwa 100 Jahren ist das Höhenwachstum bereits abgeschlossen. Das Dickenwachstum jedoch endet nie. An einzelnen, jahrhundertealten Baumpersönlichkeiten wurde ein fortlaufender Zuwachs des Umfangs um etwa 1,5 cm im Jahr gemessen.

Der Austrieb der in ihrer Form einmaligen Blätter beginnt erst sehr spät im Jahr. Nur die Esche lässt sich noch mehr Zeit. Die zarten jungen Blätter entdecken frühestens ab Mai das Licht der Welt und können zuerst von rötlichbrauner Farbe sein, bevor sie später in sattes Grün übergehen. Sie sind von einer starken Mittelader durchzogen, eingebuchtet und gelappt – das garantiert die Unverwechselbarkeit. Das Blatt hat einen sehr kurzen Stiel und 8–14 rundliche Lappen. Nur die äußersten, kleinen Zweige tragen diese Blätter, von denen jedes einzelne einzigartig ist: ein **Blattunikat** im gesamten Universum, einmalig in seiner Farbe, Form und kraftvollen Vitalität.

Die dicken Äste sind unbelaubt, wodurch an Sonnentagen der Eindruck einer **strahlenden Lichtkrone** entsteht, die einer Königin ihres Ranges durchaus würdig ist. Gerne siedeln sich kleinere Sträucher und Kräuter in ihrem Herrschaftsgebiet an. Sie lässt sie voller Großmut teilhaben an ihrem gewaltigen Reichtum und gewährt ihnen gütig, was sie zum Leben brauchen.

Die Blütenstände sind fast unscheinbar. Männliche und weibliche Blüten finden sich auf demselben Baum – die Eiche ist das, was man *einhäusig* nennt: Mann und Frau zugleich, androgyn wie so viele Gottheiten der Antike auch. Die männlichen Blüten bilden auffallende, bis zu 6 cm lange hängende Kätzchen, die kleinen und bescheidenen weiblichen Blüten dagegen fallen kaum auf und sind schwer zu finden. Am Ende der Triebe sitzen sie, manchmal einzeln, manchmal zu zweit oder zu dritt. Die Unauffälligkeit der weiblichen Blüten ist bereits ein Hinweis darauf, dass sie **vom Wind bestäubt** werden und nicht von Insekten – aufwändig und pompös geschmückte Blüten sind damit nicht nötig. So hat die Eiche nicht das Prahlende einer Linde, nicht das Prunkende eines blühenden Apfelbaums.

Die großen Früchte sitzen in Gruppen bis zu fünf an einem gemeinsamen, bis zu 10 cm langen Stiel, was den Namen Stiel-Eiche begründet. Die Eicheln stecken in einem offenen, leicht zugänglichen **Becher**, aus dem sie sich leicht lösen lassen. Die schweren, nahrhaften Früchte fallen bei Reife geradewegs zu Boden. Sie werden nicht vom Wind verteilt und dienen somit gleich am Fuß des Baumes Wildschweinen, Eichhörnchen und Eichelhähern als Nahrung. Manche Tiere verstecken sie aber auch da und dort als Wintervorrat – und vergessen im Lauf der Monate manche der bald keimenden Nussfrüchte: So steht der Ausbreitung des bereitwillig spendenden Baumes nichts im Wege.

▲ *Schutz und Fürsorge: Der männliche Aspekt der Stärke schließt die weibliche Seite des Nährens nicht aus.*

Meister der Reife

In der menschlichen Kulturlandschaft spielten Eichen bis weit in das 19. Jahrhundert hinein eine tragende Rolle. Bereits im frühen Mittelalter entstanden sogenannte **Hutewälder**: dazu da, das Vieh zu ernähren. Die „Nährwälder" bestanden überwiegend aus Eichen, Buchen oder Ahornbäumen. Die Schweine wurden zur Mast herdenweise hindurchgetrieben, was die Qualität der Schinken erheblich verbesserte. Hutewälder waren sehr wertvoll. Doch nicht der Holzertrag bestimmte den Preis, sondern die Anzahl der Schweine, die dort ernährt werden konnten – und natürlich der Geschmack der daraus resultierenden Schinken. So manche alte, einzelnstehende Eiche, die mit ihrer Gestalt der Landschaft ihr Gepräge verleiht, verdankt ihr Dasein diesen alten Hutewäldern.

Früher trugen die Eicheln durchaus auch zur **menschlichen Ernährung** bei: als Eichelkaffee oder Eichelmehl (siehe S. 90). Wenn es um die Herstellung von Fässern geht, müssen die ausgesuchten Bäume im Winter gefällt werden. Dann hat die abgelagerte Stärke die Poren des Holzes verstopft, was das unerwünschte Austreten der eingelagerten Flüssigkeit verhindert. Jede Eichenart besitzt einen eigenen geschmacklichen Einfluss auf den darin reifenden Wein, Weinbrand oder Cognac.

Eichen sind wahrhaft Meister des bedächtigen Reifens – erreichen sie doch selbst eine **gewaltige Lebensspanne**. Sie können über 1000 Jahre alt werden. Oftmals haben sie die Jahrhunderte als Wächterbaum überdauert: an Feldwegen, direkt am Eingang zum dichteren Forst, an Wegeskreuzungen. Dort wachen sie über Wohl und Wehe des Waldes. Noch heute grüßt sie jeder vorübergehende naturverbundene Wanderer und verbeugt sich vor ihnen, wenn auch eher in staunender Stille und heimlich – und meist unbewusst.

Aufgrund ihrer Wasserfestigkeit spielen viele Eichenarten seit jeher auch eine sehr große Rolle im **Schiffsbau**. Der Aufbau der Englischen Armada unter Francis Drake verursachte in ganz Europa

▼ Die bekannte Frucht: Eichelnuss im unreifen grünen Zustand am Baum – dann bereits aus dem tragenden Becher gefallen am Boden liegend

Ein fast biblisches Bild: Die Bäume sorgen für das Wohl der Tiere und des Menschen.

einen ernstzunehmenden Eichenschwund, denn das hegemonial aufstrebende England war bereits damals auf riesige Importmengen angewiesen – nicht weniger als Spanien, der erklärte Kriegsgegner im Rennen um die Weltherrschaft. Zwar werden Holzschiffe immer seltener, trotzdem ist das bevorzugte Material noch immer das Holz der Eiche: für Kiele, Balken, Rippen und Planken. Härte, Tragkraft und feste Elastizität zeichnet es – neben seiner außerordentlichen Dauerhaftigkeit – am meisten aus. Unter Wasser verrotten Eichenstämme kaum, weswegen man sich beim Bau Venedigs zusammen mit der Erle auf sie verließ und sie im **Wasserbau** bis heute nach wie vor unverzichtbar sind.

Heilkunde: die Welt der Gerbstoffe nutzen

Rinde, Blätter, Eicheln – alles an der Eiche steckt voller Gerbstoffe und damit voller Heilkräfte. Die **Gerbstoffe** hemmen Entzündungen, schützen und erhalten Haut und Schleimhaut. Seit alten Zeiten gilt der Baum als *Schutzfrau der Haut*. Die Rinde enthält bis zu 20 % sogenannter Katechingerbstoffe sowie Tannine, darüber hinaus auch Flavonoide wie Quercetin, Triterpene und Gallussäuren. Ihre Gerbstoffe helfen zuverlässig bei akutem Durchfall. Auch wenn Pilze wie zum Beispiel Candida sich im Darm angesiedelt haben und einen normalen Stoffwechsel behindern, vertreibt ihre zusammenziehende Kraft diese ungebetenen Gäste. Bereits in geringer Konzentration hilft die Rinde, den Körper zu entgiften und das Lymphsystem zu reinigen. Außerdem stillt sie Blutungen.

Eine **Teemischung** aus gleichen Teilen Eichenrinde, Hirtentäschelkraut, Blutwurz und Schafgarbe hilft bei zu starken Menstruationsblutungen. Übergießen Sie 1 TL mit 250 ml kaltem Wasser, kochen Sie alles auf und lassen Sie den Sud weitere zehn Minuten vor sich hinköcheln. Davon trinken Sie zwei oder drei Tassen pro Tag. Äußerlich dienen **Bäder oder Kompressen** dazu, Hämorrhoiden, Analfissuren, Unterschenkelgeschwüre, Frostbeulen und Schweißfüße auszuheilen. Für ein Bad kochen Sie 20 g getrocknete Rinde – oder 40 g junge, zerkleinerte Zweige – mit 2 l Wasser auf und lassen alles mindestens 20 Minuten lang leise weiterkochen. Sieben Sie dann den Auszug direkt in das **Fuß- oder Sitzbad** hinein. Bei nässenden Hautausschlägen, schlecht heilenden Wunden und Brandwunden machen Sie Umschläge sowie Waschungen mit dem Absud. Bei Entzündungen von Mundschleimhaut und Zahnfleisch, bei einer Halsentzündung oder Drüsenschwellung gurgeln Sie mit einem Rindentee. Die Gerbstoffe erzeugen zwar ein pelziges Gefühl im Mund – doch ist genau das erwünscht. Bald ist der ungewohnte Eindruck wieder verschwunden.

Blätter – verträglicher als Rinde

Pflücken Sie die jungen Blätter am besten im April oder Mai, wenn sie sich gerade entfalten und vom

STECKBRIEF

sommergrüner Laubbaum
deutscher Name: Stiel-Eiche; Trauben-Eiche
wissenschaftlicher Name: Quercus robur; Q. petraea
Anzahl der Arten weltweit: etwa 500
Familie: Buchengewächse *(Fagaceae)*
Verbreitungsgebiet: nördliche Erdhalbkugel
Standort: karge und sandige Böden, in Lagen bis auf 1500 m
Höhe: bis zu 40 m, einzelne Exemplare bis zu 50 m
Alter: über 1000 Jahre und weit darüber hinaus
Austrieb: Mai und Juni; als vorletzter der heimischen Laubbäume
Blütezeit: Mai, mit dem Austrieb
Blatt: 2–5 Einbuchtungen, im Sommer saftgrüne Farbe, bis zu 15 cm lang
Frucht: einsamige, geflügelte Nussfrucht, die im Winter auffallend an den Zweigen hängt
Rinde: längsrissig, markantes Profil, im Alter helles Grau, silbrig
Eigenschaften des Holzes: Hartholz, guter Brennwert

EICHE – FÜR SCHÖPFERTUM, WEISHEIT UND GERECHTIGKEIT SORGEN | 89

schützenden Harz der Knospen noch klebrig sind. In dieser Zeit enthalten sie kaum Gerbstoffe, dafür **mehr Flavonoide und Harze**. Solange sie ganz jung sind, passen sie mit ihrem würzigen Geschmack sogar gut in einen gemischten Frühlingssalat. Pflücken Sie die Blüten gleich mit. Getrocknet und gemahlen bereichern sie ein Kräutersalz.

Ein Blättertee schmeckt und wirkt sanfter als ein Rindentee. Er hilft bei Entzündungen der Schleimhäute im Mund, bei Durchfall, Magen-Darm-Grummeln und zu starker Menstruation. Übergießen Sie dafür 1 TL junger Blätter mit 250 ml kochendem Wasser und lassen Sie alles fünf Minuten ziehen. Bei Hautunreinheiten und nässenden Ekzemen machen Sie Umschläge damit. Bei Fußschweiß hilft ein abendliches Fußbad. Für einen **Krafttrunk** geben Sie eine Handvoll junger Blätter zusammen mit ½ l Wasser in einen Mixer und pürieren alles gut durch. Der Trunk schmeckt mild und süßlich, ein wenig nach Zitrone – und steckt vor allem voller Vitamin C und Chlorophyll. Er entgiftet und bringt Eichenkräfte in Ihren Körper.

Für einen **Haarfestiger** aus der Natur pürieren Sie mit einem Zauberstab einige Eichenblätter und ½ TL Honig in 100 ml Wasser. Filtrieren Sie die Lösung dann durch einen Teefilter, füllen Sie sie anschließend in einen Zerstäuber und sprühen Sie sie auf das noch nasse Haar. Das stärkt die Haarwurzeln, kräftigt dunkle Haare und gibt ihnen Fülle und Glanz.

Auch ein **Deodorant** aus den Blättern können Sie sich ganz leicht selber herstellen: Mixen Sie in einem Schraubdeckelglas zehn frische Blätter, 150 ml Wasser und ½ TL Salz mit dem Pürierstab und lassen Sie alles über Nacht ziehen. Am nächsten Tag filtrieren Sie ab, geben noch 1 TL Natron – Haushaltsnatron aus dem Supermarkt – hinzu und füllen die Lösung in eine Zerstäuberflasche. Schütteln Sie sie solange, bis das Natron vollständig gelöst ist. Das Deo hält bei Zimmertemperatur etwa einen Monat. Es hemmt Schweiß und Gerüche, desinfiziert und beschleunigt darüber hinaus auch die Wundheilung – beispielsweise nach einer verunglückten Rasur.

▲ Rinde für Anwendungen stammt nicht vom mächtigen Stamm, sondern von dünnen Zweigen. – Die Gerbstoffe in den Blättern helfen als wässriger Auszug bei Hautproblemen.

Mehl aus den Eicheln

Die Eicheln enthalten etwa 70 % Stärke, 10 % Eiweiß, wenig Fett und – wie bei der Eiche gewohnt – viele Gerbstoffe. Stärke, Fett und Eiweiß sind wichtige Grundstoffe unserer Nahrung. In Notzeiten sammelten unsere Vorfahren im Herbst die Nussfrüchte vom Boden auf und wässerten sie für einige Zeit im fließenden Wasser eines Baches, um Gerb- und **Bitterstoffe zu entfernen**. Sie schälten und trockneten die Kerne, mahlten sie zu Mehl und buken daraus Brote. Auch heute haben immer mehr Menschen eine Freude daran, mit Eichelmehl zu backen – und das ist gar nicht so schwierig. Da es nur wenig quillt und nicht abbindet, sollte es immer mit anderen Mehlsorten etwa im Verhältnis eins zu eins gemischt werden.

Sammeln Sie also die Eicheln am besten nach den ersten Herbststürmen. Erhitzen Sie sie etwa 8–10 Minuten in einer Pfanne mit Deckel oder im Backofen. Dabei platzen die Schalen auf und lassen sich nach dem Erkalten leicht von dem Kern lösen. Legen Sie die ganzen Kerne sodann 1–2 Tage in kaltes Wasser und rühren Sie dabei die Masse ab und zu um. Erneuern Sie das Wasser mindestens 1- bis 2-mal. Wenn Sie auf 2 l Wasser 1 TL Natron hinzugeben, intensiviert das den Prozess. Nach dem Wässern lassen Sie die Kerne gut abtropfen und geben sie in einen Mixer oder in den Fleischwolf. Sie können das noch feuchte Mehl gleich wei-

> „Auf den Eichen wachsen die besten Schinken", hieß es in alter Zeit. Heute gibt es wieder einige Landwirte, die auf altbewährte Weise ihre Schweine im Hutewald mästen: Mit viel Bewegung, in natürlicher Umgebung, unter tierverträglichen Umständen. Das merkt man dann auch an dem feinen Aroma und nussigen Geschmack von Fleisch und Schinken – die man mit gutem Gewissen genießen kann. So dürfen zum Beispiel im Hohenloher Land in Württemberg Schwäbisch-Hällische Landschweine ihr Futter wieder auf Eichelmastweiden suchen.

▼ *Eicheln sammeln für einen herzhaften wilden Kaffee – ein besonderer und vor allem gesunder Genuss*

ter verwenden oder es für einen Vorrat an der Luft oder im Backofen bei 50 Grad trocknen.

Zum **Brotbacken** mischen Sie in einer Schüssel 500 g Weizenmehl mit 1 TL Salz. Lösen Sie einen Würfel Hefe in 6 EL lauwarmem Wasser und einer Prise Zucker auf und rühren Sie alles in das Weizenmehl. Lassen Sie den Ansatz gehen und geben Sie nach und nach unter Rühren 600–700 ml lauwarmes Wasser hinzu. Wenn der Teig eine weitere Stunde an einem warmen Plätzchen ruht, wird er noch lockerer. Kneten Sie anschließend 500 g Eichelmehl dazu und formen Sie daraus einen länglichen Brotlaib, den Sie auf ein mit Backpapier ausgelegtes Backblech legen. Sie lassen den Laib ein weiteres Mal gehen. Heizen Sie den Backofen im Anschluss daran auf 190 Grad vor und backen Sie das Brot 15 Minuten bei dieser Temperatur. Danach reduzieren Sie auf 160 Grad und lassen den Laib noch etwa 50–60 Minuten lang weiterbacken. Da die Backzeit je nach Beschaffenheit des Eichelmehles variiert, machen Sie den bekannten Test mit einem Schaschlikspieß, den Sie in den Teig stechen. Wenn kein Teig mehr daran klebt, ist das Brot gut. Bei einer Klopfprobe sollten Sie ein trockenes, hohles Geräusch vernehmen.

Heilimpulse auf der ätherischen Ebene

Als **Homöopathikum** findet *Quercus robur* Anwendung bei chronischer Leber- und Milzschwellung von Alkoholikern. Die **Urtinktur** aus der Rinde junger Zweige und aus Eicheln kommt für den gleichen Zweck zum Einsatz und löst gleichzeitig einen Widerwillen gegen Alkohol aus. Bei den **Bach-Blüten** ist *Oak* die Essenz aus den Blüten. Sie ist für den tapferen Kämpfer gedacht, der immer wieder über seine Kräfte hinausgeht und niemals aufgibt. Er lernt mit dieser Essenz, mit seinen Kräften besser hauszuhalten. In der **Gemmotherapie** werden die Knospen verwendet. Diese konzentrieren in sich die Kraft des ganzen Baumes. Kauen Sie einmal im Frühling einige der Knospen so langsam und genussvoll wie Kaugummi – und achten Sie darauf, wie Sie sich dabei fühlen. Spüren Sie neue Kraft, neuen Antrieb?

Oder Sie setzen sich an einem warmem Sommertag mit dem Rücken an eine Eiche, am besten eine halbe Stunde lang, und gehen in ein **inneres Gespräch** mit dem Baum Ihrer Wahl. In ganz persönlicher Weise werden Sie merken, dass Sie an einer Krafttankstelle sitzen – der wissenschaftliche Artname *robur* kommt schließlich nicht von ungefähr. In einem Wald mit vielen Eichen **spazieren zu gehen**, strafft den Körper in all seinen Funktionen. Auch klärt es den Geist und verbindet mit der Urkraft der königlichen Bäume.

▲ *Feine Heilimpulse aus feinen Blüten: lernen, mit den Kräften hauszuhalten*

➤ *Thor oder Donar ist ein Blitz- und Donnergott, der seine gewaltigen Kräfte offenbar seinem Lieblingsbaum, der Eiche, verlieh.*

Mythen, Sagen und Kult: ein Orakelbaum und seine Gottheiten

Imposante Bäume fordern imposante Götter, so könnte man vermuten. In Griechenland kennen wir die Eiche als Baum des Göttervaters Zeus, der bei den Römern zu Jupiter wurde. Bei den Nordvölkern war sie dem Gott Thor geweiht, den unsere südgermanischen Vorfahren Donar nannten. Unter den Planeten ist ihr Jupiter und bei den Wochentagen der Donnerstag zugeordnet. Dem Namen dieses fünften Wochentages zufolge haben wir es mit Blitz- und Donnergöttern zu tun, die sich grollend und gleißend bemerkbar machen.

Thor/Donar war als Sohn der Göttin *Jörd*, was *Erde* bedeutet, in seiner Position wesentlich gefestigter als sein griechisches Pendant Zeus, von dem es hieß, dass er sich die alten Eichenorakelstätten durch Zwangsheirat angeeignet hätte. Als Vater des Thor wird in der Mythologie zwar Odin/Wodan genannt, doch spricht auch einiges dafür, dass die **Verehrung des Hammergottes** zunächst unabhängig von Odin bestanden hat.

Wie es aussieht, war Thor in Skandinavien der beliebteste von allen Göttern, so wie Freya es bei den Göttinnen war. Dies mag man auch an der netten Anekdote ersehen, die Astrid Lindgren in ihrem „Michel aus Lönneberga" erzählt: „Na, Lina, wie hießen denn unsere ersten Eltern?", fragte der Pastor im Katechismusunterricht die Hofmagd. Und ohne mit der Wimper zu zucken, antwortete diese: „Thor und Freya." Thors rotblonde Haarpracht entsprach seinem blitzeschleudernden Temperament. Mit dem für ihn charakteristischen

◂ *Noch haben die Eisriesen das Land fest im Griff. Thor wird bald ihre Macht brechen.*

Thor war überhaupt ein leutseliger Gott. Insbesondere lag ihm die Landbevölkerung am Herzen, die er regelmäßig besuchen ging, um dort nach dem Rechten zu sehen. Gern und häufig marschierte er zu Fuß oder spannte seine beiden (Stein-)Böcke namens *Zahnkracher* und *Zahnknirscher* vor den Wagen. Auch das entspricht seinem bodenständigen Naturell, denn alle anderen Götter zogen Pferde zu ihrer Fortbewegung vor. Doch Thor war auch ein Sternenfürst. Eine Bildsäule im Tempel zu Uppsala zeigte ihn mit Sternenkranz und Sternenmantel, in der Hand einen Herrscherstab haltend. Neben Thor waren es nur noch Odin, Freya, Frigg und Holle, die Sternendiadem und -mantel trugen.

Der Hammer, der zu seinem Kennzeichen wurde, ist weniger ein Kriegs- denn ein **Fruchtbarkeitssymbol**. Sein Name ist zwar *Mjöllnir*, der *Zermalmer*, doch was er im Nu und wie der Blitz zermalmt, sind nicht Menschen, sondern Eisberge, die in der nordischen Mythologie als Frostriesen erscheinen. Vom Schmelzen des Schnees hing vorzeiten im nördlichen Europa alles Leben in der Welt ab. Wollte er im Frühjahr nicht weichen, drohten im Sommer Hungersnöte. Die mythischen Eisriesen, die symbolisch für Starre und Unbeweglichkeit stehen, sind ebenso zahlreich wie beharrlich und kehren, obschon gerade erst besiegt, immer wieder. Doch Thor mit seinem Hammer ist ihnen ein ums andere Mal gewachsen. Auch wenn er dabei selber Federn lassen muss: Vom Schleifstein eines Riesen bleibt ein Splitter in seinem Haupt zurück und bereitet ihm arge Kopfschmerzen.

Der Hammer galt als das größte Wunderwerk der Zwerge. Nie wird er zerbrechen und nie sein Ziel verfehlen. Zudem kehrt er nach jedem Wurf wie ein Bumerang zurück. Solange Thor ihn nicht braucht, wird er so klein, dass er ihn wie einen Schlüssel in seine Hosentasche stecken kann. In der christlichen Welt ersetzte man die Gestalt des Donner- und Wettergottes durch den **Heiligen Petrus**, der fortan mit seinem Schlüssel den Him-

Hammer befreite er die Erde vom Eis. Mit einer Göttin der Erdkraft war er auch vermählt. *Sif* hieß seine Gattin, die in etwa der griechischen Göttin *Demeter* entsprach, die als Erd- und Korngöttin verehrt wurde, und der auch die Eichen heilig waren.

Sif und Thor führten eine harmonische Ehe, denn der bärenstarke Gott befreite in den Frühlingsgewittern die Äcker vom Eis, damit Sif überhaupt etwas wachsen lassen konnte. Wenn er seinen machtvollen Hammer gegen die Frostriesen schleuderte, zerstieb er das Eis der Reifriesen zu Pulverschnee, und der Winter musste weichen. In der Götterburg Asgard leben Thor und Sif auf *Thrudwang*, was *Kraftfeld* bedeutet, und dieser Wohnsitz verfügt über 540 Stockwerke. Hier sollen nach deren Tod viele Bauersfamilien mit ihrem Gesinde Aufnahme finden.

▲ *Zahnkracher und Zahnknirscher ziehen den Wagen, auf dem der Hammergott in die Welt der Menschen prescht.*

mel aufschließt und außerdem für das Wetter verantwortlich gemacht wird. In zahlreichen Legenden oder Redensarten über den christlichen Heiligen sind noch Spuren des alten Gewittergottes zu erkennen: Bei launischem Wetter hieß es, Petrus führt sein Regiment, bei Donner sagte man, Petrus spielt Kegeln. Über den Stätten früherer Donarheiligtümer, wie etwa in Geismar, wurden Petruskapellen errichtet.

Weise Rechtsprechung unter Bäumen

Häufig wurde unter Eichen Gericht gehalten, doch mindestens ebenso häufig auch ausgiebig gefeiert. Daneben gab es andere Bäume, wie die Linde oder die Hasel, die mit **Thingplätzen** verbunden wurden. Die Haselstaude war ebenfalls dem Donnergott heilig. Allgemein galt, dass man Gericht gern an einer Stätte hielt, die den Geist der Rechtsprechenden zu weisen Entscheidungen inspirierte – und dazu bildeten die Bäume das ideale Umfeld. In Gemeinschaft mit den verehrten Gottheiten konnte man sich in Gerechtigkeit üben. Die Germanen kannten kein Wort für Krieg und unterhielten auch keine Gefängnisse. Auf dem Thing, dem Versammlungsplatz, mussten daher oft langwierige Entscheidungsprozesse durchgeführt werden. Die dabei gefundenen Rechtssatzungen beeinflussten noch Jahrhunderte später das Königsrecht.

Die noch immer ungelöste Frage, ob die sagenhafte Irminsul eine Eiche gewesen sei, lässt sich allein deshalb nicht beantworten, weil keine einzige solche Säule gefunden wurde. Man stellt sie sich zwar aus Holz gefertigt vor, doch vieles spricht dafür, dass es eher Steinsäulen waren. Es gab nicht nur eine, sondern viele solcher Bildsäulen. Sie waren keinem einzelnen Gott geweiht. Nach Jacob Grimm bezeichnet der Name *Irminsul* eine *allgemeine, alles tragende Säule*. Die Irminsul, wo immer sie stand, trug also das gesamte Weltall, sie galt als Brücke zur Ewigkeit und zur Erhabenheit der Natur. Sie ist die **Achse der Welt**, deren oberstes Ende der Polarstern darstellt.

Orakelkulte bei Griechen und Römern

Im Vergleich zu Thor war **Zeus** wesentlich kriegerischer unterwegs. An der gesamten griechischen Mythologie lässt sich ein beständiger Kampf der Götter gegen die Göttinnen ablesen, was darauf hindeutet, dass die männlichen Gottheiten die vormals weiblichen Kultorte mit Gewalt an sich gerissen haben. So geschehen etwa bei der berühmten **heiligen Eiche von Dodona** im Gebiet des heutigen Epirus. Sie wird bereits bei Homer beschrieben, gilt als die älteste und bedeutendste griechische Orakelstätte überhaupt und geht noch auf die ursprünglichen Bewohner des Landes, die Pelasger, zurück, die von den einfallenden Hellenen erobert wurden. Dodona liegt am Fuß eines Berges, dessen Hänge in alter Zeit von uralten Eichen bewachsen waren. Auch war der Ort seiner heftigen Gewitter wegen bekannt.

Der antike Schriftsteller Pausanias schildert im 2. Jahrhundert in seinen „Beschreibungen Griechenlands", wie es am Heiligtum zuging: „In Dodona stand eine dem Zeus geweihte Eiche, und darin war ein Orakel, dessen Prophetinnen Frauen waren. Die Ratsuchenden näherten sich der Eiche, der Baum regte sich einen Augenblick, worauf die Frauen sprachen und sagten: ‚Zeus verkündet dies und jenes.'" Zeus besiedelte in Dodona eine Orakelstätte, deren Weissagungen er selbst allerdings nicht entschlüsseln konnte. Diese Kunst musste er seinen Prophetinnen und Priesterinnen überlassen, die aus dem Rascheln des Eichenlaubs im Wind die Zukunft zu deuten wussten. Diese Priesterinnen nannten sich selbst *Peristeren*, das bedeutet *Tauben*. Seit dem 4. oder 5. Jahrhundert erhebt sich über den Ruinen des Zeustempels von Dodona eine christliche Kirche, und der Ort wurde zum Bischofssitz ernannt, was seine herausragende Bedeutung nochmals bestätigt.

Interessant ist ferner, dass man im antiken Griechenland wie auch in Italien davon ausging, dass die **Eichen die ersten Mütter der Menschen** gewesen seien, die diese regelrecht geboren hätten. Die Arkadier waren sogar davon überzeugt, dass die Menschen in früheren Zeiten eine Zeitlang selbst als Eichen gelebt hätten. So stark sahen sie die Verbindung zwischen Eiche und Mensch. In Rom wurde die Eiche nicht minder verehrt. Die sieben

◄ *Ein heiliger, heilsamer Ort: So könnten die Hänge bei Dodona ausgesehen haben.*

> Fast kann man die Vestalinnen sehen, wie sie den Kult für ihre Göttin Vesta ausüben.

Hügel Roms sollen ursprünglich mit Eichenwäldern bedeckt und dem Jupiter geweiht gewesen sein. Der erste Jupitertempel wurde vom sagenhaften Romulus auf dem Kapitol in der Nähe einer Eiche errichtet. Auch gibt es die Sage, dass in alten Zeiten die adligen und ehrwürdigen Matronen barfuß und mit gelöstem Haar zum Kapitol gepilgert seien, um den Gott von Blitz und Donner um Regen zu bitten, der dann auch augenblicklich vom Himmel herabgesandt wurde. Auch der nahegelegene Vestatempel verbarg sich in einem kleinen Eichenwald – das ewige Feuer, das die Priesterinnen dort unterhielten, durfte nur mit Eichenholz in Gang gehalten werden.

Heilige Eichen waren in Griechenland auch der Göttin *Demeter* geweiht, die von den Römern *Ceres* genannt wurde. Aus dem frühen ersten Jahrhundert nach Christus erzählt der begnadete Dichter Ovid in seinen „Metamorphosen" (VIII, 739–878) die ebenso ergreifende wie symbolträchtige Geschichte über den Frevler Erysichthon, der aus lauter Habgier eine der Ceres heilige Eiche fällen wollte. Die Eiche, die in dieser Geschichte beschrieben wird, war für sich allein genommen schon ein ganzer Wald. Der übrige Wald lag so tief unter ihr wie das Gras unter Bäumen. Ihre Mitte umgaben Priesterbinden, Gedenktafeln und Blumengewinde, die von erfüllten Gelübden kündeten. Oft tanzten die Baumnymphen um den Stamm ihre festlichen Reigen. Erysichthon jedoch kannte keine Gnade. Heftig holte er mit der Axt zum Schlag aus, doch kaum hatte seine gottlose Hand dem Stamm eine Wunde geschlagen, strömte Blut aus der Rinde, als hätte man ein Opfertier geschlachtet. Alle standen starr vor Entsetzen, doch der einzige, der dem Frevler in den Arm fallen will, wird von ihm kurzerhand enthauptet.

Als er die Axt danach erneut in den Stamm schlagen will, ertönt eine Stimme mitten aus der Eiche: „Unter diesem Holz lebe ich, der Ceres liebste Nymphe. Sterbend weissage ich dir, dass dir die Strafe für deine Taten bevorsteht – mir ein Trost im Tode." Als die Eiche schließlich gefällt am Boden liegt, treten alle ihre Baumnymphen in

◄ *Der Zauber alter Eichen weht noch immer: Sie schützen uns – und wir sollten sie schützen.*

schwarzen Gewändern trauernd vor Ceres hin und bitten sie, den Frevler zu bestrafen. Sie erfüllt ihnen diese Bitte, indem sie ihn der Göttin des Hungers überantwortet. In seinen Eingeweiden beginnt fortan der unersättliche Hunger zu nagen, und was für Städte, ja für ein ganzes Volk ausreichen würde, genügt dem einen nicht. Immer mehr begehrt er, doch durch das Essen wächst nur die Leere in seinem Magen. Als schließlich alles nichts mehr half, den Hunger des Unersättlichen zu stillen, begann Erysichthon die eigenen Glieder mit blutigem Biss zu zerfleischen. So ernährte der Unselige seinen Leib, indem er ihn verzehrte. Eine Geschichte die erschreckend modern klingt, ja geradezu prophetisch erscheint.

Christlicher Eichenkult im Mittelalter

In Tirol erzählt man sich bis heute ähnliche Geschichten, nur dass in diesem Fall die Mutter Jesu den Part der alten Göttinnen übernommen hat. In der Gründungslegende des **Wallfahrtsortes Maria Taferl** etwa ist von einem heiligen Baum die Rede, der nicht gefällt werden durfte. An seinem Stamm hing oben ein Bild der Gottesmutter. Als eines Tages ein Unbefugter daran ging, den Baum zu fällen, drang die Axt statt in den Stamm in seinen eigenen Fuß. Als er über sich das Marienbild entdeckte, entschuldigte er sich sogleich, und fand umgehend seinen Fuß geheilt.

Im österreichischen Waldviertel liegt der Ort Maria Dreieichen. Dort hatte einst ein unheilbar kranker Kürschner durch die Fürbitte der Jungfrau Maria seine Gesundheit wiedererlangt. Zu ihren Ehren hatte er ein Wachsbild angefertigt und es in eine Eiche gehängt, die auf einem Hügel stand und deren Stamm dreigeteilt war. Als eines Tages der Baum durch einen Blitz Feuer fing, blieben nur drei angekohlte Stämme zurück. Als man die Eiche jedoch fällen wollte, sah man, dass sie schon wieder grüne Zweige ausgetrieben hatte. Dieses Wunder führte zum Bau der **Kirche Maria Dreieichen**. In deren Hochaltar befindet sich der dreigeteilte Stamm bis heute – und kündet von der beständigen Erneuerungskraft der Natur.

ERLE

Alnus spec.

Mit Widersprüchen umgehen

Der Klang ihres Namens steigt in uns auf wie klares Wasser einer verwunschenen Quelle, die am Fuße eines heiligen Berges entspringt. Es ist ein gutturaler Laut aus unbekannten Tiefen der Kehle – fast wie ein vertontes Abbild ihrer braunroten Gestalt, die ahnen lässt, wie kraftvoll sie sich dem Erdinneren entrissen hat, um der Sonne die Stirn zu bieten: *Erle – Erde*.

Steht man im Schneeregen eines eisigen Wintertages vor ihr, hat man den Eindruck, als hüte sie ein tiefes Geheimnis aus dem Inneren ihrer ewig dunklen Heimat und als müsse sie im ungewohnten Licht die Augen ein wenig zusammenkneifen. Allzugerne hüllt sie sich dann in dichten Nebel und ihre dunkelvioletten Kätzchen tauchen ihre feuchte Umgebung in die diffusen Farben der Erde. Sie ist sehr still, doch oft schleicht sich ein sanfter Bachlauf murmelnd in ihr Schweigen – ein Schweigen, in dessen Schwere die Zeit zu schlafen scheint. Sie liebt die unmittelbare **Nähe des Wassers** in jeder Form, ob vom Himmel träufelnd oder in ihrem Schatten gurgelnd, gerne auch an Quellaustritten, was den Anschein ihrer Erdverbundenheit nochmals festigt. Ihr **feingliedriges Wurzelwerk** schlägt sie am liebsten in torfigen, wasserschweren Boden. Wer die rissige Borke einer alten Schwarz-Erle berühren will, muss sich in der feuchten Welt des Baumes auf nasse Füße einstellen oder festes Schuhwerk tragen.

Die Erle ist die dunkle Schwester der Birke. Tatsächlich entstammt sie der Familie der Birkengewächse, zu der auch der Hasel und die Hainbuche gehören. Die Geschwister Birke und Erle sind in gewisser Weise wie Maria und Martha des Waldes

▼ *Eindeutig: Das Wasser ist das Element der Wahl.*

▲ Ein Erlenbruch kann bedrohlich wirken – Goethes „Erlkönig" setzt dieser Empfindung ein Denkmal.

und sie deuten das biblische Gleichnis auf ihre jeweilige Weise: Die eine voller Hingabe, Schönheit und Leichtigkeit, die andere mit der Unergründlichkeit des Seins beladen, unheimlich, arbeitsam und weltentief.

Unseren Vorfahren war die Erle ein Gräuel. Selbst Johann Wolfgang von Goethe nutzte noch ihre bedrohliche Ausstrahlung und die magische Kraft in alten, vermoorten Erlenbrüchen für sein bekanntes Gedicht „Erlkönig". Seine weise Einsicht in die Anderswelt bescheinigt ihm eine feine Wahrnehmungsgabe. Das wird in dem Moment verständlich, in dem man in diesigem Dämmerlicht zu erkennen versucht, ob der rötliche Schemen im sprudelnden Quellwasser nur eine seltsam geformte Wurzelschleife ist oder doch der wallendrote Schopf eines teuflischen Wasserweibes.

Wesen und Charakter: Alles ist anders

Im Einklang mit der Birke entrollt die bis zu 25 m hohe Schwarz-Erle jedes Frühjahr als eine der ersten ihre Blätter, die an die Herzform der Linde erinnern – allerdings genau anders herum, die Spitze hängt gewissermaßen am Stiel. Die Blattadern des doppelt gezahnten Blattes verlaufen gegenständig von der Mittelachse aus und bilden ein auffallend symmetrisches **Fischgrätenmuster**.

Überraschenderweise ist sie weniger ein Baum des Düsteren, Dunklen als vielmehr einer des Lichts. Denn ihr Verlangen danach ist extrem und führt zu einem bemerkenswerten Phänomen: Die oberen Blätter der Krone sprießen in der Regel zuletzt, nehmen dann aber den darunter liegenden, etwas älteren Blättern das Sonnenlicht. In der Folge

können die beschatteten Blätter den großen Lichthunger des Baums nicht mehr stillen, weswegen er sie bei nächster Gelegenheit einfach wieder abwirft, obwohl sie noch grün und voller Nährstoffe sind. Dies wird oft mit einem Symptom des heute diskutierten Erlensterbens verwechselt, ist jedoch eine ganz normale Reaktion und bietet keinen Anlass zur Sorge – eher zur Freude. Denn aufgrund des **Blattabwurfs** führt sie ihrer direkten Umgebung sehr gehaltvolle Nährstoffe zu und ein kleiner Garten Eden für andere Wesen entsteht: Über 75 Schmetterlingsarten, Dutzenden von Vögeln und über 70 Großpilzen gibt sie Nahrung und Schutz. Viele andere auf Stickstoff angewiesene Pflanzen wie die Brennnessel oder der Gundermann leben direkt oder indirekt vom Überschwang der Erle und wären ohne sie verloren.

Die Blütenknospen entwickeln sich bereits im Frühsommer des Vorjahres und überwintern ungeschützt und gut sichtbar am Baum. Sie hängen wie kleine Wassertropfen an den Zweigen und sie sind es, die der Erle die **rötliche Färbung** in der blattlosen Herbst- und Winterzeit verleihen. Die weiblichen Blüten des einhäusigen Baumes sind kurz und stehen aufrecht, die männlichen befinden sich in bis zu 10 cm langen, hängenden Kätzchen. Die winzigen Samen fallen zwischen Herbst und Frühjahr aus den zapfenförmigen Fruchtständen heraus und verbreiten sich über das nahe Gewässer – durch kleine Luftpolster an den Rändern können sie schwimmen und überleben im Wasser bis zu zwölf Monate! Auf diese Weise pflanzt sich die Erle flussabwärts oder im weiten Rund eines stillen Sees immer weiter fort. Die Verbreitung über den Wind dagegen ist schwierig. Selten segelt das runde Erlennüsschen weiter als etwa 60 m vom Mutterbaum.

Der Fruchtstand verholzt immer mehr und bildet regelrechte **Zapfen**, die noch lange am Baum zu finden sind. Die wertvolle Fracht, die nahrhaften Samennüsschen, sind beispielsweise für den Erlenzeisig eine begehrte Leibspeise und wichtige Nah-

◄ Die Adern der Blätter sehen wie Fischgräten aus. – Kleine verholzte Zapfen des Vorjahrs neben den hängenden Blüten.

rungsquelle im bitteren Winter. Bemerkenswert ist, dass der kleine, gelbgrün leuchtende Vogel, der die Erlenzäpfchen so liebt, am liebsten in Fichten brütet. Die Ähnlichkeit der beiden auf den ersten Blick so verschiedenen Baumarten ist frappierend: Als einziger Laubbaum bildet die Erle Zapfen aus, und diese sehen aus wie zu klein geratene Fichtenzapfen. Auch der gerade, oft makellose Wuchs erinnert an die Fichte, was ihr in manchen Regionen den Namen *Fichte der Täler* bescherte. Allerdings erreicht sie bei weitem nicht die hohe Lebenserwartung ihres benadelten Pendants. Sie wird kaum älter als 100–120 Jahre.

Überlebenswunder mit eigenen Helfern

Was die Erle nicht mag, sind trockene Böden. Dort wird sie schnell von anderen, besser angepassten Baumarten verdrängt, weswegen trockengelegte Auen für sie ein unausweichliches Todesurteil sind. In ihrem Wasserreich hingegen ist sie ein **lichtvoller Pionier- und Standbaum**, denn keine andere Baumart kann in einem derartig nassen Umfeld leben. Die Erle gibt reißenden Flüssen und quirligen Bächen natürlichen Halt, bietet auch vielen Wassertieren Lebensraum und ihr Herzwurzelsystem ist in der Lage, selbst durch tiefliegende, feste Erdschichten und Tonböden zu dringen – und dort zu atmen! Dafür bildet der Stamm in der Borke über der Erde auffallende, große Öffnungen, die sogenannten Lentizellen. Durch darunter liegende **Luftkanäle** versorgt der „Wasserbaum" die tiefliegenden Wurzelbereiche fast wie durch einen Schnorchel mit dem lebensnotwendigen Kohlendioxid und erhält quasi im Gegenzug die aus dem Boden gelösten Nährstoffe – die in diesen Lagen allerdings sehr arm an Stickstoff sind.

Hier offenbart sich das Geheimnis, weswegen die Erle feuchtnasse und sehr stickstoffarme Standorte besiedeln kann, die für andere Bäume unerreichbar sind: In knollenartigen Gebilden an den bodennahen Wurzelansätzen beherbergt sie bestimmte Bakterien, die in er Lage sind, Stickstoff aus der Luft zu binden. Diese **Wurzelknöllchen** sind manchmal stecknadelkopfklein, manchmal groß wie ein Apfel. Die Erle füttert ihre Bakterien mit Kohlenhydraten, das sie durch die Photosynthese gewinnt und erhält dafür den unverzichtbaren Stickstoff im Überfluss. Sie hat sich unabhängig gemacht vom Stickstoffgehalt des Bodens und erschließt sich mittels der Symbiose einen unschätzbaren Standortvorteil. Das ist letztlich auch der Grund, weswegen sie es sich leisten kann, ihre Blätter bereits abzuwerfen, wenn sie noch grün sind – alles was rund um dieses Naturwunder atmet, pulsiert im Geben und Nehmen.

Wertvoller Lebens- und Schutzraum

Die Erle ist fast in ganz Europa heimisch, am wohlsten fühlt sie sich aber in den Tiefebenen. Das hält sie nicht davon ab, auch bis hinauf in die Mittelgebirge zu klettern. In Deutschland finden sich die größten zusammenhängenden Bestände in der Nordostdeutschen Tiefebene. Sie sind es, die den beispiellosen **Zauber des Spreewaldes** ausmachen. Im nördlichen Europa ist ihre Verbreitungsgrenze dort, wo die mittlere Temperatur länger als sechs Monate jährlich unter den Gefrierpunkt sinkt. In weniger durchwässerten Auen mag sie durchaus die Gesellschaft von Eschen und Weiden, doch sind viele andere Baumarten für sie zu dominant. Schnell lässt sie sich von ihnen vertreiben.

Es gibt nur noch sehr wenige typische Erlenbruchwälder. Sie sind Lebensräume, die zu den Wäldern mit der höchsten **Anzahl seltener Pflanzen- und Tierarten** gehören. In erster Linie sind sie durch Entwässerungsmaßnahmen gefährdet. Wir lernen heute jedes Jahr mit hohem Preis dazu: Wohin künstlich befestigte Flussläufe führen können, haben die Jahrhundertfluten in den ehemaligen Elbauen eindrücklich aufgezeigt.

In einem übertragenen Sinn sind Erlen nicht nur die natürlichen Wächterinnen von Auwäldern, sondern auch von Jahrtausende alten **Mooren**, in deren feuchten Böden uralte, nicht vollständig

◄ *Wertvoller Lebensraum: Auwälder sind die Heimat vieler seltener Tiere und Pflanzen.*

abgebaute Pflanzenüberreste wie in einem nassen, luftdicht verschlossenen Grab schlummern. Daraus entsteht der Torf, in dem all das Kohlendioxid gespeichert ist, das diese Pflanzen während ihres vergangenen Lebens aus der Luft aufgenommen haben. Aus den vielen künstlich trockengelegten Mooren entstanden landwirtschaftlich genutzte Äcker und Weiden – aus denen das befreite Treibhausgas vergangener Jahrhunderte dampft wie die Wiedergänger alter Moorleichen: Ist das lediglich eine romantische Reminiszenz an mittelalterlichen Aberglauben? Wie wir heute sehen, ist nicht die Anwesenheit der Erle das Unheilbringende – es ist vielmehr ihre Abwesenheit.

In den 1990er-Jahren ist eine weitere todbringende Gefahr für die Erle entdeckt worden: Zwei bislang für den Baum ungefährliche Erreger haben sich gekreuzt und bilden nun einen **gefährlichen Pilz**, der bereits ganze Erlenbestände ausgelöscht hat: Befallene Bäume weisen zuerst am unteren Stamm und am Wurzelansatz unförmige, schwarze Flecken an der Borke auf, die vom Aussehen her an schwarzen Hautkrebs denken lassen. Der Pilz, der sich zu allem Unglück gut über fließende Gewässer verbreitet, dringt über Verletzungen und die oben erwähnten Lentizellen in den dagegen wehrlosen Stamm ein, verursacht eine frühzeitige Entlaubung und daraufhin das schnelle Absterben und Verfaulen des Holzes – tödlich getroffen sinkt der Baum bald in den weichen Boden. Gegen diesen Pilz scheint bisher leider kein Kraut gewachsen. Das **Erlensterben** nimmt seinen traurigen Lauf.

Holz des Wassers

Man kann Bauklötze staunen über die vielseitige Verwendbarkeit des Holzes – und weil es so leicht zu bearbeiten ist, stellt man genau dieses Spielzeug auch aus ihm her. Aber auch Puppenstuben und

STECKBRIEF

sommergrüner Laubbaum
deutscher Name: Schwarz-, Grau- oder Grün-Erle (altdeutsch: Eller, Arila oder Elira)
wissenschaftlicher Name: *Alnus glutinosa, A. incana, A. viridis*
Anzahl der Arten weltweit: etwa 30
Familie: Birkengewächse *(Betulaceae)*, zu der auch die Hasel und die Hainbuche gehören
Verbreitungsgebiet: Europa, Asien, Nordamerika, Südamerika
Standort: feuchte bis nasse Böden
Höhe: bis zu 25 m
Alter: bis zu 120 Jahre
Austrieb: März, April
Blütezeit: ab Januar oder Februar, vor dem Austrieb
Blatt: Schwarz-Erle: ohne Spitze, gegenständig und doppelt gesägt; Grau- und Grün-Erle: bis zu 10 cm lang, eiförmig; die Blätter werden noch grün abgeworfen
Frucht: bräunliches, luftgepolstertes Nüsschen
Rinde: schwarzgrau mit tiefen Furchen
Eigenschaften des Holzes: weich, mittlerer Brennwert

schwierige **Drechsler- und Schnitzarbeiten** werden aus ihm fabriziert, in der Bildhauerei ist es ebenso gefragt. Warum es nicht die Berühmtheit des Lindenholzes erreicht hat, obwohl es ähnlich gut zu bearbeiten ist, liegt vermutlich an dem Jahrhunderte währenden Ruf, ein Hexen- und Teufelsbaum zu sein. In früheren Zeiten war das nicht unbedingt die beste Voraussetzung, um als Ausgangsmaterial für eine Pietaschnitzerei zu dienen. Das Erlenholz lässt sich gut beizen. Das ist der Grund, weswegen es von jeher zur Imitation wertvoller Holzarten wie Kirschbaum, Nussbaum und Mahagoni verwendet wird.

Viele **Pfahlbauten** Europas entstanden mithilfe von gerade gewachsenen, äußerst wasserbeständigen Pfählen der Erle als Stützgerüst, beispielsweise die über 4000 Jahre alten Siedlungen am Bodensee. Selbst Venedig und Alt-Amsterdam sind zu guten Teilen auf solchen tief ins schlammige Erdreich gerammten Pfählen erbaut. Weit darüber hinaus findet das Holz auch nutzbringende Verwendung für Zigarrenkistchen, Obstkisten, Bürstenstiele, Kleiderbügel, Bleistiftfassungen oder Küchenmessergriffe sowie für Bauteile in Akkordeons, Gitarren- und Mandolinenhälsen.

Die Erle ist ein klassischer „Färbebaum". Mithilfe ihrer **Gerbstoffe** färbte man Lederhäute und Tuch. Aus den Zäpfchen wurde früher schwarze Tinte hergestellt, mit der wohl viele dunkle Geschichten niedergeschrieben wurden. Und man ist in keinster Weise auf dem Holzweg, wenn man glaubt, dass auch Schuhe aus dem Material des Erlenbaumes geschnitzt wurden – aus dem dafür bekannten **Holzschuhbaum!**

Heilkunde: zusammenziehen, was zusammengehört

Nicht nur die Wurzeln der Erle stecken voller Gerbstoffe, die sich bei Kontakt mit dem Sauerstoff der Luft rot färben – auch die grünen Blätter und die Rinde enthalten bis zu 20 % Gerbstoffe. Diese schützen die Pflanze vor Fäulnis und verhindern das Eindringen von Nässe, Bakterien und Schädlingen. Es handelt sich dabei um kompliziert gebaute phenolische Verbindungen. Sie gerben tierische Häute und Felle zu Leder. Auch menschliche Haut und Schleimhaut „gerben" sie, indem sie die darin enthaltenen Eiweißstoffe binden und in unlösliche, widerstandsfähige Stoffe verwandeln.

Auf dieser Fähigkeit beruht ihre Heilwirkung: Sie ziehen die Oberfläche der Haut zusammen, *adstringieren* sie. Durch diese **zusammenziehende Wirkung** dichten sie auch die Wände der Blutgefäße und Kapillaren ab, stillen Blutungen und lassen Ödeme abschwellen. Gleichzeitig entziehen sie den auf verletzter Haut und Schleimhaut angesiedelten Bakterien den Boden, verhindern Entzündungen und vertreiben Viren, Bakterien und Pilze. In der Folge bildet sich auf der Haut eine Kruste, eine dünne Membran, die die Haut schützt und weitere Krankheitserreger abhält. Langsam heilt die Wunde, es bildet sich wieder neues, intaktes Gewebe. Aufgrund dieser Fähigkeiten können Gerbstoffe auch Durchfall stoppen. Außerdem binden sie Schwermetalle, die im Körper nichts zu suchen haben und helfen, sie auszuscheiden.

Nur wenn andere heilkräftige Bäume nicht zur Verfügung standen, wurde in alten Zeiten die Erle als Medizinbaum genutzt. Dioskurides, Leibarzt römischer Kaiser kurz nach Christi Geburt, verordnete den Tee aus der Rinde bei Leib- und Darmkrämpfen. Hildegard von Bingen machte mit jungen Blättern Auflagen bei Hautgeschwüren, was die Wundheilung beschleunigte und Ekzeme besserte. Hieronymus Bock und Pietro Andrea Matthioli, berühmte Autoren mittelalterlicher Kräuterbücher, verließen sich ebenfalls auf die Wirkung der Gerbstoffe und verwendeten eine Abkochung der Blätter bei „Blutungen, Mundfäule und Rotz".

Blätter zum reinigen und entgiften

Unsere Vorfahren reinigten beim Frühjahrsputz den Lehmboden von Haus und Hof mit einem **Besen aus den Ästen** samt jungen Blättern daran. Das war ziemlich schlau, denn die Blätter sind durch den frischen Pflanzensaft leicht klebrig und sammmeln dadurch Flöhe und anderes kleines Ungeziefer auf Nimmerwiedersehen ein. *Glutinosa* bedeutet *klebend* – und spricht diese Fähigkeiten an. Auch heute ist die Kraft der Gerbstoffe aus Blättern und Rinde wieder von Bedeutung, wenn auch auf eine andere, zeitgemäße Art: Sie hilft dabei, den

▼ *Schuhspanner und vor allem Holzschuhe: Damit man sich keine nassen Füße holt.*

▲ *Gerbstoffe in den Blättern ziehen zusammen, was zusammengehört: beispielsweise Wundränder.*

Körper von Schwermetallen und Umweltgiften zu reinigen. Eines ist klar: Ohne Gerbstoffe gibt es nur wenige Möglichkeiten, sich von den Belastungen aus der Umwelt wieder zu befreien.

An was wahrscheinlich die wenigsten denken würden: Die Blätter sind nicht giftig, sondern essbar. Wer im Frühling zwei oder drei Knospen oder junge Blätter in den Mund nimmt und langsam kaut, erlebt, wie sich ein feiner, leicht herber Geschmack ausbreitet. Vielleicht wird die Zunge ein wenig pelzig – damit macht sich die zusammenziehende Wirkung der Gerbstoffe bemerkbar. Etwas später wird die belebende Wirkung, die vom jungen Pflanzengewebe ausgeht, spürbar.

Für einen **Tee** nehmen Sie einige grüne Knospen mit nach Hause. Übergießen Sie 5–7 davon mit 250 ml etwa 60 Grad heißem Wasser, lassen Sie alles zehn Minuten lang zugedeckt ziehen und sieben Sie dann ab. Dieser belebende, leicht grüne Trank steckt voller frischem Chlorophyll und wirkt im Körper als ausgezeichneter Radikalfänger. Er unterstützt den inneren Frühjahrsputz im Körper. Falls Ihr Zahnfleisch eine Kräftigung gebrauchen könnte, ziehen Sie ihn mehrfach durch die Zähne und gurgeln damit. Das hilft auch bei Aphten und bei Halsschmerzen.

Wenn in Ihrer Nähe viele Erlen wachsen, können Sie eine größere Blatternte für ein **Rheumabad** nutzen. Am besten ist das von Mai bis Juli. Schneiden Sie dafür junge, kleine Äste und trocknen Sie sie zuhause hängend an einem warmen, nicht sonnigen Plätzchen. Für ein Bad übergießen Sie 100 g der getrockneten Blätter mit etwa 2 l kochendem Wasser, lassen das Ganze zugedeckt 20 Minuten ziehen und sieben dann den Auszug in das eingelassene Badewasser. Das hilft bei rheumatischen Beschwerden verschiedenster Ursache – und ist besonders effektiv, wenn Sie sich so ein Bad jeden Tag gönnen, am besten eine Woche lang.

Ein Ölauszug aus den Blättern reinigt und pflegt trockene wie rissige Haut und fördert die Regeneration, beispielsweise bei Psoriasis. Übergießen Sie zwei Handvoll Knospen, frische Triebspitzen sowie junge Blätter mit 250 ml Mandelöl und lassen Sie den Ansatz etwa vier Wochen lang gut verschlossen bei Zimmertemperatur stehen, wobei Sie regelmäßig umschütteln. Im Anschluss daran filtrieren Sie das **Heilöl** ab.

Kräftiges und Süßes aus Rinde und Kätzchen

Auch die Rinde der Äste können Sie verwenden. Ernten Sie am besten zeitig im Frühjahr, solange sie sich noch leicht vom Holz abziehen lässt. Schneiden Sie sie in kleine Stücke und trocknen Sie sie zuhause bei Raumtemperatur, allerhöchstens bei 40 Grad. So haben Sie einen Vorrat, aus dem Sie – wie oben bei den Blättern beschrieben – **Rindentee und -öl** für die erwähnten Anwendungsbereiche machen können.

Die jungen Kätzchen leuchten oft rot in der Frühlingssonne. Sie enthalten Eiweiße und Mineralstoffe und eignen sich frisch als geschmackvolle Zugabe über Salate gestreut. Sie können sie gut und schnell ernten, trocknen und als Vorrat beispielsweise im Mörser pulverisieren. Mit gemahlenen Mandeln, Salz und ein wenig Öl verrieben, schmeckt das veredelte **Kätzchenpulver** so kräftig wie Parmesan und bringt das gewohnt leicht herbe

Erlenaroma in Nudelgerichte. Ein Pesto aus jungen Blättern und Knospen sowie gerösteten Sonnenblumenkernen, mit Pecorino und Zitrone abgeschmeckt, ist ebenso etwas ganz Besonderes: und gerade im Frühling ein passendes, da belebendes und frisches Geschmackserlebnis.

Wer es eher süß mag, kann sich einmal an einem **Erlenzäpfchenzucker** versuchen: Verreiben Sie die frischen Zäpfchen in einem Mörser mit mindestens der gleichen Menge Zucker. Sobald alles gut vermischt ist, streichen Sie die Masse messerrückendick auf ein Pergamentpapier und trocknen alles für ein bis zwei Stunden bei etwa 40 Grad im Backofen bei leicht geöffneter Backofentür. Die trockene Mischung pulverisieren Sie dann erneut im Mörser und bewahren den streufähigen Zucker in kleinen, gut verschließbaren Gläschen auf. Dieser ganz besondere Zucker schmeckt aromatisch süß und verleiht beispielsweise Nachspeisen eine kraftvolle Note.

Färben, gerben, schützen

Die besagten Gerbstoffe in der Rinde und in den Blättern **färben besonders Wolle** in schönen Farben. Junge Triebspitzen im Frühjahr geerntet ergeben einen warmen Zimtton, frische Blüten färben grün und die Rinde schenkt der Wolle ein intensives Rot. Schuhmacher nutzten die Rinde einst zum **Gerben von Leder**. Dazu weichten sie sie in Wasser – zusammen mit rostigen Eisennägeln – wochenlang ein. Diese Farblösung verleiht dem Leder eine dauerhafte schwarze Farbe. Erlenzapfen waren in früheren Zeiten das Ausgangsmaterial für schöne **schwarze Tinte**. Der Auszug färbt auch Haare dunkel, sogar fast schwarz.

Maximilian Moser und Erwin Thoma berichten in ihrem Buch „Sanfte Medizin der Bäume" von der erstaunlichen Fähigkeit des Holzes, vor schädlichen **Erdstrahlen und Wasseradern** zu schützen. Bretter, die mindestens 5 cm dick sein sollten, schirmen die krankmachende Strahlung ab. Sie empfehlen sich also gerade feinfühligen Menschen als Bodenbelag in strahlenexponierten Bereichen.

Nicht nur solchen Zeitgenossen bringen ölige Mazerate aus den Knospen Hilfe bei fiebrigen Erkältungskrankheiten mit Husten, Schnupfen und Kopfschmerzen. Die **knospigen Ölauszüge** verbessern die Blutversorgung des Gehirns, helfen bei geistiger Erschöpfung und halten unser Denkorgan lebendig und leistungsfähig. Mit getrockneten Knospen, Zäpfchen und Blättern können Sie sich beim Räuchern die Urkraft der Erle in feinstofflicher Annäherung erschließen.

Und schließlich ist auch das Umarmen von Bäumen stets eine Quelle der Kraft – wenn man diesen Zugang zulässt. Die Erle unterstützt Sie, wenn Sie müde und erschöpft sind. Vielleicht spüren Sie

◂ *Auch in der glatten Rinde stecken die Heilkräfte des Baumes.*

► *Schwarze Tinte aus den Zapfen: Bestens geeignet, um tiefe Erkenntnisse zum Mythos des Baumes niederzuschreiben.*

Ihre eigenen (roten) Wurzeln, die stabil, widerstandsfähig und „wasserfest" sind. Übergeben Sie alles, was Sie nicht mehr brauchen, dem fließenden Wasser. Das schafft Platz für neue Impulse, Mut und frühlingsfrische Munterkeit. Die Erle hilft dabei, das Kommen und Gehen im Leben zu verstehen – und wohlwollend anzunehmen.

Mythen, Sagen und Kult: Herrin über den Lauf der Zeit

Wie die Birke, so zählt auch die Erle zu den sieben heiligen Bäumen des keltischen Hains. Während die Birke zur Sonne und zum Sonntag gehörte, war die Erle dem **Samstag** und damit dem **Planeten Saturn** zugeteilt. Sie schließt also den Kreis der Wochentage, um ihn wiederum in einen neuen Anfang zu überführen. Vor dem Neubeginn steht, wie überall im Zyklus des Lebens, der Durchgang durch ein Sterben, das Abstreifen einer alten Haut. *Baum des nahenden Endes* nennt Michael Vescoli die Erle in seinem Buch über den keltischen Baumkalender. Das passt sehr gut zum Samstag und seinem Planeten.

Die babylonischen Astrologen deuteten den Saturn als den Sonnengott in seinem Grab. Ein Tag, an dem das Leben zur Ruhe kommt. Auch im Alten Testament ruht Gott am siebten Tag. Die Schöpfungsgeschichte aus der Genesis wurde wahrscheinlich im babylonischen Exil – um 500 vor Christus – geschrieben und führte den Schabbat als Gottesgeschenk und neuen Feiertag beim Volk Israel ein. In Babylon war dieser Tag bereits Jahrhunderte vorher der Göttin Ischtar geweiht gewesen. Dort galt er als der Tag ihrer Herzruhe.

Im alten Griechenland dann hieß der Geist des Erlenbaumes *Phoroneus*, und das scheint wiederum ein alter Beiname des **Kronos** gewesen zu sein. Kronos gehörte zu den Titanen und Titaninnen der ersten Stunde und wurde nach dem ältesten griechischen Schöpfungsmythos von der Schöpfergöttin Eurynome zusammen mit seiner Gemahlin Rhea zum Wächter oder Titanen über den Planeten Saturn eingesetzt. Entsprechend war auch bei den antiken Griechen der Samstag dem Kronos geweiht. Im englischen Wort *Saturday* kommen diese Zusammenhänge noch heute zum Vorschein, wie auch in unserem Wort *Sonnabend* zumindest ein Ende des Sonnenlaufs angekündigt ist.

In der griechischen Mythologie ist Kronos der jüngste Sohn der Erdgöttin Gaia und des Himmelsgottes Uranos. Als Uranos seiner Gemahlin gegenüber unerträglich gewalttätig wird, drückt sie ihrem Sohn eine Flintsteinsichel in die Hand und stiftet ihn dazu an, seinen Vater zu entmannen. Eine Tat, aus der im Übrigen die Liebesgöttin Aphrodite hervorgehen wird, die Himmel und Erde neu verbinden wird. Auch Kronos wird allerdings seine Kinder verschlingen. Aus Angst, einer seiner Nachkommen werde ihn eines Tages vom Thron stürzen, hatte er die ersten fünf gleich nach der Geburt verschluckt. Einzig Zeus konnte seiner Gefräßigkeit entkommen, weil seine Mutter Rhea dem Vater unbemerkt einen in Windeln gewickelten Stein untergeschoben hatte. Rhea ist es auch, die ihrem Sohn Zeus später den Trunk bereiten wird, mit dem er seinen Vater zum Erbrechen bringt. Sogleich springen alle seine Geschwister unversehrt und bereits erwachsen aus dem Magen des Kronos hervor.

Von Anfang an hat Kronos also mit Tod und mit Unterwelt zu tun. In Rom wird er später zum uns heute bekannteren Saturn. Die Sichel, die er gegen seinen Vater führt, ist sein charakteristisches Attribut – bis in unsere Volkslieder hinein: „Hoch auf dem gelben Wagen" schwingt er als „Schwager" seine „Hippe". *Schwager Tod*, das ist niemand anderes als Saturn mit seinem sichelförmigen Messer. Dazu passt, dass die Griechen Kronos mit **Chronos** verbanden, dem Gott der Zeit, der bekanntlich seine Kinder frisst, so wie das Alter uns Menschen „in die Knie" zwingt.

Totenbaum und Feuerspender
Eller, Elder – nicht nur der Holunderbaum trug diesen Namen (siehe S. 157), sondern auch die Erle wurde bei uns so genannt. Auch sie konnte als Ellermutter angerufen werden, und ganz wie diese wurde sie sogar mit dem Teufel in Verbindung gebracht. Der Stock, mit dem er auf seine Großmutter losging, um seine Wut an ihr auszulassen, soll aus Erlenholz bestanden haben. Von diesen Schlägen, so die Sage, habe sich dereinst das Erlenholz rot gefärbt.

Unversehens haben wir es also wieder betreten, das Reich der **Frau Holle**, denn traditionell war der Samstag hierzulande ihr geweiht. In ihrer Eigenschaft als Unterwelts- und Totengöttin erschien sie als *Halja*, die *Bergende*, und wurde mit der Totengöttin *Hel* gleichgesetzt. Auch Hel hält eine Sichel in der Hand, wenn sie über Land reitet, doch im Unterschied zu Kronos-Saturn tötet sie damit nicht. Vielmehr hebt sie die toten Seelen zu sich aufs Pferd, um sie mit nach Hause zu nehmen in ihr unterirdisches Reich, das man sich keineswegs düster vorstellen muss. Für die Menschen, die sich nicht mit Blutschuld oder ähnlich schweren Verbrechen beladen haben, sind im Land der Hel fest-

◄ *Alle Körper sind vergänglich: Der griechische Gott der Zeit, Chronos, „frisst seine Kinder".*

liche, goldene Säle geschmückt. Dort wird ihnen täglich, wie auf Walhall oder Folkwang, der köstlich-beseligende Metbecher gereicht.

Zum Kreislauf des Wachsens und Gedeihens auf dieser Erde gehört das Absterben unabdingbar dazu. Einen Teil des Lebens verbringen so gut wie alle Pflanzen in der „Unterwelt", sprich unter der Erde. Jede Erdgöttin ist auch Totengöttin. Auch Rhea, die Gemahlin des Kronos, muss letztendlich (im Winter) die Kinder verschlingen, die sie (im Frühling) selbst auf die Welt gebracht hat. Man beachte, dass von den Kindern, die ihr Gatte sich zu ihrem großen Kummer einverleibt, allein vier direkt mit Erde und Unterwelt zu tun haben: Hera, Demeter, Poseidon und Hades!

Weiß ist der Schnee, mit dem die Holle, die **Erlenmutter**, die winterlich kalte Erde bedeckt. Eine Kälte, die Tod wie Leben bewirkt. Tiere und Menschen können im frostigen Winter leicht erfrieren. Die Pflanzensamen jedoch haben es unter der Schneedecke schön warm, ja brauchen sie geradezu, damit sie im Frühjahr umso besser sprießen können. Weiß ist auch die Farbe des Erlenholzes: Wenn der Baum gefällt wird, erscheint es zunächst weiß. Erst später färbt es sich karmesinrot. „Haut einer eine Erle, so blutet und weint sie und hebt zu reden an", ging die Sage. Die gefällte Erle ähnelt somit einem Menschen, der zu bluten anfängt und diese Ähnlichkeit war einer der Gründe dafür, dass man sie als heilig erkannte.

Nach der nordischen Mythologie war die Erle vielleicht sogar die **Ahnfrau der Menschen**. Etliche Quellen übersetzen *Embla* statt mit Ulme mit *Erle*: Ask und Embla, die beiden Baumstämme, die von Odin zu Menschen gemacht werden, sind demgemäß Esche und Erle. Das ergibt insofern einen

➤ *Embla, die Urmutter, kann in der Erle erahnt werden. Empfindsamen Seelen mag sie sich noch immer zeigen ...*

Sinn, als man Erlenholz zu Mörsern verarbeitete, in denen man mithilfe des harten Eschenquirls Feuer zu erzeugen wusste. Das **Feuermachen** konnte so als eine Art von Liebemachen gedeutet werden. Eine ähnliche Vorstellung liegt dem Bild vom **Heilacker** zugrunde. In ein besätes Feld legte man einen aus dem Holz gefertigten Quirl auf den Acker, um ihn fruchtbar zu machen (siehe Weide S. 211). Für die alte Welt war die Erle sowohl heil- als auch zauberkräftig. Beides hängt dem Ursprung nach zusammen. In der keltischen Mythologie wurde der Gott Bran als Erlengott verehrt. Er galt als Schutzpatron der Heilkunst und der Totenerweckung und wird mit dem oben erwähnten griechischen Halbgott Phoroneus gleichgesetzt.

Auferstehung nach dem Wandel
Als Heilen und Zaubern auseinanderfielen, fing man an, die Heilerinnen als Hexen zu verteufeln. Davon zeugt die Tiroler Geschichte von den Ultener **Erlenhexen**, die von Gertraud Steiner erzählt wird: Ein junger Mann stellte heimlich einem Mädchen nach, das in einem Erlendickicht verschwand. Dort sollte sie in eine Versammlung von Hexen aufgenommen werden. Mit großen Augen verfolgte der Bursche aus seinem Versteck heraus, wie die wilden Frauen das Mädchen in Stücke zerrissen und bis auf die Knochen zerlegten. Als dabei plötzlich eine Rippe vor ihm ins Gras fiel, nahm er sie unbemerkt an sich. Die zerstückelten Glieder wurden im Kessel gekocht und danach in der richtigen Reihenfolge wieder zusammengesetzt. Nur die verlorene Rippe fehlte. Sie wurde durch einen Erlenzweig ersetzt. Mit Zaubersprüchen erweckten ihre neuen Schwestern die junge Frau danach zurück ins Leben. Aufgrund des Erlenzweiges nannte man sie fortan die *erlene Hexe*.

Es ist im Grunde eine urschamanische Einweihungsgeschichte, die hier erzählt wird und bei zahlreichen Nordvölkern in ähnlicher Weise vorkommt. „Zuerst schnitten mir die Geister den Kopf ab", erzählt eine Schamanin aus Sibirien, „dann

zerlegten sie meinen ganzen Körper in seine einzelnen Teile. Das von den Knochen geschabte Fleisch verteilten sie auf neun Pfähle und aßen alles auf. Ein kleiner Kobold aber sammelte alle Knochen und die Reste der Geistermahlzeit wieder zusammen und legte sie auf frische, gerade erst geschälte Birkenrinde. Sofort kehrte das Leben in mich zurück und ich konnte mich aufrichten."

Ähnliche Geschichten werden auf der ganzen Welt erzählt. Sie gehören beinahe unabdingbar zur Einweihung in diese spezielle Berufung dazu. In solchen **Initiationsritualen** durchlebten und durchlitten die angehenden Schamanen, wie die Ahnengeister ihren Leib auseinandernahmen, sein Fleisch anschließend kochten und später neu zusammensetzten. Auch unsere heimischen Märchen sind voll von Prüfungen, in denen Menschen, Männer zumeist, des nachts in Kesseln gesiedet und ihre Körperteile zerstückelt werden. Morgens erscheinen die Frauen, um derentwillen sie solches erdulden, und heilen mit ihren Salben die nächtlichen Wunden, bis endlich beide Geschlechter in ein neues gemeinsames Leben erlöst werden.

▲ *Erlenhexen waren weise Frauen, die manches Heilwissen aus der Sphäre des Mondes empfingen.*

ESCHE
Fraxinus excelsior

Aus der Tiefe in höchste Höhen finden

Das scharf ausgesprochene *sch* rauscht durch die Mitte des Wortes *Esche* wie ein schäumender Bergbach, der sich in einer immerwährenden, kraftvollen Bewegung aus sich selbst heraus seinen Weg bahnt. Es baut gleichsam eine Brücke vom Anfang zum Ende des kurzen Wortes. Es markiert eindeutig seine trennende Mitte und schafft gerade dadurch Verbindung, Ausgleich und Einheit. Gleichzeitig drückt der Klang klar aus, dass die Esche ein **Baum des Wassers** und der Sonne ist. Esche: nicht nur ein strahlendes Wort, auch ein Wort wie ein Strahl. Auch der große Rudolf Steiner ordnete das Holz des Baumes der Sonne zu und somit folgerichtig dem **Sonntag**.

Licht spielt für die Esche eine ganz besondere Rolle, aber die Esche auch für das Licht: Unter ihrer gefiederten, weiterästelten und aufgelockerten Krone wird es selten ganz dunkel, selbst nachts. Vor allem in den lauen Vollmondnächten der Jahresmitte, um die Johanninacht herum, kann man unter einer Esche spüren, wie sie ihre jungen Blätter unmerklich in den Himmel zu strecken scheint, sich nach dem satten, wertvollen Silberlicht reckt, um es zu halten und zu horten. Umso mehr wird jeder **freundliche Sonnenstrahl**, jeder frische Windstoß und mancher lebensspendende Regenguss von ihrem gefiederten Blattwerk freundlich hindurchgewunken und eingeladen, Äste, Zweige, Stamm zu umspülen, um letztlich in die wartende Erde zu sickern.

So lässt sie alles unter sich leben, wachsen und gedeihen. Und auch wenn die Sonne mittags hoch steht, es wird keineswegs grell, nie aufdringlich, nichts blendet das Auge – die lichtgetränkte, auf-

▼ *Die filigranen Fiederblätter treiben sehr spät im Jahr aus.*

▲ *Charaktervoll: tief gefurchte Borke einer alten Baumpersönlichkeit*

wärts strebende Krone bildet keine einheitliche und abschirmende Blattfläche aus, wie etwa die Buche. Auf diese Weise entsteht ein zwar heller, aber sehr **ausgewogener Raum**, der allen Sinnen schmeichelt. Die Esche nimmt jeden Überschwang auf, ob Wind, Licht oder Wasser und wirkt ausgleichend auf die gesamte Umgebung.

Wesen und Charakter: fließend, luftig und leicht

Unsere Esche gehört mit etwa 65 Arten zur erlesenen Familie der Ölbaumgewächse, zusammen mit ihren Geschwistern Flieder, Forsythie, Liguster und dem so wichtigen Olivenbaum. Die Eberesche zählt allerdings nicht dazu. Sie gesellt sich in die Familie der Rosengewächse und erhielt ihren Namen lediglich aufgrund der sehr ähnlichen Blattformen. Die Esche ist im hohen Norden Skandinaviens und im südlichen Spanien nicht anzutreffen – ansonsten aber europaweit verbreitet. In den Alpen klettert sie mittlerweile bis auf über 1400 m – Tendenz aufgrund der Erderwärmung steigend. Sie fühlt sich bis weit in den Kaukasus hinein genauso wohl wie in großen Teilen Kleinasiens. Mit etwa 40 m Wuchshöhe gehört sie zu denjenigen Bäumen, die mit ihrer stattlichen Gestalt und imposanten Erscheinung eine Landschaft prägen können. Unter günstigen Umständen wird sie über 250, manchmal gar bis zu **300 Jahre** alt.

Sie treibt als letzter der hiesigen Laubbäume aus, noch nach der Eiche. Der Grund dafür ist in der ringporigen Holzstruktur zu sehen, bei der nur die äußersten Jahresringe für die Wasser- und Nährstoffversorgung von der Wurzel in die Astspitzen zur Verfügung stehen – und diese müssen jedes Frühjahr erst mit hohem Kraftaufwand gebildet werden. Anders ist das bei den sogenannten zerstreutporigen Holzstrukturen, wie sie bei nahezu allen früh ausschlagenden Baumarten wie etwa der Birke vorzufinden sind.

Die langstieligen Blätter sind gefiedert und werden bis zu 30 cm lang. Die Oberseite besticht durch ein saftiges Grün, die Unterseite ist heller und manchmal gut sichtbar von kleinen, rotbraunen Härchen überzogen. Von den bis zu 13 einzelnen Fiederblättern, in die sich ein Blatt auffächert, werden manche bis zu 10 cm lang. Kleine Zacken umranden das lanzettenförmige **Fiederblatt** und geben ihm dadurch ein bisschen das Aussehen eines Sägeblattes.

Da sie ein gutes Gespür für nährstoffreiche Böden hat, gehört die Esche, wie es auch bei der Erle der Fall ist, zu den seltenen Baumarten, die ihre Blätter im Herbst noch in grünem Zustand abwerfen – ein Segen für die direkte Umgebung, die sie dadurch mit ernährt. Zurück an den blattlosen Ästen bleiben die **geflügelten, braunen Früchte**: bis in den Winter, manchmal auch bis in das nächste Frühjahr hinein. Die Früchte sowie die samtigen, **brombeerschwarzen Knospen**, die wie die Spitzen winziger Zwiebeltürme an den kahlen Winterzweigen prangen, geben der Esche in laubloser Zeit ein unverwechselbares Aussehen. Die junge Borke ist zart und grau. Im Alter wird sie silbrig, rissiger, grober und zeichnet sich durch beeindruckend tiefe Furchen aus, die sich längs des Stammes emporwinden.

Erlenfreund und Buchenfeind

Die Esche ist häufig in der Nähe von **fließendem Gewässer** anzutreffen. In Auenwäldern und feuchten Bachtälern bildet sie gerne mit Erlen eine sehr verträgliche Gemeinschaft. Als Sämling und in der Jugend ist sie sehr widerstandsfähig und verfügt über eine außerordentliche Schattentoleranz. Sie ist genügsam und zeichnet sich durch einen sehr kräftigen und geraden Wuchs aus. In dichter bewachsenem Waldgebiet hat das zur Folge, dass sie schnellstmöglich kerzengerade in die Höhe aufschießt ohne sich zu teilen und zu verzweigen, um sich im Kronendach eine Lücke zu suchen und auf diese Weise gut an das in späteren Jahren dringend benötigte Sonnenlicht zu gelangen.

Bereits nach 40 Jahren kann die Esche eine Höhe von 20 m und mehr erreicht haben. Auch wenn sie durchaus mit der Buche vergemeinschaftet auftritt, so entbrennt dennoch oftmals ein erbitterter Kampf zwischen den beiden: Oben gewinnt ihn die Buche durch ihr dichtes Laubdach, das nur wenig Licht nach unten dringen lässt und alles unter ihr in den Schatten stellt. Unterirdisch jedoch ist die Esche mit ihrem **Senkerwurzelsystem** die stärkere und zeigt eine ganz andere, durchsetzungsstarke und dominante Seite, um zu überleben: Ihre Wurzeln breiten sich bereits nach wenigen Zentimetern im Erdreich eher ins Waagerechte aus und gehen erst dann mit einzelnen, fest verankernden Wurzeltrieben in die Tiefe.

Das ermöglicht ihr, in Trockenperioden mit hoher Sonnenscheindauer das wertvolle, seltene Regenwasser aufzunehmen, bevor es zu den tiefer

▼ *Typisch sind die schwarzen Blattknospen – und die geflügelten, hängenden Früchte.*

liegenden Wurzeln der Buche dringen kann – sie trinkt es einfach weg. Und manches Mal wird so die Sonne, die oben die Buche zu bevorzugen scheint, im Erdreich letztlich doch ihr Verhängnis – und die Esche kann den Sieg sozusagen für sich verbuchen. Diese Fähigkeit führt bis hin zu lokalen „Vereschungen", in deren Verlauf wie in einem Triumphzug aus einem einstigen Mischwald irgendwann ein Eschenreinbestand werden kann.

Freund der Krieger, Bauern und Sportler
Der lateinische Name *fraxinus* leitet sich vom griechischen *phrasso* ab, was zum einen mit *umzäunen* übersetzt werden kann, zum anderen aber auch die Bedeutung hat, in die *Stille*, in die *ausgewogene Ruhe* zu führen. In Verbindung mit dem Zusatz *excelsior* wird daraus eine *ausgezeichnete*, eine *erhabene* Ruhe. Beide Bedeutungen wurden einige Male im griechischen Originaltext der Bibel verwendet. Interessant ist in diesem Zusammenhang der in Bayern bis ins 18. Jahrhundert verbreitete Volksglaube, ein Stückchen Eschenholz unter der Zunge könne Sprachlosigkeit beenden.

Tatsächlich kommt die Bedeutung *Umzäunen* der wirklichen Qualität des Eschenholzes wohl eher entgegen. Die Römer bauten den mächtigen Grenzwall **Limes** hauptsächlich aus Eschenpfählen und stellten gleichzeitig viele ihrer Waffen – Bögen, Lanzen und Speere – aus dem elastischen, bruchsicheren Holz her. Noch über tausend Jahre später pflanzte man ganze Eschenhaine gerne in unmittelbarer Nähe zu Burgen, um somit jederzeit genügend Rohstoff zur **Waffenproduktion** verfügbar zu haben.

Hexen ritten im 15. und 16. Jahrhundert auf Besenstielen aus dem Holz um den Blocksberg, doch für die Bauern dieser Zeit war die Esche vor allem aus einem ganz profanen Grund wichtig: Ihr Laub war als Viehfutter begehrt. Dass diese Ernte dann teilweise über weite, beschwerliche Strecken zum Hof transportiert wurde, zeigt die Bedeutung, die man dem **Eschenlaub** damals zumaß. Aus dieser Zeit stammt auch die alte Bauernregel: „Grünt die Esche vor der Eiche, / bringt der Sommer große Bleiche. / Grünt die Eiche vor der Esche, / bringt der Sommer große Wäsche."

▼ *Senkwurzeln, die sich waagerecht ausbreiten. – Die Zweige zeichnen sich durch große Biegsamkeit aus.*

◂ *Weißliches, fein gemasertes Holz: begehrt für Werkzeuge, die fest und stabil sein müssen*

Und heute? Nach Buche und Eiche zählt die Esche zu den wichtigsten heimischen Laubhölzern. Das ringporige Holz ist sehr robust, gut spaltbar, sehr elastisch, zugfest, bruchsicher und lässt sich besonders faserfrei biegen, drechseln, nageln, sägen, schleifen, schrauben und verleimen. Mit einer Darrdichte – das ist die Rohdichte im absolut getrockneten Zustand – von 670 kg pro Kubikmeter zählt das Holz zum Hartholz. Seine Oberfläche kann sehr gut gebeizt oder poliert werden und ist sehr widerstandsfähig gegen Laugen und Säuren. Aus diesen Gründen wird es gerne für Sportgeräte wie Baseball- oder Eishockeyschläger, Paddel, Pinnen und Ruder für Kanus, für Ruderboote sowie für **Holzschlitten** eingesetzt.

Auch für Biegeformteile, Holzkisten, Leitern, Leitersprossen, Masten, Paletten, Werkzeuggriffe, **Werkzeugstiele** ist es begehrt. Früher diente es sogar für den Bau von Autos, Flugzeugen, Skiern, Landmaschinen und Waggons. Und auch heute werden daraus noch immer Gewehrschäfte gefertigt, wenn auch eher für Spezialbedarf.

Heilkunde: bei Rheuma und Schmerzen guter Helfer

Das weiße Holz brennt mit sehr heißer Flamme und übrig bleibt eine **rein weiße Asche**. Von ihr erhielt die Esche den deutschen Namen. Die Asche ist etwas ganz Besonderes, wurde sie doch gerne für allerlei Heilzwecke verwendet, in desinfizierende Wundheilsalben eingearbeitet und bei Durchfall als absorbierendes Pulver eingesetzt.

Die Alten schätzten darüber hinaus auch die **schmerzstillende Wirkung der Rinde** – besonders bei rheumatischen Erkrankungen jeglicher Art. Das bewirkt das Salicin, das auch in der Rinde von Weiden und Pappeln enthalten ist. Es hemmt die Entzündung, senkt das Fieber und stillt die Schmerzen. In konzertierter Aktion mit anderen Inhaltsstoffen wie Fraxin, ätherischem Öl, Bitterstoffen, Flavonoiden, Gerbstoffen, Glykosiden und Cumarine spült sie die Harnsäure aus geschwollenen, schmerzenden Gelenken und regt ihre Ausscheidung über Schweiß und über die Nieren an. Auf diese Art entsäuert sie den Körper und reinigt das Blut: Das bringt die Erleichterung bei den rheumatischen Beschwerden.

Schaben Sie die Rinde von jungen Zweigen im frühen Frühjahr ab und lassen Sie sie trocknen. Bewahren Sie sie dann in einer gut verschlossenen Dose auf. Wenn die Gelenke schmerzen, übergießen Sie 1 TL der Rinde mit 250 ml kaltem Wasser, erhitzen es zum Sieden und lassen den Sud noch zehn Minuten ziehen. Nach dem Absieben trinken Sie diesen **Rindentee** langsam und schluckweise. Er senkt auch bei Erkältungskrankheiten das Fieber. Bisswunden von Tieren wie Hunden oder Schlangen wurden einst mit konzentriertem Eschenrindensud ausgewaschen. Der schleimreiche Bast auf der Innenseite der frischen Rinde beschleunigt die Heilung von Schnittwunden, wenn Sie sie – ganz direkt – vorsichtig auf die Verletzung legen und gut fixieren.

Blätter für Innen und Außen

In den Alpenländern, also dort, wo es viele Eschen gibt, wickelte man einst die Kranken in frische Eschenblätter ein und ließ sie schwitzen. Der

STECKBRIEF

sommergrüner Laubbaum
deutscher Name: Gewöhnliche Esche, Manna-Esche, Schmalblättrige Esche
wissenschaftlicher Name: *Fraxinus excelsior*
Anzahl der Arten weltweit: etwa 65
Familie: Ölbaumgewächse *(Oleaceae)*
Verbreitungsgebiet: Europa
Standort: kalkreiche, nährstoffarme und feuchte bis nasse Böden
Höhe: bis zu 10 m, selten darüber hinaus
Alter: 80–100 Jahre
Austrieb: Juni; als letzter der heimischen Laubbäume
Blütezeit: April und Mai, vor dem Blattaustrieb
Blatt: symmetrische Struktur; Oberseite dunkelgrün, Unterseite hellgrün; Blätter werden noch grün abgeworfen
Frucht: einsamige, geflügelte Nuss, die im Winter auffallend an den Zweigen hängt
Rinde: längsrissig, markantes Profil, im Alter helles Grau, silbrig
Eigenschaften des Holzes: Hartholz, guter Brennwert

Die Strahlkraft herauslocken

Schaben Sie von einem jüngeren Zweig einige Stückchen Rinde ab und tauchen Sie sie in ein Glas Wasser. Im direkten Sonnenlicht entdecken Sie sofort Schlieren, die sehr schön fluoreszieren. Noch deutlicher sehen Sie es, wenn Sie das Glas auf einen dunklen Untergrund stellen. Je stärker das Licht und je mehr ultraviolette Anteile darin sind, desto deutlicher die türkisgrüne Fluoreszenz. Sie wird durch einen Stoff mit Namen Fraxin, das ist ein Cumarin, verursacht. Es ist auch in der Rinde von Rosskastanien enthalten.

feuchte **Eschenumschlag** zog das Rheuma aus dem Körper heraus. Hildegard von Bingen empfahl: „Und wenn jemand in der Seite oder in irgendeinem anderen Glied von der Gicht geplagt wird …, dann koche Eschenblätter in Wasser und lege den Kranken nackt auf ein Leinentuch, und wenn das Wasser abgegossen ist, dann wickle ihn mit den so gekochten und warmen Blättern überall ein, besonders aber an der Stelle, wo es schmerzt."

Derartige aufwändige Verfahren sind heute zwar nicht mehr üblich, waren aber sicher sehr effektiv. Kühlende Hand- und Fußbäder mit einem konzentrierten Auszug aus den Blättern senken natürlich noch immer das Fieber bei Erkältungskrankheiten. Viele Anwender der immer beliebter und wieder wichtig werdenden Erfahrungs- und Volksheilkunde berichten, dass Zubereitungen aus den Blättern des Baumes auch den **Blutzuckerspiegel senken** und das Herz stärken.

Ein frisch bereiteter Absud aus den Blättern reinigt überdies als **Gesichtswasser** unreine Haut und beseitigt die vielen kleinen Entzündungsherde bei Akne. Zweimal pro Woche eine Gesichtsmaske mit Tüchern, die im warmen Tee getränkt wurden, entspannt und lässt die Hauterkrankung abheilen. Die in die Schuhe gelegten Blätter verhindern, dass die Füße bei langen Wanderungen müde werden. Gerade in den Alpenländern füllte früher schließlich so manche Familie ihre **Matratzen** mit den wertvollen Blättern.

Für einen Tee übergießen Sie in einem Kochtopf 2 TL getrocknete Blätter mit ¼ l kaltem Wasser. Erhitzen Sie es langsam zum Sieden und lassen Sie das Ganze dann noch drei Minuten ziehen. Der **Eschentee** senkt das Fieber, reinigt das Blut und regt die Nieren an. Bei Rheuma vermischen Sie gleiche Teile Blätter von Esche und Brennnessel mit Weidenrinde. Bei Bedarf übergießen Sie 1 TL dieser Mischung mit 250 ml kaltem Wasser, erhitzen alles zum Sieden und lassen es noch zehn Minuten ziehen. Nach dem Absieben trinken Sie zwei- bis dreimal täglich ein Glas davon.

Eschige Biegsamkeit

Etwa ab Oktober sind die Samen reif. Sie können diese dann den ganzen Winter über ernten. Meist

▲ *Die Asche des Holzes eignet sich gut für wirksame Wundsalben.*

bleiben sie sogar bis zum nächsten Frühjahr hängen. Aufgrund ihrer länglichen, schmalen Form heißt die Esche auch *Vogelzungenbaum*. Die reifen Samen enthalten etwa 25 % fettes Öl.

Verreiben Sie die kleinen Nüsschen zusammen mit den Flügeln in einem Mörser zu Pulver und streuen Sie regelmäßig ½ TL voll davon über das Essen. Das bringt Erleichterung sogar bei Arthrosebeschwerden. Als **Gewürz** für Glühwein und Gebäck ist es zugleich eine aromatische Bereicherung. Für einen Tee verreiben Sie die Samen ebenfalls im Mörser, damit das Wasser die Inhaltsstoffe besser herauslösen kann. Bereiten Sie mit dem abgekühlten Tee auch Umschläge – etwa bei Muskelkater oder **Hexenschuss**.

Für einen selbst gemachten **Eschengeist** geben Sie in ein 1-l-Schraubdeckelglas etwa je eine Handvoll Eschensamen samt ihren Flügeln, zerdrückten Wacholderbeeren sowie Arnikablüten. Übergießen Sie alles mit 700 ml etwa 40 %igem Alkohol. Verschließen Sie das Glas und lassen es vier Wochen lang bei Zimmertemperatur unter gelegentlichem Schütteln stehen. Danach filtrieren Sie alles durch einen Kaffeefilter ab. Jetzt haben Sie ein sehr wirkungsvolles selbst gemachtes Heilmittel für die äußere Einreibung bei schmerzenden Gelenken und Muskeln – wirkungsvoll gerade nach einer ermüdenden Wanderung.

Auch die **Knospen** sind bemerkenswert. Wer sie einmal bewusst wahrgenommen hat, erkennt sie immer wieder. Sie bersten geradezu vor Energie, sind schwarz und sehen urgemütlich aus – so wie die Zwiebeltürme auf bayrischen Kirchen. Noch vor den Blättern quellen im Frühjahr aus diesen dunklen Knospen kleine violette Blütenbüschel heraus, die ihren Pollen dem Wind anvertrauen. Sie können sie direkt vom Baum frisch kauen oder als Essenz zubereiten. Das reinigt den Körper durch alle Ebenen hindurch und fördert die Ausscheidung – besonders von Harnsäure – über die Nieren. Gelenke, Bänder, Knochen und Muskeln erlangen auf diese Weise ihre alte **Beweglichkeit** zurück. Auch der Verstand wird klarer, Geist wie Sinne schärfer und ein Gefühl von aktivem innerem und äußerem Gleichgewicht stellt sich ein. Mut, Neues zu wagen, ist eine ganz natürliche Folge davon.

Mythen, Sagen und Kult: Baum von Odins Einweihung

In „Odins Runenlied" heißt es: „Ich weiß, dass ich hing am windigen Baum / neun lange Nächte, / vom Speer verwundet, dem Odin geweiht, / mir selber ich selbst, / am Ast des Baumes, dem man nicht ansehen kann, / aus welcher Wurzel er spross. / Sie boten mir nicht Brot noch Met. / Da neigt ich mich nieder, / auf Runen sinnend, lernte sie seufzend: / Endlich fiel ich zur Erde ..."

◄ Zarte Blütenbüschel: für eine Essenz, die die innere Beweglichkeit fördert

Die Lebensenergie stärken

Die ganz jungen Blätter im Mai stecken voll pflanzlicher Wachstumshormone, die den menschlichen Körper und Geist wieder mit neuen Lebenskräften versorgen. Schneiden Sie drei Handvoll davon klein und geben Sie sie in ein 1-l-Einweckglas. Übergießen Sie sie mit 700 ml gutem, biologischem Weißwein, verschließen Sie das Glas gut und lassen Sie es etwa zehn Tage lang unter gelegentlichem Umschütteln bei Zimmertemperatur stehen. Es sollte hell stehen, nicht aber in der direkten Sonne. Nach zehn Tagen filtrieren Sie alles durch einen Kaffeefilter ab und gießen den fertigen Eschenwein in eine dekorative Flasche. Genießen Sie davon ein oder zwei Schnapsgläschen pro Tag. Auf diese Weise stärken Sie Lebenskraft und Unternehmungsgeist. Das Elixier ist etwa zwei Wochen im Kühlschrank haltbar.

Für den Baum von Odins Einweihung spielt es keine Rolle, ob wir in ihm eher eine Esche oder eine Eibe sehen. Beides scheint möglich zu sein, denn beide Bäume verfügen über ein hartes Holz, und aus beiden wurden Pfeile oder Speere hergestellt (siehe Eibe S. 62). Es war jedenfalls Odin, der eines Tages jene besondere Art von Einweihung suchte, wie wir sie aus der Welt des Schamanismus kennen. Neun volle Nächte und Tage hängte er sich mit dem Kopf nach unten in den Weltenbaum, um Erleuchtung zu finden. Neun lange Tage, in denen er fastete, weder aß noch trank, bis ihm schließlich in einer Gesamtschau das **Geheimnis der Runen** offenbart wurde. Begleitet und betreut wurde er während dieser schwierigen Zeit nach gut schamanischer Sitte von einem „Paten", nämlich dem Riesen Mimir, dem Bruder seiner Mutter Bestla, in dessen Brunnen er einst sein Mondauge versenkt hatte. Ein Vorgang, den man mit der Hinwendung zu Innenschau und Intuition gleichsetzen kann.

Es erscheint bedeutsam, dass Odin sich während seiner **Einweihung** der Erde öffnet. Dort sucht er Offenbarung und von ihr wird sie ihm letztlich zuteil. Er, der sonst seinen Sitz ganz oben im Himmel hat, sucht die Erfahrung der Tiefe. Als er nach neun Tagen erschöpft vom Baum zur Erde fällt, hat er nicht nur die Formen der Runenzeichen erkannt, sondern auch die dazugehörigen Lieder gelernt. *Vater der Lieder* wird er deshalb genannt. So heißt es weiter in „Odins Runenlied": „Neun Hauptlieder lernt ich vom hehren Bruder / der Bestla, dem Bölthornssohn; / von Odrörir, / dem edlen Met, / tat ich einen Trunk."

▲ *Göttervater Odin auf der Suche nach Weisheit und Wissen, auf dem Weltenbaum ...*

Der Einweihungsweg Odins

Die Umsetzung spiritueller Erfahrungen in ein Lied ist ein weltweit bekanntes Phänomen des Schamanismus. Es ist der Dichtermet *Odrörir*, der den Gott trunken vor Begeisterung macht und die Liebe zur Dichtkunst in ihm erweckt. Poesie bedeutete in der alten Welt immer zugleich auch **Lied**, wenn möglich mit musikalischer Begleitung. Bevorzugt wurden deshalb Instrumente, die es erlaubten, ein Gedicht singend vorzutragen. An erster Stelle stand hier die Harfe, der *Freudenbaum*, wie sie genannt wurde. Die **Musik** brachte die Tiefen des Wortes zum Klingen. Das Wort wiederum fand in ihr die richtigen Zwischentöne für seinen Ausdruck. Poesie – von griechisch *poiein*, das heißt *machen* – erhielt so Teilhabe an der beständigen Schöpfung der Welt.

Odin ist ein Gott, der nach Art eines Schamanen sein spirituelles Wissen beständig zu erweitern sucht. Um seine Weisheit mit der Erinnerung zu verbinden, gibt er sein Auge in den Mimirsbrunnen. Von der Göttin Freya versucht er den Seid-Zauber zu erlernen. Doch seinen größten Einsatz erbringt er beim Hängen im Weltenbaum.

Für unsere Kultur, die daran gewöhnt ist, sich Gott als allwissend zu denken, ist das eine ungewöhnliche Vorstellung, doch sie macht den germanischen „Göttervater" ausgesprochen sympathisch. Vor allem auch, weil er bereit ist, einen hohen Einsatz für seine spirituelle Suche zu erbringen – durchaus auch in materieller Hinsicht, wie es in der „Völuspa" (Vers 24) steht: „Halsschmuck und Ringe / gab Heervater / für Zukunftswissen / und Zauberkunde." Er führt uns vor Augen, dass jede Gabe eine Gegengabe erfordert. Dies ist das Prinzip der **Rune Gebo**, die der Göttin Gefjon, der Göttin Erde zugeordnet ist. Wer etwas nimmt, muss auch etwas zurückgeben.

Die Suche nach Erleuchtung ist kein Selbstbedienungsladen und sie sollte niemals aus egoistischen Motiven heraus erfolgen. Während Odin am Baum hängt, gibt er den höchstmöglichen Einsatz: sich selbst. Ja, er wächst dabei über sich selbst hinaus. Mit dem Kopf nach unten hängend liefert er sich aus an die Urgründe der Welt. Er nimmt das *Riesen*-Wissen um ihre Anfänge in sich auf. Seine **Welt steht kopf**, das heißt, er wird aus seiner vertrauten Umgebung ausgestoßen, um eine neue Sichtweise zu gewinnen, die weniger vom Verstand als vom Herzen ausgeht. Danach wird er das so erlangte Wissen mit Göttern und Menschen teilen.

Einweihungskrankheiten und Zauberlieder

Durch die Verwundung wird Odin zusätzlich geschwächt. Ihm geschieht, was Carl Gustav Jung, der Begründer der Analytischen Psychologie, mit ein „Absenken unserer normalerweise überbetonten Verstandestätigkeit" beschreibt. Auf diese Weise wird es möglich, gewohnte und eingefahrene Denkmuster loszulassen. Wenn der Körper geschwächt ist, kann der Geist „auf Reisen" gehen. Das ist eine Erfahrung, der Frauen durch ihr monatliches Bluten von Natur aus ausgesetzt sind.

Traditionell fügen Männer sich rituell Wunden zu, um eine vergleichbare Ebene der Erfahrungen zu erreichen und zu durchleben.

Auf der anderen Seite gibt es auch die typische **Schamanenkrankheit**: Werdende Schamaninnen und Schamanen müssen oft schwere Krankheiten durchleiden, die sie bis an die Schwelle des Todes bringen. Solche Erkrankungen gelten geradezu als ein untrügliches Zeichen ihrer Berufung. Während der Körper wie tot daliegt, kann die Seele auf Reisen in unbekannte Welten gehen, um mit neuem (Heil-)Wissen in die Gemeinschaft zurückzukehren, für die er sich überhaupt erst auf diesen beschwerlichen Weg begeben hatte. Die Berufung zum Schamanen war kein Spaziergang, selbst für einen Göttervater nicht. Ehe unsere Welt nicht auf dem Kopf steht, ehe wir nicht buchstäblich auseinandergenommen werden, sind wir nicht bereit, uns auf Erfahrungen einzulassen, die unseren Verstand weit übersteigen.

Durch Entbehrungen sehend geworden, wachsen Odin die Runen regelrecht entgegen – und mit ihnen die Lieder, um sie zu deuten. **Zauberlieder für alle Lebenslagen**, die den Gottheiten Kraft, den Elfen Gedeihen und ihm selbst immer tiefere Einsicht verleihen. Sein heiligstes und wunderbarstes Lied singt er allein vor der Himmelskönigin Frigg, wenn sie in Liebe beieinander sind. Erst mit dem Absingen der dazugehörigen Lieder entfalten die Runen ihre ganze Kraft. Im Gesang liegt eine wahrhaft weltbewegende Kraft. Kaum ein schamanisches Heilritual kann ohne sie auskommen. Durch ein Lied lässt sich Verfestigtes lösen, lassen sich Wesen herbeirufen, die vorher nicht da waren, lässt sich Schutz aufbauen. So stillt Odin etwa einen Sturm allein durch seinen Gesang, vermag die Heilerin Groa allein durch ihre Lieder einen gewaltigen Stein in Thors Kopf zu lösen.

Der Name *Yggdrasil* wird gerne mit *Odins Pferd* übersetzt. Normalerweise ist es Odins edles Ross Sleipnir, das ihn durch alle Welten der Esche trägt. Sleipnir ist ein Wunderhengst mit acht Beinen, dessen Zähne schon bei seiner Geburt mit Runen bedeckt sind. Wenn wir den Namen Yggdrasil spirituell deuten, dann bewirkt der Baum beim „Hängenden" genau das: Er „reitet" mit ihm durch alle Welten und offenbart ihm mithilfe der Runen deren geistige Struktur.

▼ *... und als Herrscher, begleitet von seinen Helfern: den Raben Hugin und Munin, den Wölfen Geri und Freki, dem achtbeinigen Ross Sleipnir*

FICHTE & TANNE

Picea abies und *Abies alba*

Klarheit und Weihekraft verströmen

Jeder Baum ist ein Unikat, einzigartig in seiner Ausdrucksform, seiner Gestalt, seinem Habitus. Insbesondere tun sich die augenfälligen Laubbäume als Einzelcharaktere hervor und lenken selbstbewusst die ganze Aufmerksamkeit und alle Sinne auf sich. Freilich sind auch die Nadelbäume, wie die Fichte oder Tanne, unverwechselbar und einmalig, allein die Wahrnehmung ist eine andere: Steht man vor einer Gruppe dieser Bäume, hebt sich meist kein Einzelcharakter hervor, man sieht nicht unbedingt den einzelnen Baum, das Interesse bleibt vielmehr bei der Gruppe – dem Tann, wie es unsere weise Sprache schon immer zum Ausdruck brachte, wenn es um einen Fichten- oder Tannenbestand geht.

Fast wie ein Einzelwesen empfindet der stille, staunende Beobachter die Ausstrahlung eines solchen Tanns, oftmals wie eine schwere, dunkelgrüne, im Ungefähren schwimmende Mannigfaltigkeit. Das Auge findet kaum Halt, der Wind rauscht durch alle Bäume zugleich, wie ein sanfter Atem des Waldes. Das harzige Aroma füllt den Waldbesucher dann völlig aus. Doch die Einheit der Vielfalt kann überfordern, so dass sich mancher wieder aus dem ungewohnten Eindruck lösen muss und sich schließlich abwendet.

Findet man eine Fichte dagegen als Solitär, was selten ist, so wird ihre unverstellte Schönheit schnell sichtbar. Die klaren Formen, die scharfen Umrisse und die **erstaunliche Symmetrie** erinnern an die wundersame Struktur von Wasserkristallen. Der Bau wirkt nach außen überaus stachlig und in seiner Geradlinigkeit gleichzeitig sehr nach innen gekehrt – fast könnte man sagen: introvertiert.

▼ *Symmetrischer Bau der beblätterten Zweige: Struktur und Ordnung*

▲ *Die Fichte wächst schnurtracks nach oben und hat einen spitzen Wipfel.*

Verführt eine Linde, eine Buche, eine Eiche dazu, sie zu umarmen, sieht man bei einer Fichte eher davon ab. Sie lässt einen nicht leicht an sich heran. Und doch kann man sich beim Anblick dieses Baumes in seiner Anmut verlieren, verirren, fast wie man sich in einem Wald verirren kann – erst dann erreicht man „ihre Lichtung", öffnet sich ihre überraschende Weite und ihre Klarheit in ganzer Größe, vor der man nur staunend verweilen kann. Es ist genau dieses Staunen, das beim Anblick eines Weihnachtsbaumes aus großen Kinderaugen spricht und man beginnt zu *ahnen*, weswegen Fichte wie Tanne so bedeutende Kultbäume unserer *Ahnen* waren.

Wesen und Charakter: im Rhythmus der Gruppe leben

Picea, der botanische Name der Fichte, leitet sich von *pix* ab und bedeutet *Pech* oder *Harz,* das bereits seit alten Zeiten aus den Stämmen gewonnen wird. Der Zusatz *abies* stammt aus dem Indogermanischen und bezieht sich auf den *stolzen Wuchs* des Baumes. *Picea abies* heißt also: *die Harzige mit dem stolzen Wuchs.* Auch die Namensgebung der Tanne enthüllt einige ihrer Charakteristika: *Alba* heißt *weiß,* so dass *Abies alba* übersetzt *die stolz wachsende Weiße* bedeutet. *Tanna* ist ein allgemeiner Ausdruck für *Nadelbaum* oder auch *Mastbaum,* da das Holz gerne zum Schiffsbau verwendet wurde. Im Folgenden wird es vor allem um die Fichte gehen. Die Tanne spielt an jenen Stellen eine größere Rolle, an denen es um die Unterschiede zu ihrer nadeligen „Schwester" geht – beispielsweise in der Heilkunde oder im Zusammenhang mit der mythologischen Überlieferung.

Die Fichte ist der am häufigsten vorkommende Baum in Deutschland. Dass sie sich so durchsetzen konnte, liegt jedoch am Menschen, der sie als **„Brotbaum der Forstindustrie"** nutzt und bereits seit dem Mittelalter bevorzugt anpflanzt: Ihre relative Anspruchslosigkeit und ihr schneller Wuchs, die vielseitige Verwendbarkeit des Holzes lassen sich schnell zu Geld machen. Oftmals werden Fichte und Tanne nicht scharf voneinander getrennt. Selbst die Bezeichnung *Fichtentanne* hat sich eingebürgert, was mehr als verwirrend ist, handelt es sich doch um zwei verschiedene Arten.

Nachweislich gibt es die Fichte bereits seit mehr als 300 Millionen Jahren. Sie gehört damit, wie andere Nadelbäume auch, zu den erfolgreichsten Lebensformen. Vor allem im feuchten, kühlen Klima – wie es in den Gebirgen vorherrscht – fühlt sie sich wohl und bildet dort ganze Bergwälder. In den wärmeren Niederungen kommt sie natürlicherweise kaum vor. Sie verträgt Schatten sehr gut und gedeiht deswegen auch im dichten Wald, selbst bei geschlossenem Blätterdach.

Ihr Stamm wächst **kerzengerade** und unbeirrt in die Höhe und erreicht bei einem Durchmesser von bis zu 1,5 m ohne Mühe 40 m und mehr – daher auch der wissenschaftliche Namenszusatz *abies*, was *die Hochgestreckte* bedeutet. Die so auffällige Symmetrie rührt von den verhältnismäßig schwachen Zweigen, die sich quirlig um den Hauptstamm anordnen, gut erkennbare Etagen bilden und die typische Schirmform verleihen. Die Fichte bildet keine Krone als solche aus, sie endet in einem **spitzen Wipfel**.

In ähnlicher symmetrischer Anordnung wie die Zweige um den Stamm, sprießen auch die Nadeln **spiralförmig** aus den Zweigen, an deren Enden sich im April oder Mai die hellgrünen Nachkömmlinge bilden. Sie sitzen jeweils auf einem kleinen, verholzten Stiel und erreichen bei gesunden Bäumen ein Alter von bis zu sieben Jahren, bevor sie abgestoßen und erneuert werden. Wie alle Nadelbäume ist die Fichte einhäusig – männlich und weiblich zugleich. Nur alle drei bis vier Jahre, manchmal nur alle sieben Jahre, blüht sie, wobei die zäpfchenförmigen, nur einen Zentimeter großen, männlichen Blüten sehr viele Pollen an den Wind geben, der sie in kleinen Wölkchen durch den Wald weht. Die weiblichen Blüten stehen in zuerst aufrechten Zapfen oftmals eng zusammen und spreizen sich in dieser Zeit merklich, um den Pollen das Eindringen zu erleichtern.

Und, wieder als sei der Tann eine einzige Wesenheit, blühen sie alle nicht nur zur selben Zeit, sondern sogar im selben Rhythmus! Bedenkt man, dass die Vorbereitung auf die Blütezeit im Frühling bereits im Sommer des vorausgehenden Jahres beginnt, ist das eine sehr beachtliche kommunikative Leistung, die gut geplant sein will.

In den tieferen Lagen bilden die Bäume eine rötlich braune und von feinen Rissen durchzogene, **schuppige Borke**, die in den Höhenlagen allerdings in ein blättriges Grau übergeht – hier hat die falsche Bezeichnung „Rottanne" ihren Ursprung.

Begehrt bei Geigenbauern

Man sieht: Auf keinen Fall sollte man die zunächst unscheinbare Fichte unterschätzen. Dass sie durchaus ein äußerst bemerkenswerter Baum ist, zeigt unter anderem auch die Tatsache, dass seit 2008 ein in Schweden stehendes Exemplar namens *Old Tjokko* als ältester Baum der Welt gilt. Der

◄ *Die Zapfen hängen an den Zweigen und sind teilweise verharzt.*

▲ *Die Tanne: Stamm mit weißlicher Borke – die Zapfen stehen aufrecht auf den Zweigen*

Methusalem der Methusaleme ist sage und schreibe etwa 9550 Jahre alt!

Die großen Meister der **Geigenbaukunst** ließen im 16. und 17. Jahrhundert die besonders ausgewählten „Geigenbäume" aus den zerklüfteten Gebirgen rund um Bozen mit riesenhaften Rutschen ins Tal befördern. Der Aufwand für das wertvolle, langsam gewachsene Holz war groß: Bei strengem Frost wurden die Rutschen mit Wasser besprengt, sodass die Stämme mit großer Geschwindigkeit und immenser Wucht nach unten brausten. Dabei schlugen sie natürlich heftig auf das Holz der Wandungen und erzeugten dementsprechend ganz eigene Klänge.

Stämme mit hochliegenden Klangfarben hießen *cantori*, also *Sänger*. Ausschließlich jene Stämme kamen in die nähere Auswahl. Sie wurden im Weiteren von den großen Meistern mühevoll beklopft, betastet und belauscht. Solange, bis endlich die Entscheidung reifte, aus welchen Holzkörpern die bestmöglichen Geigen entstehen sollten. Die Herzen der großen Meister – wie der Tiroler Jacob Stainer (1619–1683) oder die Italiener Antonio Stradivari (1644–1737) und Giuseppe Guarneri del Gesu (1698–1744) – waren auf das Engste mit den klingenden Bäumen verbunden. Ihre Kunstfertigkeit verwandelte und veredelte das Holz in schwingende Musik, in reinste Klänge, um Träume zu beflügeln und schließlich im Nichts zu vergehen.

Ähnlich der Kiefer waren auch Fichte und Tanne von jeher wichtige Lieferanten von Rohstoffen, aus denen Pech und Teer oder Terpentin hergestellt wurde. Heute steht der Nutzen als **Bauholz** im Vordergrund, denn aufgrund des geraden Wuchses und der leichten Bearbeitungsfähigkeit ist gerade die Fichte dazu besonders geeignet. Geringwertigere Qualität reicht immerhin noch für Kisten – oder Särge. In der Küferei findet es bis heute Verwendung: für Butterfässer, Eimer, Zuber und den Saunabau. Auf den großen Segelschiffen fährt die Fichte seit jeher mit, als bevorzugtes Holz für die höchst beanspruchten Masten.

Aus einer Zeit, in der es noch keine Särge gab, stammt der alte Brauch des **Totenbrettls**, der im bayrischen Voralpenland bis ins 19. Jahrhundert üblich war. Es war ein aus Fichten- oder Tannenholz hergestelltes 2 m langes Brett, auf dem der Leichnam aufgebahrt und nach drei Tagen zum Friedhof getragen wurde. Das Brett wurde nach der Beisetzung neben das Kreuz in die lockere, frisch aufgeworfene Erde gerammt oder an Wegkreuzungen zum Gedenken des Verstorbenen an Bäume gelehnt. Symbolisch stand es auch als Brücke ins Jenseits und wurde quer über Bachläufe gelegt – mit dem Namen und den Daten des Verschiedenen. Wie der Leichnam im Grab mit den Jahren vermoderte, so vermoderte auch das Brett. Erst wenn es wirklich verfault und nicht mehr zu erkennen war, war die Seele des Menschen erlöst und in den Himmel aufgestiegen.

Über Jahrhunderte hinweg und weit bis in das 19. Jahrhundert hinein, war die Fichte neben der Lärche eine der Holzlieferanten für die Zunft der **Schindelmacher**. Kein Haus, kein Hof im Bayrischen Wald und im gesamten Alpenraum, der nicht mit Holzschindeln gedeckt oder verkleidet war. Auf den einsamen Berghöfen wusste jeder Bauer um die Kunst des Schindelmachens. Erst das Aufkommen der Feuerversicherungen, die Holzschindeln mit hohen Sonderprämien belegten, ließen Ziegel und Wandverkleidungen aus Eternit vergleichsweise billiger werden – der Beruf verschwand fast völlig. In letzter Zeit werden die Vorzüge der Holzschindeln allerdings wieder entdeckt und damit ihre natürliche Lebendigkeit, die wechselnden Farbnuancen und die unverwechselbare Einmaligkeit jeder einzelnen Schindel. Darüber hinaus weist die Holzschindel eine große Dauerhaftigkeit aus. Sie kann weit über 100 Jahre halten – und ist garantiert asbestfrei.

▼ *Nur besondere Fichtenbäume kommen für den Bau von Geigen infrage. Wohlklingende Instrumente gibt es nur, wenn per Hand und mit viel Gespür gearbeitet wird.*

Erste Individualisten beleben den uralten Beruf neu und holen sich das Wissen darum aus alten Büchern. Die Schindel wird mit einem Spaltmesser vom Stamm abgespalten, da sie nicht gesägt werden darf. Das würde die Holzfaser zerstören, so dass Wasser eindringen könnte. Dem Schindelmacher bei seiner Arbeit zuzusehen ist wie eine Meditation: der dichte Geruch des frischen Holzes, das Knarren der Schnitzbank, das leise, helle Klacken und Knirschen, wenn das Ziehmesser über die rauhe, unbehandelte Schindel schleift. All das beruhigt ungemein, so wie auch der Blick auf einen einsamen See beruhigt.

Nicht unerwähnt soll letztlich bleiben, dass die Fichte nicht nur als Weihnachtsbaum in unseren Wohnzimmern glänzt, sondern seit 1979 etwa 18 Millionen mal auch als berühmtes *Billy Regal* eines schwedischen Möbelkonzerns. Schön, dass *Old Tjokko* das bislang überstanden hat.

▼ *Die männlichen Fichtenblüten sind anfangs rot und verblassen dann.*

Heilkunde: tiefes Durchatmen für Beweglichkeit

Unsere Vorfahren glaubten, dass gerade die Nadelbäume in der Lage seien, ihnen Krankheiten abzunehmen (siehe Holunder S. 163). Heute wissen wir, dass alleine das Einatmen der Waldluft – die besonders im Nadelwald eine Art Heilluft ist – genügt, um gesund zu bleiben oder wieder gesund zu werden. Sebastian Kneipp empfahl seinen Patienten mit Bronchitis oder Asthma regelmäßige ausgedehnte **Spaziergänge in Nadelwäldern**. Und er schlug ihnen vor: Sie sollten sich dabei aus dem frischen Harz kleine Kügelchen formen, sie lutschen und hinunterschlucken.

Für Kneipp waren solche Waldspaziergänge und der frische Harzgenuss die einfachste Art, die Lunge zu stärken und Krankheitserreger abzutöten. Verantwortlich für diese Fähigkeiten zeichnen das ätherische Öl der duftenden Nadeln und das stark desinfizierend wirkende Harz. Apropos Harz. Natürlich gilt auch heute noch: Wer regelmäßig **Harzstückchen kaut**, stärkt sein Immunsystem und hält darüber hinaus das Zahnfleisch gesund sowie die Zähne weiß.

Fichten- und Tannennadeln für unkomplizierte Heilmittel

Ernten Sie die jungen, hellgrünen und noch weichen Triebe von Fichte oder Tanne am besten im Mai. Schauen Sie sich dabei die Bäume genau an, damit Sie sie nicht mit der giftigen Eibe verwechseln (siehe Kasten S. 71). Pflücken Sie ausschließlich so viel, wie Sie verarbeiten können – und nur von Stellen, die den Baum nicht schädigen: Die Haupttriebe der Zweige lassen Sie bitte stets unangetastet. Das frische Grün steckt voller Vitamin C sowie antibakteriellen und schleimlösenden Stoffen, die mit vereinter Kraft den letzen Hustenrest des Winters vertreiben. Unterwegs und beim Ernten können Sie als saftige und säuerliche Erfrischung die weichen **Neunadeln kauen**. Sie eignen

STECKBRIEF

immergrüner Nadelbaum
deutscher Name: Gewöhnliche Fichte und Weiß-Tanne
wissenschaftlicher Name: *Picea abies* und *Abies alba*
Anzahl der Arten weltweit: jeweils etwa 50
Familie: Kieferngewächse *(Pinaceae)*
Verbreitungsgebiet: Nordhalbkugel
Standort: durchlüftete, feuchte Böden (Fichte); lehmige und tonhaltige Böden (Tanne)
Höhe: 40 m, in Ausnahmefällen und außerhalb Europas weit darüber hinaus
Alter: bis zu 600 Jahre
Austrieb: Nadeln erneuern sich alle 3–4 Jahre
Blütezeit: April, Mai
Blatt: dünne, immergrüne, 2–5 cm lange Nadel
Frucht: hängende Zapfen (Fichte); stehende Zapfen (Tanne)
Rinde: rot oder braun gefärbt, schuppige Borkenschicht (Fichte); hellgrau, borkig (Tanne)
Eigenschaften des Holzes: gelblich-weiß, massiv (Fichte); harzlos, leicht und elastisch, hellgelb bis grau (Tanne)

sich auch als Beigabe für einen gemischten Frühlingssalat. Der Tee aus jungen Fichten- oder Tannennadeln reinigt das Blut, was die Frühjahrsmüdigkeit überwinden hilft und Husten wie Bronchitis lindert. Geben Sie 1 TL davon, klein geschnitten, in 250 ml Wasser und kochen Sie beides zugedeckt auf. Sie lassen den **Nadeltee** fünf Minuten ziehen und sieben danach ab.

Eine für viele ungewöhnliche und doch sehr einfach umzusetzende Idee ist, aus den jungen Fichtentrieben ein **erfrischendes Deo** selbst herzustellen. Es ist sehr effektiv. Pürieren Sie dafür in einem Gefäß eine Handvoll der Triebe sowie ½ TL Salz, ½ TL Natron mit 150 ml Wasser durch. Sieben Sie dann alles durch einen Teefilter und füllen es in eine Sprühflasche. Fertig! Das waldige Deo ist im Kühlschrank etwa drei Monate haltbar.

Eine **Tinktur** ist viel länger haltbar und sehr praktisch für unterwegs. Sie erfrischt ebenso und hilft innerlich bei Bronchitis sowie äußerlich als Einreibung bei Muskel-, Gelenk- und Nervenschmerzen. Setzen Sie in einer dunklen Weithalsflasche 20 g zerkleinerte Fichtentriebe mit 150 ml 70 %igem Alkohol an, lassen Sie alles vier Wochen ziehen und filtrieren Sie dann ab. Für die Anwendung verdünnen Sie die Tinktur vor Gebrauch mit zwei Teilen Wasser.

Für einen Vorrat an **Hustensirup** für den Winter zupfen Sie die Spitzen der jungen Fichtentriebe auseinander und schichten sie immer abwechselnd mit Zucker in ein Schraubdeckelglas. Sie verschließen es gut und stellen es an einen warmen, sonnigen Ort. Nach vier Wochen filtern Sie den dann entstandenen Sirup ab und füllen ihn zum Aufbe-

> *Junge, frische Nadelblätter eignen sich für kulinarische und heilkundliche Zwecke.*

wahren in eine dunkle Flasche. Bei Bedarf – beispielsweise bei Husten oder vorbeugend in der kalten Jahreszeit – nehmen Sie davon mehrmals täglich 1 TL voll.

Der berühmte **Franzbranntwein** half schon unseren Großeltern bei Muskelschmerzen, Zerrungen, Prellungen, Verstauchungen, schlechter Durchblutung der Haut und Gelenkschmerzen. Der Name bezeichnet ursprünglich den Branntwein, der aus Frankreich – anders ausgedrückt: von den Franzosen – kam und oft einfach nur als Kognak bezeichnet wurde. In der Apotheke entstand daraus durch Zusatz von ätherischen Ölen das bekannte Einreibemittel. Franzbranntwein können Sie leicht selbst machen. Füllen Sie ein Schraubdeckelglas von mindestens ½ l Inhalt locker mit jungen Fichtentrieben und geben Sie 1 EL leicht gequetschte Wacholderbeeren und 1 EL getrocknete Lavendelblüten mit hinein. Übergießen Sie alles mit Doppelkorn, bis der Ansatz gut bedeckt ist und lassen Sie ihn sechs Wochen ziehen. Schütteln Sie ihn währenddessen regelmäßig. Dann filtrieren Sie ihn ab und füllen ihn in kleine Vorratsfläschchen, die Sie beschriften.

Ein **Erkältungsbad** entspannt und stärkt die Abwehrkräfte. Steigen Sie bei einer beginnenden Erkältung in die nach Tanne oder Fichte duftende Badewanne und spüren Sie dem nach, wie leicht und schnell das ätherische Öl über die Haut in den Körper findet, ihn durchwärmt und gleich Erleichterung bringt. Das hilft auch bei Muskelschmerzen und rheumatischen Beschwerden sehr gut. Schneiden Sie dafür im Winter drei nicht zu große Zweige von Tanne oder Fichte – oder auch Kiefer – ab. Zuhause zerkleinern Sie sie, kochen sie in 1 l Wasser auf und lassen alles zehn Minuten zugedeckt ziehen. In der Zwischenzeit lassen Sie das Wasser in die Wanne laufen. Dann sieben Sie den Auszug hinein und steigen in das heiße Heilbad. Atmen Sie tief durch, lassen Sie sich wohlig durchwärmen, erfrischen, beleben – und verabschieden Sie innerlich die Erkältung.

Was heute nicht mehr so sehr praktiziert wird, aber sehr sinvoll ist, gerade wenn der Aufwand eines Vollbades zu groß ist: **Fuß- und Handbäder** helfen ebenso, die wertvollen Substanzen aus den Nadeln des Waldes aufzunehmen. Und Sie verbreiten natürlich auch den entsprechenden Duft, der über die Lunge dem ganzen Körper heilsame Impulse gibt.

Das Gold des Waldes

Alle Nadelbäume sondern Harze ab, um Wunden in ihrem Holz zu schließen, sich vor Infektionen zu schützen und die Verletzung so schnell wie möglich auszuheilen. Ist die Verletzung frisch, fließt das noch relativ flüssige und recht klebrige Harz fast durchsichtig aus der Baumwunde. Derartig junges Harz belassen Sie am Baum, der es für seine Heilung braucht. Es ist ohnehin nicht angenehm, sich die Finger und die Kleidung mit dem tropfigen Stoff zu verkleben. Sammeln Sie für den Eigengebrauch immer älteres Harz. Es sollte schon fest sein, nur noch wenig kleben und sich leicht von der Borke lösen. An Stümpfen gefällter Bäume werden Sie leicht fündig. Wickeln Sie das gesammelte Harz zum Transport einfach in Blätter ein und lagern Sie es zuhause so, dass es gut nachtrocknen kann. Klebrige Hände reinigen Sie am besten mit Öl – etwa Olivenöl –, welches das Harz auflöst, danach ganz normal mit Seife.

Das Harz der Nadelbäume ist äußerst wertvoll. Seit jeher wird es als „Gold des Waldes" bezeichnet. Waldarbeiter behandelten früher Verletzungen, die sie sich bei der schweren, gefährlichen Arbeit zuzogen, sofort mit Baumharz pur oder mit einer Pechsalbe daraus. Auf diese Weise beugten sie einer Infektion vor und beschleunigten auch den Wundverschluss.

Für eine **Harz- oder Pechsalbe** erwärmen Sie 200 ml Olivenöl in einem alten Kochtopf – das Harz hinterlässt Flecken – und schmelzen darin langsam und bei höchstens 45 Grad 60 g Baumharz von Fichte, Tanne oder auch Kiefer und Lärche. Sobald das Harz gelöst ist, sieben Sie die Flüssigkeit in einen zweiten Topf. Rindenstücke oder Schmutzpartikel bleiben im Sieb zurück. Jetzt schmelzen Sie 30 g Bienenwachs im noch warmen Öl, wobei Sie solange sorgfältig rühren, bis sich wirklich alles aufgelöst hat. Eventuell müssen Sie dafür nochmals die Tempertur langsam erhöhen. Gießen Sie sodann die noch flüssige Salbe in saubere Tiegel, die Sie erst dann verschließen, wenn alles erkaltet und fest geworden ist. Beschriften mit Namen und Datum nicht vergessen.

Diese Salbe ist äußerst vielseitig einsetzbar. Aufgrund ihrer antibakteriellen und antiviralen Eigenschaften verschließt sie nicht nur schlecht heilende Wunden, sondern hilft auch bei kalten Füßen,

◄ *Wertvoll und wirksam: eine wärmende Harzsalbe, die bei Wunden und Schmerzen hilft*

schmerzenden Gelenken, Erkältungen, Nervenschmerzen und Muskelkrämpfen. Als **Zugsalbe** kann das „Wundermittel des Waldes" auch Splitter aus der Haut ziehen.

Ätherisches Öl und Räucherwerk
Das ätherische Öl von Tanne wie Fichte wird aus Nadeln und Zweigspitzen destilliert. Aus 100 kg entsteht 1 l ätherisches Öl. Geben Sie einige Tropfen der kostbaren Essenz in die **Duftlampe**. Bereits kleinste Mengen durchdringen die Schleimhäute, hemmen Bakterien in ihrem Wachstum und üben einen heilsamen, kräftigenden Reiz auf die Atemwege aus. Fest sitzender Husten löst sich und der Schleim kann wieder gut abgehustet werden. Gleichzeitig räumen die Wirkstoffe in den Neben-, Kiefern- und Stirnhöhlen auf. Damit die Nase nachts frei bleibt und Sie ungestört – von einer verstopften Nase – schlafen können, träufeln Sie einige Tropfen Öl auf ein **Papiertaschentuch** und legen es neben Ihr Kopfkissen. Erwünschte Nebenwirkung: Der Duft vertieft gleichzeitig den Schlaf.

Wer wenige Tropfen Tannen- oder Fichtenöl in einer Duftlampe verdampft, reinigt die Raumluft und schützt sich vor Ansteckung in Wartezimmern oder Büros. Als Saunaaufguss bringt es die Frische des Waldes in die heiße Dampfhöhle. Auch für Aftershaves und Parfüms eignet es sich sehr gut.

Seit Urzeiten war – und ist es heute immer mehr – üblich, das wertvolle Harz der Nadelbäume als **Räucherwerk** zu nutzen. Vor dem Gebrauch auf einer Räucherkohle oder einem Räucherstövchen sollte es stets gut abgelagert und durchgetrocknet sein. Die Düfte von Fichte und Tanne wirken ähnlich: Die Fichte duftet etwas kräftiger, die Tanne riecht ein wenig mehr nach Zitrone. Welches Harz auch immer Sie verwenden: Der Duft des Waldes hält bei Ihnen daheim oder im Büro Einzug. Wie von alleine vertieft sich die Atmung, wohlige Entspannung macht sich breit und neue Lebensenergie beginnt durch Ihren Körper zu prickeln. Auch Frische und Klarheit nehmen – körperlich wie seelisch – ihren Raum ein. Räuchern Sie die selbst gesammelten Harze nicht nur in der Erkältungszeit, sondern auch vorbeugend immer mal wieder – oder als Erinnerung an Sommer und Sonne. Sie eignen sich auch in Krankenzimmern, solange der Duft dem Patienten gut tut.

Das Verräuchern trockenen Harzes schafft eine waldige und kräftigende Atmosphäre.

Mythen, Sagen und Kult: Baum der Erleuchtung und der Erlösung

Bei Fichte und Tanne fällt vielen am ehesten der Weihnachtsbaum ein, danach vielleicht der Maibaum. Das macht die Bäume selbst für unsere weitgehend säkularisierte Welt, die in den Bäumen keine beseelten oder gar göttlichen Wesen mehr zu sehen vermag, zu etwas Besonderem, um nicht zu sagen Ehrfurcht Erweckendem. Als Weihnachtsbaum hat die Fichte der Tanne inzwischen den Rang abgelaufen. Was man gemeinhin „Tannenbaum" nennt, ist in Wirklichkeit meist eine Fichte. Da der Wald früher in dem Ruf stand, eine heilige

Macht zu sein, holte man sich mit Tanne und Fichte folglich eine göttliche Kraft ins Haus. Die Tanne wurde als derart heilig angesehen, dass ihr widerrechtliches Fällen sieben Jahre Unglück bringen sollte. Hand an eine Tanne zu legen, konnte also ausschließlich mit einer rituellen Handlung gerechtfertigt werden.

Mythologisch gesehen besteht zwischen Fichte und Tanne so gut wie kein Unterschied. Alle Nadelbäume, mit Ausnahme der Lärche, sind immergrün. Auf diese Weise wurden sie zu Symbolen des **immerwährenden Lebens**. Sie bewahren ihre Frische selbst noch in Zeiten, da alles pflanzliche Leben ringsum wie abgestorben aussieht. Ihre Kraft scheint nie zu versiegen, mag es auch noch so kalt und dunkel werden. Sie zu sich ins Haus zu holen, bedeutet deshalb auch, teilzuhaben an ihren unerschöpflichen, lebenspendenden Energien.

Einen Weihnachtsbaum zu Hause aufzustellen, ist vor allem ein deutscher Brauch, den man bis in die Anfänge des 15. Jahrhunderts zurückverfolgen kann. Der **Weihnachtsbaum** war ursprünglich jedoch alles andere als ein Christbaum. Vielmehr wurde der Brauch, zur dunkelsten Zeit des Jahres Lichterbäume aufzustellen, von kirchlicher Seite aus erbittert als „heidnisch" bekämpft und sogar ausdrücklich unter Strafe gestellt.

Gegen Ende des 4. nachchristlichen Jahrhunderts bereits verbot der römische Kaiser Theodosius die Sitte, heilige Bäume zu schmücken und zu verehren. Schon allein das Abschneiden von Tannengrün war strengstens untersagt. Naturverehrung galt als Götzendienst, das Aufstellen von Weihnachtsbäumen wurde daher als ein Verstoß gegen das erste der Zehn Gebote „Du sollst keine anderen Götter neben mir haben" geahndet. Als weitere Begründung für die Ablehnung des Brauchs wurde der Umstand herangezogen, dass es im Neuen Testament keine Verbindung zwischen Jesus und dem Tannenbaum gibt.

Weihnachten, die Zeit der geweihten Nächte, wurde die längste Zeit unabhängig von der christ-

Der Weihnachtsbaum bringt das Licht in die dunkelste Jahreszeit.

lichen Welt gefeiert. Die **Weihenächte**, das waren insbesondere die zwölf Rauhnächte vom 25. Dezember bis zum 6. Januar. Sie sind in unserer heimisch-germanischen Mythologie der Göttin Holle und dem Göttervater Odin gewidmet. Als *Herr und Frau Gode* zogen sie nachts über Land, rüttelten in den Winterstürmen an Fenster und Türen, dass sie wie von selbst aufsprangen, verwandelten Trübsal in Freude und wehten den Mief des alten Jahres zur Tür hinaus. Während Altes davonflog, kam Neues und Überraschendes zur Tür hereingeschneit. „Wo Frau Holle fährt, da wird beschert", so hieß ein alter Spruch. Da konnten sich zu glücklicher Stunde Kieselsteine und Strohhalme in Gold verwandeln. Strickknäuel und Flachsballen, deren Faden nie ausging, rollten zur Tür hinein. Kuchen, Plätzchen und Nüsse fanden auf geheimnisvolle Weise ihren Weg in die gute Stube. Es waren fröhliche Energien, die dem Leben eine neue Wende und Farbe gaben.

▶ *Anklang des Tierschmuckes an alte Zeiten: Tiermütter sorgten für werdende Schamanen auf ihrem Einweihungsbaum.*

Mag sein, dass so überhaupt erst der Gabentisch entstand – als ein Geschenk der **Geistwesen**, die in diesen Nächten unterwegs waren und denen man Lichter anzündete, damit sie den Weg in die Häuser fanden. Im Gegenzug deckte man etwa der Frau Holle draußen im Wald einen Tisch mit Leckereien. Doch war es nicht erlaubt zuzusehen, wenn sie diese holen kam.

Als die Christen anfingen, Weihnachten zu ihrem eigenen Fest zu machen, wurden die ehemals guten plötzlich zu bösen Geistern degradiert. Der Lichterbaum verwies fortan auf Christus als das Licht der Welt und wurde folglich zum Christbaum erklärt. Gleichzeitig wurden allerdings alle Nadelbäume als Hexentanzplätze verunglimpft, auf deren Zweigen sogar der Teufel selbst lauern sollte. Auf diese Weise fand sich von da an auch die gütige Göttin Holle mit einem Mal unter die Dämoninnen eingereiht.

Verbindung zu Tieren – und zum Fliegenpilz

In vielen Kulturen sagt man den Fichten – und eigentlich allen Nadelbäumen – etwas Mütterlich-Bergendes nach. In Sibirien und Nordeurasien trifft man die einzigartige Vorstellung, dass die von den Geistern und Gottheiten auserwählten Menschen in Vogelnestern auf Riesenfichten zu bedeutenden Schamaninnen und Schamanen großgezogen werden. Dort werden sie von **Tiermüttern** gestillt und genährt und gleichsam neu erschaffen – eine Entwicklung, die bisweilen drei Jahre in Anspruch nehmen konnte. Je näher das Nest dem Himmel oder auch den Wurzeln ist, desto bedeutender wird der Mensch, an dem sich diese Einweihung vollzieht, nachher auf Erden wirken. Raben nehmen dabei den ersten Platz unter den Tiermüttern ein, daneben auch geflügelte Rentiere. Oftmals holen sie die Seelen der Erwählten direkt zu Hause ab und fliegen mit ihnen zu den Bäumen, in deren Nestern sie sorgfältig auf ihre spätere Berufung vorbereitet werden.

Auch in Tirol gelten Fichten als mütterliche und sorgende Bäume. Man sagt ihnen sogar die Fähigkeit nach, Krankheiten von Menschen auf sich zu nehmen. In den Märchen und Sagen sind Fichten der Sitz von weisen Frauen, den sogenannten Saligen, guten Feen, wie sie oft im Gefolge von Berchta oder Holle auftreten. In den Geschichten um „die

Salige der Lüsner Alm" wird von einer jungen, schwangeren Frau erzählt, die kurz vor ihrer Niederkunft auf einer einsamen Almhöhe mutterseelenallein in ein schweres Unwetter gerät. In ihrer Not betete sie innig zu einer großen Fichte. Das hörte eine Salige, die in der Nähe des Baumes weilte. Sie entschloss sich, der Frau beizustehen und half ihr mit stärkenden Kräutern durch die bevorstehende Geburt.

Die Fichte hat es also „ganz schön in sich", wie man so sagt. Dazu gehört auch, dass sie den **Fliegenpilz** zwischen ihren Wurzeln nährt. Neben Birke und Tanne ist sie der Lieblingswirtsbaum des Pilzes. Und er heißt auch nicht umsonst Fliegenpilz. Mit seiner Hilfe konnte man in Trance in die andere Welt, in die nicht-alltägliche Wirklichkeit, reisen. Dazu musste er allerdings rituell und in Maßen genossen werden. Das war meist nur speziell auserwählten Menschen bekömmlich. Für die Gemeinschaften, aus deren Mitte die Schamanen berufen wurden, waren sie Heiler, Dichter, Musiker, Priester, Seher und Seelsorger in einer Person. Aus den Einweihungsriten dieser besonders begnadeten Frauen und Männer ist der sogenannte „große und heilige Baum" nicht wegzudenken. Er ist entweder eine Fichte oder eine Tanne, auch eine Birke, in seltenen Fällen eine Lärche.

Tanne und Lärche, so erzählt man sich noch heute in Sibirien, waren schon in den ersten Tagen der Schöpfung zugegen: Bei der Erschaffung der Welt wurde der Frau die Tanne und dem Mann die Lärche zugeteilt. Beide Bäume werden gern als

▼ *Türen standen bei den Alten immer auch für einen Durch- und Übergang. – Der Fliegenpilz half dabei, über die Schwelle in andere Welten zu reisen.*

▲ *Tor in eine andere Dimension: Durchgang in höhere Bewusstseinsebenen und Möglichkeit, Altes abzustreifen*

Himmelsleiter vorgestellt. Die Voraussetzungen, sich eines Tages zum Himmel aufschwingen zu können, tragen die Menschen also von Anbeginn mit sich. Es scheint, als hätte man in den schamanisch geprägten Kulturen die halluzinogenen Fliegenpilze rituell als „Aufstiegsdroge" eingenommen. In so gut wie allen schamanischen Visionen spielt der Baum als **Himmelsleiter** eine zentrale symbolische Rolle. Indem man sich von Ast zu Ast immer weiter hinaufschwingt, findet man sich schließlich in der nicht alltäglichen Welt, bei Sonne, Mond und den Planeten wieder. Dort trifft man mit den Ahnen, Geistern und Gottheiten zusammen, die man am ehesten wahrnimmt, wenn man den Alltagsverstand für eine Weile aufgibt, sprich verrückt wird. Menschen, die ernsthaft auf Trancereise gehen und dabei den Körper verlassen, wirken deshalb von außen gesehen oft wie tot.

Der Weihnachtsbaum hat also als heiliger Schamanenbaum in unserer Kultur eine lange Tradition. Wird er mit Sonnen, Monden, Sternen und Fliegenpilzen geschmückt, verbindet er sich – und uns – mit der Ewigkeit der Planetenwelt. Wie Fichte und Tanne ist er ein Symbol für den kosmischen Baum, für die *axis mundi*, ein Abbild der das All tragenden *Weltsäule*, die den gesamten Kosmos im Innersten zusammenhält – ein Bild, das in der christlichen Symbolwelt auf Jesus Christus übertragen werden konnte, der ja nicht zuletzt selbst als das Licht der Welt verehrt wird.

Krankheitsdämonen ins Holz bannen

Den zwölf Rauhnächten entsprachen in der alten Welt die zwölf Mainächte, denn dem Fest der dunklen Jahreszeit musste – im Sinne der Ausgewogenheit – eines in der hellen Zeit entsprechen. Traditionell wurde die Festzeit der Mainächte, deren zentraler Inhalt die Feier der Heiligen Hochzeit in der Natur wie auch die Rechtsprechung war, am 1. Mai mit dem **Aufstellen des Maibaums** eröffnet. Auch der ist bis heute oftmals eine besonders hohe Fichte oder eine Tanne, manchmal auch eine Birke. Das Einbringen eines solchen Baumes findet sich erstmals im Jahre 1225 für die Stadt Aachen belegt. Ursprünglich durfte er nur von Frauen aus dem Wald geholt werden. Sein Stamm wird abgeschält, so dass oben nur eine kleine Krone bleibt. Er muss glatt sein, damit sich der Teufel oder die Hexen nicht in der Gestalt von Käfern unter der Rinde festsetzen können. Daran, und dass es üblich war, den Stamm bis in den Wipfel hinauf zu erklettern, erkennen wir unschwer noch Überbleibsel aus der Zeit des heiligen Schamanenbaums. Wer oben ankam, dem gehörte alles, was er sich aus der Krone mitnehmen konnte.

Wie der Weihnachtsbaum wird der Maibaum mit Kerzen und mit Fruchtbarkeitssymbolen geschmückt. In Friesland brachte jedes Mädchen dem Baum eine Kerze, und bei Einbruch der Dunkelheit begann der Reigen um den erleuchteten Baum herum. Wird der Maibaum, wie üblich, oben mit einem Kranz versehen, verweist er symbolisch auf die sogenannte Heilige Hochzeit, die Vermählung der göttlich Liebenden, wie sie uns etwa in der Göttin Frigg mit ihrem Gemahl Odin begegnen. So ist auch der Maibaum ein machtvolles Symbol für den Austausch mit göttlichen Kräften.

Zum Charakter der Fichte als Baum der Erleuchtung gehört zu guter Letzt, dass unsere Vorfahrinnen und Vorfahren dazu übergingen, diesem Baum ihre **Krankheiten anzuvertrauen**, wozu hellseherische Qualitäten vonnöten waren (siehe Holunder S. 163). Sie bohrten ein Loch in den mythischen Baum und keilten die Krankheit darin regelrecht ein. Das Ganze wirkte jedoch nur, wenn der richtige Spruch dazu aufgesagt wurde, etwa so: „Guten Morgen, liebe Fichte / Ich bringe dir all meine Gichte, / Alle Vögel, die darüber fliechen, / Sollen die Gichten mit sich ziechen."

Das Wort *Gichte* hat seinen Ursprung im Mittelhochdeutschen *gijith*, was *Siechtum* bedeutete, und meint also ursprünglich alle möglichen Erkrankungen. Der große Schweizer Wanderarzt Paracelsus beschrieb diese Gichte als geheimnisvolle Wesen, als kleine Würmer ohne Haut und Knochen, als **Krankheitsgeister** in Wurmgestalt. Heilkundige verstanden sich darauf, die Würmer zunächst im Körper der Erkrankten aufzuspüren, um sie dann aus deren Leib herauszulocken. Dies gelang am besten durch spirituelle Tätigkeiten wie Besprechen, Singen und Räuchern. Nur wer sie leibhaftig „sehen" konnte, war auch in der Lage, sie aus dem Körper zu ziehen und danach in den Fichtenstamm einzuschließen. Das gelang normalerweise nur erfahrenen Heilerinnen, sogenannten weisen Frauen.

◄ *Kräfte der Natur zeigen sich oft in schlangenförmigen Gestalten. Auch Krankheitsgeister wurden einst so vorgestellt.*

HASEL

Corylus avellana

Schützend und bergend das Leichte leben

Haselnussstrauch. Dieses Wort kommt so erfrischend dahergepurzelt wie ein lustiger Kinderreim. Die Aussprache spielt sich in der ganzen Mundhöhle ab und noch bevor das erste stimmhafte s vollendet ist, sind wir von Kopf bis Fuß voller positiver Assoziationen, bunter Erinnerungen und frischer Energie. Es ist kaum möglich, das Wort Haselnussstrauch laut auszusprechen ohne dabei zu lächeln. Probieren Sie es.

Die Hasel ist eigentlich kein Baum. Doch wenn man vor dem ausgewachsenen Strauch steht, der bis zu 7 m hoch werden kann, seiner kugeligen, angenehmen Form nachspürt, den Duft in sich aufnimmt und dem leisen Rascheln seiner vom Wind umworbenen Blätter lauscht, kommt man sich dennoch plötzlich vor wie ein staunender Zwerg vor einem **atmenden Mysterium**. Sofern man diesen neuen Blick auf die Dinge zulassen kann, schält sich hinter der arglosen Maske von holprigen Schüttelreimen und süßen Leckereien, hinter der sich die Hasel gerne versteckt, langsam eine verschwommene Ahnung heraus, mehr Gefühl als Bild, als stände man vor einem Steg oder Sprungbrett in eine andere, größere Welt.

Und zögernd taucht dann die bestimmende Frage auf, drängt sich nach vorne, fast bis in das Bewusstsein: ob man nun springen soll – oder nicht. Meist beginnt man aber schnell an der eigenen Wahrnehmung zu zweifeln und ist versucht, die aufbrandende Unsicherheit zu überspielen, sich umzudrehen und lieber weiterzugehen, als wäre nichts gewesen. Stehenbleiben ist manchmal besser – denn die Hasel wird nichts von ihrer Güte verlieren, aber viel an Größe gewinnen.

▼ *Verspielt und voller Lebenskraft baden sich die Blätter im Licht.*

▶ *Typischer Wuchs: buschartig mit vielen einzelnen Stämmchen*

Der Name *Hasel* hat sich aus dem althochdeutschen *Hasal* entwickelt, dessen Bedeutung heute nicht mehr nachzuvollziehen ist. Georg August Pritzel verknüpft dies in seinem 1882 erschienen Buch „Die Deutschen Volksnamen der Pflanzen" mit der Redewendung *Busch, unter dem der Hase gern lagert*. Der lateinische Name *Corylus* leitet sich vom griechischen *Corys* ab und heißt *Maske* – wohl, weil die Fruchtblättchen der Hasel die Nuss schützend umhüllen und damit eine Art Maske bilden. So will es die Wissenschaft. Vor dem Hintergrund obiger Schilderungen könnte die tatsächliche etymologische Begründung jedoch viel tiefer liegen.

Wesen und Charakter: sucht das Licht ...

Die Hasel ist Mitglied der Familie der Birkengewächse und ist von daher eine Cousine von Erle und Birke. Selten wird der Strauch, der aus einer Vielzahl von Einzelstämmen besteht, höher als etwa 5 m – es gibt aber Ausnahmefälle, baumartige Einzelstämme von bis zu 10 m Höhe.

Zusammen mit dem Holunder ist die Hasel wohl der am häufigsten vorkommende Strauch Mitteleuropas. Sie ist in ganz Europa und Kleinasien heimisch und fühlt sich in Feldhecken, Vorhölzern und im halboffenen Niederwald sehr wohl. Ihren Cousinen darin sehr ähnlich, ist auch sie ein sehr **lichthungriges Wesen**. Im Schatten großer Buchen mag sie wohl ein jahrelanges, tristes Dasein fristen können, sie blüht dann jedoch immer seltener und ein langer Sterbeprozess beginnt. In der lichtspendenden Umgebung von Eschen (siehe S. 113) oder anderen lichten Laubmischwäldern hingegen gedeiht sie prächtig.

... und liebt das Leben

Seit Anbeginn der Zeiten begleitet sie den Menschen in vielfacher Hinsicht, am sichtbarsten natürlich mit ihren Früchten, den Nüssen. Überreste davon sind in Siedlungen der Jüngeren Steinzeit gefunden worden. Der lateinische Namenszusatz *avellana* rührt von der süditalienischen Stadt Avella unweit des Vesuvs, wo die Hasel bereits seit der Antike angebaut wird. Wie Eibe, Erle und Eiche kann auch sie **Stockausschläge** bilden, das heißt, sie kann aus einem Stumpf neu treiben und neu wachsen. Oberflächlich betrachtet liegt ihre Lebenserwartung bei 80–100 Jahren. Doch aufgrund der Fähigkeit, sich immer wieder selbst zu erneuern, kann sie im Grunde ewig leben. Tatsächlich gilt sie als Überlebenskünstler. Durch ihre bis zu 4 m tief ins Erdreich ragende **Pfahlwurzel** hat sie schon so manchen Kleingärtner bei dem Versuch, sie aus dem Garten zu vertreiben, zur Verzweiflung getrieben – ihr Lebenswille ist kaum zu bändigen und sie treibt immer wieder aufs Neue aus.

Die Knospen der weiblichen Blütenstände bilden sich bereits im Sommer oder Herbst des Vorjahres, bleiben den Winter über am Zweig und fangen bald nach Mariä Lichtmess am 2. Februar an zu blühen: kurz nachdem der Weihnachtsschmuck verstaut ist und lange bevor der Blattaustrieb beginnt. Wenn die ersten Honigbienen des Jahres erscheinen, ernähren sie sich hauptsächlich von Hasel und der Weide (siehe S. 203) und wenig später von der Birke, den bedeutendsten **Frühblühern**. Auch die männlichen Kätzchen bilden sich bereits im Herbst des Vorjahres und überwintern ungeschützt und nackt am Ast. Zur Blütezeit strecken sie sich auf eine Länge von etwa 8 cm und jedes einzelne der prall gefüllten Kätzchen trägt über zwei Millionen Pollenkörner, die der Wind zur Bestäubung in alle Welt verweht.

Erst im April beginnt sie langsam, sich ihr Blätterkleid anzulegen. Die Blätter sind stark geadert, hängen an einem etwa 1 cm langen Stiel, haben fast die Form einer handtellergroßen Bärentatze und werden bis zu 10 cm lang. Sie sind unregelmäßig stark gezähnt und haben eine markante, ausgebuchtete Spitze. Der Haselstrauch bildet übrigens **keine Borke** aus. Eine graubraune, unscheinbare Rinde, die im Alter Längsrisse aufweisen kann, schützt den Stamm.

Flechtwerk und Brennholz
Forstwirtschaftlich hat die Hasel aufgrund ihrer hohen Ansprüche an den Boden keine Bedeutung. Das Holz ist weich und biegsam, dabei aber gut zu spalten. Durch seine zähe Elastizität eignet es sich besonders zur Herstellung von **Fassreifen** und natürlich für alle **Flechtarbeiten**. Man braucht es darüber hinaus auch für Spazierstöcke, Blumenstäbe und Leitersprossen.

▼ *Glatte Rinde ohne eine Borke. – Ganz früh im Jahr beginnt die Zeit des Blühens.*

Auch für Zeichenkohle und Schwarzpulver hat man das Holz schon genutzt, und, was den Wenigsten bekannt ist: Es ist ein außerordentlich gutes **Brennholz** und steht darin der Buche kaum nach. Aus den Nüssen lässt sich ein reichhaltiges Speiseöl pressen. Es wird auch in der Parfüm- und Seifenproduktion als Trägergrundlage verwendet.

Heilkunde: Entgiftung unterstützen

Wer an einem schönen Frühlingstag einige Knospen, Blüten oder junge Blätter pflückt und Geschmack wie Wirkung testet, wird vielleicht überrascht sein: Sie schmecken mild und ein ganz klein wenig nach Tanne. Frische Blätter, zwischen den Händen zerrieben, verströmen einen erfrischenden Duft, der müde Geister belebt und Frühlingsgefühle lockt. Wer nicht von Allergien geplagt ist, kann sich durch Lupe oder Fotoapparat einmal die männlichen Blütenkätzchen näher anschauen. Es sind kleine „architektonische" Wunderwerke der Natur. In früheren Zeiten waren sie ein Sinnbild für Schönheit, Reichtum und Fruchtbarkeit. Kein Wunder, bei den Myriaden an Pollenkörnern. Auch an dieser Stelle zeigt sich, wie sich die Hasel dem prallen Leben zuwendet.

Die weiblichen Blüten, die im Vergleich zu den langen, männlichen Kätzchen klein und unscheinbar sind, erkennt man am besten daran, dass aus dem oberen, leicht geöffneten Teil der Knospe ein kleines, rotes Narbenbüschel herausragt. Ernten Sie sie für einen **Blütenknospentee**. Er unterstützt die Leber – das Lebensorgan – und hilft bei Husten.

STECKBRIEF

sommergrüner Laubbaum oder Strauch
deutscher Name: Hasel
wissenschaftlicher Name: *Corylus avellana*
Anzahl der Arten weltweit: etwa 20
Familie: Birkengewächse *(Betulaceae)*
Verbreitungsgebiet: östliche Erdhalbkugel
Standort: sonnig, nährstoffreicher und fruchtbarer Boden
Höhe: bis zu 10 m
Alter: 80–100 Jahre, aufgrund von Stockaustrieb jedoch weit darüber hinaus
Austrieb: April
Blütezeit: Februar
Blatt: handtellergroß, stark gezähnt, umgekehrt eiförmig mit markanter Spitze
Frucht: Nuss, ummantelt von hochstehenden, zerfransten Blättern
Rinde: hellbraun und glatt, ohne Borke
Eigenschaften des Holzes: weißbraun, sehr elastisch

◄ *Die männlichen Kätzchen eignen sich für einen Tee, der die Abwehrkräfte stärkt.*

Bereits Hildegard von Bingen kannte auch ein Pulver daraus zur Pflege der Haut. Es ist zwar ein bisschen mühsam, die jungen Knospen zu pflücken, aber es lohnt sich durchaus. Lassen Sie sie auf einem Küchentuch an der Luft trocknen und verreiben Sie sie dann in einem Mörser zu feinem Pulver. Das **Heilpulver** bewahren Sie trocken in einem gut verschlossenen Glas auf. Bei leichten Entzündungen der Haut, bei Akne oder Ekzemen streichen Sie es entweder pur auf die betroffenen Stellen oder verreiben es zuvor mit wenigen Tropfen Öl, damit es besser haftet.

Für einen **Kätzchentee** übergießen Sie 2 TL der männlichen Kätzchen mit 250 ml kochendem Wasser. Decken Sie dann Ihren Trinkbecher ab und lassen Sie alles fünf Minuten ziehen. Danach sieben Sie ab und trinken den Tee so heiß und so schnell wie möglich. Flavonoide bringen Sie ins Schwitzen und die ätherischen Öle beseitigen die Keime. Eine Mischung mit Holunder- oder Lindenblüten intensiviert die Wirkung, was vor allem bei einer viralen Infektion sinnvoll ist.

Hilfe bei Entzündungen oder Krampfadern
Blätter wie Rinde enthalten Gerbstoffe, die zusammenziehend und entzündungshemmend wirken (siehe Eiche S. 87), außerdem ätherisches Öl, das verschiedene Keime tötet sowie Betulin, das für eine gesunde Hautstruktur sorgt (siehe Birke S. 39). Die wertvollen Inhaltsstoffe helfen bei Entzündungen der Venen und bei Krampfadern. Übergießen Sie bei derartigen Beschwerden am besten junge Blätter und Rindenstücke mit kaltem Wasser, das Sie zum Kochen bringen und etwa 30 Minuten leise vor sich hin köcheln lassen. Danach filtrieren Sie ab und machen mit diesem **wässrigen Auszug** immer wieder Umschläge. Die zusammenziehende Wirkung der Gerbstoffe hilft auch bei Hämorrhoi-

▲ *Die Blätter helfen, Entzündungen im Hals und Rachen zu lindern.*

den – am besten in einem Sitzbad. Bei Entzündungen der Schleimhaut in Mund und Rachen gurgeln Sie mit einem Tee aus möglichst jungen Blättern. Eine **Tinktur aus Blättern und Rinde** hat die gleichen Eigenschaften wie der Tee, ist aber aufgrund des Alkohols länger haltbar.

Wenn Sie unter einer Erkältung, Fieber oder Antriebslosigkeit leiden, bereiten Sie sich eine **Tinktur aus den Kätzchen, Knospen sowie Blättern**. Sammeln Sie zunächst ein oder zwei Handvoll männliche Kätzchen, die gerade angefangen haben zu blühen, und übergießen Sie sie in einem 0,5 l fassenden Schraubdeckglas mit etwa 40 %igem Alkohol, beispielsweise Doppelkorn, bis die Erntemenge gut bedeckt ist. Suchen Sie dann etwa gleich viele weibliche Knospen. Geben Sie sie ebenso in das Glas und füllen Sie eventuell mit weiterem Alkohol auf. Sobald etwas später die jungen Blätter an den Zweigen erscheinen, pflücken Sie abschließend auch von diesen ein bis zwei Handvoll und geben sie ebenfalls in das Glas.

Gut mit Alkohol bedeckt, bleibt das Ganze dann vier Wochen warm und hell stehen, allerdings nicht in der direkten Sonne. Sie schütteln täglich vorsichtig und achtsam um. Nach dieser Zeit filtrieren Sie den Ansatz durch einen Kaffeefilter ab und bewahren ihn in dunklen Arzneifläschchen auf. Bei Erkältung, Fieber und Antriebslosigkeit nehmen Sie davon 3 × täglich 5–10 Tropfen. Bei juckender Haut, einer Entzündung der Venen oder Krampfadern können Sie damit Umschläge machen. Verdünnen sie die Tinktur dazu im Verhältnis 1 zu 5 mit Wasser.

Ein echtes Lebensmittel

Die Nüsse sind manchmal bereits im Juli erntereif, spätestens im August. Oft stehen sie in kleinen Büscheln an den Zweigen, umgeben von ihrer zerfranst aussehenden Hülle. Junge Nüsse schmecken nicht nur sehr fein und frisch – sie helfen, wenn sie lange genug gut durchgekaut und eingespeichelt werden, auch gut bei Sodbrennen. Jeder weiß, dass sie natürlich auch satt machen – und fit. Die kleinen Kraftpakete stecken voller hochwertiger Eiweiße und jeder Menge Mineralien wie Kalium, Magnesium, Kalzium, Phosphor und Eisen. Sie sind wahre Energiespender.

Kräftiges, langsames und gründliches **Kauen der Nüsse** stärkt die Zähne und regt das Gehirn an, wie einige Studien – wenn auch über das Kauen von Kaugummi – belegen. Dabei geraten die wertvollen Inhaltsstoffe direkt über die Mundschleimhaut in die Blutbahn und liefern schnelle Energie. Das vollständige Sortiment an B-Vitaminen sorgt für starke Nerven, Wachheit und Aufmerksamkeit, tatkräftige Zuversicht und einen souveränen Umgang mit Stress. Haselnüsse sind Gehirnnahrung – „sie machen weise", sagte man früher. Aufgrund des hohen Gehaltes an Kalzium stärken sie überdies Knochen und Zähne.

Die Nüsse sind ein wahrer **Gesundheitsspender**. Sie enthalten nämlich außerdem noch bis zu 70 % Öl mit einfach und mehrfach ungesättigten Fettsäuren. Diese beeinflussen die Blutfettwerte positiv. Zahlreiche Studien belegen, dass der regelmäßige

Verzehr den Cholesterinspiegel deutlich senkt und damit Herz- und Kreislauferkrankungen vorbeugt. Der hohe Gehalt an Vitamin E und Provitamin A unterstützt diese Wirkung. Biotin sorgt gleichzeitig für kräftiges Haar und gesunde Haut. Eine Handvoll Nüsse pro Tag reichen bereits aus, auch was den Tagesbedarf an Vitamin E betrifft. Kein Wunder, dass die Haselnuss seit jeher eine feste Größe war, wenn es um Gesundheit und Heilen ging: Da sie obendrein von einer sehr gleichmäßigen Größe ist, galt früher eine halbe Nussschale als das Standardmaß für Heilmittelmengen.

Für ein intensiveres und verfeinertes Aroma können Sie die Nüsse **rösten**. Erhitzen Sie sie auf einem Blech im Backofen etwa bei 150 Grad für knapp zehn Minuten und lassen Sie sie dann wieder abkühlen. Danach rubbeln Sie sie in einem Handtuch oder zwischen den Händen hin und her, bis sich die braune Haut löst und abfällt.

Wer auch im Winter nicht auf den Geschmack junger Haselnüsse und frischer Keimkraft verzichten möchte, übergießt einige Nüsse in einer Schüssel solange mit Wasser, bis sie gut bedeckt sind.

Selbst gemachte Energiekugeln

Die Kugeln sind glutenfrei, was sie Lebensmittelallergikern umso sympathischer macht. Mahlen Sie 200 g Nüsse in der Nussmühle, hacken dann 200 g Aprikosen sehr klein und verarbeiten beides zusammen mit dem Saft einer Zitrone und 1 TL Zimtpulver zu einer klebrigen Teigmasse. Daraus formen Sie kleine Kugeln, die Sie in Kokosraspeln wälzen und über Nacht auf einem Gitter an der Luft trocknen lassen.

Dann etwa 24 Stunden lang quellen lassen. Die Nüsse beginnen zu **keimen** – der Gehalt an Vitaminen und Mineralien steigt rapide an. Vor dem Verzehr mit Knackeffekt sollten Sie Ihre „lebendigen Frischnüsse" gründlich abspülen. Mit dem Einweichwasser gießen Sie ihre Blumen – es ist ein wertvoller Dünger.

Die Nüsse stecken voller Lebenskraft und Energie – in den verschiedensten Formen der Zubereitung.

▲ *Die Hasel spielt im Märchen Aschenputtel eine Hauptrolle. Die darin versteckten Ebenen der Bedeutung muss jeder selbst knacken.*

Schutz und Lebensfreude

Das Öl aus den Nüssen enthält viel Vitamin D und E und bis zu 90 % einfach ungesättigte Ölsäure. Es ist riecht leicht süßlich und schmeckt sehr fein. In der Küche ist es ein vortreffliches Salatöl – eignet sich darüber hinaus aber auch besonders gut als **Hautöl**. Kosmetikerinnen schätzen es für Massagen. Es zieht leicht ein und pflegt besonders die trockene Haut. Im Winter schützt es Gesicht und Hände vor Austrocknung und im Sommer vor zu starker Sonneneinstrahlung. In der Schwangerschaft nährt es die Haut mit Feuchtigkeit und beugt Schwangerschaftsstreifen vor.

Die **Essenz** aus den Kätzchen ermuntert dazu, das Leben leichter und gelassener zu nehmen. Sie vermittelt Leichtigkeit und Lebensfreude, gerade jenen Menschen, die alles zu ernst nehmen. Oftmals sind sie ein Opfer ihrer hohen Ansprüche an sich selbst und definieren sich stark über ihr Leistungsvermögen und das perfekte Funktionieren im gesellschaftlichen Rahmen. Vor lauter Denken und Grübeln haben sie das Spielen und Lachen vergessen. Diese Essenz lädt ein, entspannt und unverkrampft mit dem Satz „Ich mache es einfach" zu spielen. Je nachdem, auf welchem Wort die Betonung liegt, ergibt sich ein veränderter Sinn. Wer es ausprobiert, spürt die Unterschiede der verschiedenen Sinnebenen: „**Ich** mache es einfach. / Ich **mache** es einfach. / Ich mache **es** einfach. / Ich mache es **einfach**."

Auch das Räuchern mit den getrockneten Blättern der verspielten Hasel schenkt den Zugang zu Leichtigkeit und Frohsinn. Der frische, süßliche **Räucherduft** unterstützt darüber hinaus auch Flexibilität und innere Beweglichkeit.

Mythen, Sagen und Kult: vor unerwünschten Einflüssen schützen

Der geheimnisvolle Haselnussbaum – auch *Frau Hasel* genannt – gehört in jene Zeit, „als das Wünschen noch geholfen hat". In dem bekannten Grimm'schen Märchen vom **Aschenputtel** spielt er eine Hauptrolle. Als scheinbar wertloser Zweig, den ein Kaufmann seiner Tochter von einer Geschäftsreise mit nach Hause bringt, wird die Hasel unvermutet zum Dreh- und Angelpunkt der gesamten Geschichte.

Ein Mädchen, dessen Mutter früh stirbt, erhält von ihr auf dem Sterbebett den Rat, ihr ein Bäumchen aufs Grab zu pflanzen: „Und wenn du etwas wünschst, schüttle daran, so sollst du es haben, und wenn du in Not bist, so will ich dir Hilfe schicken." So heißt es in der Urfassung des Märchens. Die Tochter erbittet sich von ihrem Vater als Mitbringsel von seiner Reise nur den Zweig von einem Baum, der ihm auf seinem Heimweg den Hut vom Kopf stößt. Er schenkt ihr daraufhin ein Haselreis. Damit geht sie zum Grab ihrer Mutter und pflanzt es ein. Mit den Tränen der Trauer begießt sie das Zweiglein, und alsbald wächst es zu einem schönen fruchttragenden Baum heran. Dreimal täglich besucht Aschenputtel die Hasel, tränkt sie mit ihren Tränen und betet zu ihr wie zu einer Göttin. Bei jedem ihrer Besuche erscheint ein weißes Vöglein auf dem Baum, und sobald die junge Frau einen Wunsch ausspricht, wirft das Tierchen das Gewünschte herab.

Als Aschenputtel gegen den Willen ihrer Stiefmutter auf einen Ball gehen möchte, schenkt der Vogel ihr an drei Tagen nacheinander ein goldenes und silbernes Kleid, wie es schöner nie gesehen wurde. Mit seiner Hilfe verwandelt sich die bis dahin unscheinbare junge Frau in eine strahlende Erscheinung, die von niemandem erkannt wird. So gewinnt sie das Herz des Königssohns. Die Hasel schützt, nährt und beschenkt sie wie eine **Mutter**, die das Schicksal ihrer Tochter liebevoll in die Hand nimmt

Als Göttin des Haselbaums wurde seit der Antike die Mondgöttin *Artemis* verehrt, die Schwester des Sonnengottes *Apollo*, bei uns bekannter unter ihrem lateinischen Namen *Diana*. Sie genoss in ganz Europa und Kleinasien eine sehr große Verehrung, sodass ihr Kult der Christianisierung weitgehend widerstand. Vor allem ließ das einfache Landvolk nicht von ihr ab, wie das folgende Gebet zeigt: „Große Diana, du, die du die Königin des Himmels bist und der gesamten Unterwelt – ja du, die du die Beschützerin aller unglücklichen Menschen bist." Den Entrechteten war sie eine Stütze und Zuflucht. Ein abgeschnittener Haselzweig wurde zu ihrem Symbol. Seit der Antike hatte man das Bild der Göttin in Bäume und Sträucher gehängt. Es scheint, als spiele das Märchen von Aschenputtel auf diesen alten Brauch noch an.

Gleichzeitig erinnert die Geschichte an eine Gegebenheit, die der damaligen Welt wohl selbstverständlich war: Unter der Hasel fiel es besonders leicht, die Sinne dem Reich der feinstofflichen Energien zu öffnen und Verbindung mit den Geistwesen aufzunehmen, zu denen auch die Verstorbenen gehörten. In den Gräbern von Alemannen und anderen germanischen Stämmen hat man sowohl Haselstäbe als auch -nüsse gefunden, was auf eine Beziehung zum Totenkult hindeutet.

Artemis-Diana galt als **Göttin der Jagd**. Mit Pfeil und Bogen zielte sie – im übertragenen Sinne – auf die Ungerechtigkeiten, die Menschen zugefügt wurden, und half ihnen aus der Not. Ihr Bogen wurde mit der silbernen Mondsichel gleichgesetzt. Darüber hinaus wurde sie als Göttin der Geburt verehrt, die den Frauen ein schmerzfreies Gebären ermöglichte. Wie der Neumond am Himmel, so öffnete sie auch auf Erden die Tore zu neuem

◄ *Diana oder Artemis – Göttin der Jagd. Die Sichel auf der Stirn weist darauf hin, dass sie auch eine Mondgöttin ist.*

Die Gottesmutter Maria, auf dem Mond stehend und die ungezügelte Kraft der Schlange bändigend

Wachstum. In ihrem Tempel zu Ephesus, der in der Antike zu den sieben Weltwundern gehörte, wurde sie als Panthea, als die Göttin des gesamten Erdkreises verehrt. Davon zeugt der Zodiak, dessen Symbole – die zwölf Tierkreiszeichen – die Statuen der Artemis von Ephesus wie eine Halskette umringen. Nach altem Glauben regierte die Göttin sogar sämtliche Sterne am Himmel.

Kultbaum und Wunschbaum in allen Zeiten
Die keltische wie auch die germanische Welt ehrte Frau Hasel mit dem „Gottesfrieden". Sie zu fällen war bei Todesstrafe verboten. Ihre Nüsse verliehen **Schönheit**, **Wissen** und **Weisheit**. Als ihr besonderer Monat galt der August, weil dann ihre Nüsse reifen. Mitte August wurde in antiker Zeit einst das Fest von Tod und Auferstehung der Göttin Diana gefeiert. Der 13. August galt als ihr Todestag und am darauffolgenden dritten Tag, sprich am 15. August, erstand sie wieder auf – ganz wie der Dunkelmond, der nach drei Tagen in der Sichel des Neumondes wieder aufersteht.

Nicht zufällig begeht die katholische Kirche am 15. August das Fest *Mariä Himmelfahrt* und lässt Maria ebenfalls auf dem Mond oder der Mondsichel stehen. Um ihre Verbindung zur Hasel verständlich zu machen, erfand man die Legende, dass eine Haselstaude der Heiligen Familie auf der Flucht nach Ägypten Schutz vor einem Gewitter gewährt habe (siehe Weide S. 211). Zudem ging die Sage um, ein Haselstrauch habe dereinst Maria vor dem Biss einer giftigen Schlange gerettet. Von da an erklärte die katholische Kirche die Hasel zur Schutzpatronin gegen Schlangenbiss.

Die Haselgerte vor allem erlangte Berühmtheit als **Wünschelrute**. Mit ihrer Hilfe können Wünschelrutengänger bis heute Wasseradern, Quellen und andere Kraftfelder im Inneren der Erde aufspüren. Mit dem Wünschen wurde schon früh eine positive Kraft verbunden: Wenn wir etwas im guten Sinne intensiv wünschen, bringen wir Segen in die Welt. Der Wunsch, in diesem Sinne verstanden, ist

eine große seelische Kraft, die von uns eingesetzt werden kann zum Wohl der Welt. Ein so verstandener Wunsch enthält in sich bereits die Kraft zu seiner Verwirklichung, setzt das Gewünschte selbst in Gang. In dieser Hinsicht entspricht der Wunsch einem innigen Gebet.

Die Zeit, in der das Wünschen noch geholfen hat, ist deshalb eine Zeit voller „Wunder", da die Menschen ihrer innersten Kraft vertrauten, die Welt im Sinne ihrer Wünsche, die recht eigentlich **Segenssprüche** waren, positiv und aktiv zu verändern. Deshalb hängen die Wörter *Wunsch* und *Wonne* nicht nur ihrem Ursprung nach zusammen, sondern auch in ihrem Ergebnis. Das Ziel des Wünschens ist *wynja* oder *wunnja*, was *Seligkeit* bedeutet – das höchste Glück in der germanischen Spiritualität: Freude im Einssein mit dem göttlichen Wunsch und Willen. Die Wünschelrute wäre damit so etwas wie ein Gebetsstab, den man in die Erde steckt, um ihr eine segenbringende Energie zuzuführen, die wiederum auf das eigene Leben glückbringend zurückwirkt.

Tatsächlich lässt sich feststellen, dass unsere Vorfahren die Hasel in dieser Weise gebrauchten. Die Bauern etwa pflanzten den Strauch in die vier Himmelsrichtungen ihres Gartens, damit er gute kosmische Kräfte anziehe. Der Thingplatz der Germanen, dort, wo sie ihre Ratsversammlungen und Verhandlungen abhielten, war mit hellen, geschälten Haselstäben umsäumt. Der Hasel traute man zu, kluge Gedanken zu vermitteln und dazu die Fähigkeit, sie auszusprechen. Überdies stand sie damals symbolisch für **Frieden und Versöhnung**. Was lag also näher, als unter ihrer klärenden und besänftigenden Einwirkung wichtige Beratungen durchzuführen?

Auch das von Schlangen umwundene Zepter des Gottes Hermes-Merkur soll ein Haselstab gewesen sein. Als er mit diesem Stab die grobschlächtigen Urmenschen berührte, fingen sie zu sprechen an. Hermes-Merkur, der Götterbote und Gott des grenzüberschreitenden Handels – unser Wort *merkantil* kommt daher –, verbindet die Welten und verleiht die Gabe des Verstehens. Es ist wohl kein Zufall, dass auch der Vater Aschenputtels ein Kaufmann ist. Von ihm erhält sie den Haselzweig.

Der germanische Name Merkurs lautet *Wodan* oder *Wotan*, was man mit *der Geistvolle* übersetzen kann. Ihm ist der Mittwoch gewidmet, was sich im englischen *wednesday*, dem *Wodanstag*, am deutlichsten ablesen lässt. Das französische Wort *mercredi* geht hingegen auf Merkur zurück. Dem Mittwoch wird auch die Hasel zugeordnet. Ein anderer Name für Wodan ist im übrigen *Wunsch*. „Sie sind so wohlgeraten, als hätte sie der Wunsch gemacht." Das sagte man von Menschen, deren Leben unter einem besonderen Segen zu stehen schien. Die Wünschelrute steht somit in enger Beziehung zum Gott Wodan.

Weisheitsvolle Schlangenkräfte

Wodan führt auch in die Weihnachtszeit. Gleich der Göttin Holle war er ebenfalls in den Rauhnäch-

▼ *Im Holz stecken die Kräfte, die mit Bewegung zu tun haben: Es eignet sich traditionell für stabile Wanderstäbe oder als fein-biegsame Wünschelrute.*

▲ *Schlängelnde Kraftlinien fließen durch den ganzen Busch: In Sagen um den Haselwurm kommt es zum Ausdruck.*

ten unterwegs. Wie sie klopfte er im Sturm an die Fensterläden, und wer ihn einließ, dem erfüllte er einen Wunsch. Die Haselgerten, die wir noch heute dem Weihnachtsmann in die Hand geben, waren ursprünglich keineswegs Ruten, um zu strafen, sondern um zu segnen. Alles was wachsen und gedeihen sollte, Pflanzen, Tiere, Menschen, sogar die Erde selbst berührte man mit diesen Gerten, um sie zu **quicken**, das heißt gesund, quicklebendig und fruchtbar zu erhalten. So wurde etwa auch der Bär im Märchen von *Schneeweißchen und Rosenrot* von den beiden Mädchen täglich mit Haselruten geschlagen. Doch wenn sie es zu bunt trieben, rief er: „Lasst mich am Leben, Schneeweißchen, Rosenrot, schlägst dir den Freier tot!"

Dieses Bild wiederum spricht den erotischen Aspekt der Hasel an. Sie galt nämlich als Baum der Wollust. Aus einer christlichen Perspektive war deshalb der Ausdruck *in die Haseln gehen* gleichbedeutend mit verbotener Liebe. „Viele Haselnüsse, viele uneheliche Kinder", wusste der Volksmund. Positiv gewendet ist das ein Zeichen für die fruchtbringenden Energien, die spürige Menschen unter dem Haselstrauch wahrnehmen können.

Ansonsten waren es vor allem die Sagen um den **Haselwurm**, welche die Segen befördernden Energien der Hasel zum Ausdruck brachten. Was nun hat es auf sich mit diesem Wurm, der zur Hasel gehört wie der Baum zum Wald? Dass man sich einen solchen Wurm nicht unbedingt klein vorzustellen hat, kann allein schon das Wort *Lindwurm* – Bezeichnung für einen ausgewachsenen Drachen – vermitteln. Die Wörter Wurm, Schlange und Drache sind letztlich austauschbar. Tatsächlich wird der Haselwurm in den Sagen besonders gern mit dem Bild einer weißen Schlange verwoben, die eine goldene Krone auf dem Kopf trägt, eine sogenannte *Kröndlnatter*. Diese war auch unter den

Namen *Paradieswurm*, *Paradiesschlange* oder *Wurm der Erkenntnis* bekannt. Ihre goldene Krone verweist auf Erleuchtung und Herzensgüte, denn Gold ist ein Symbol der Sonne, und die Sonne erwärmt das Herz. Wie alle Schlangen der mythischen Welt wurde auch der Haselwurm zum Sinnbild der Heilkunst. Der Überlieferung nach kennt er Kräuter gegen jedwede Krankheit.

Im Haselwurm verdichten sich alle guten Eigenschaften nicht nur seines Wirtsbaumes, sondern der Schöpfung überhaupt. Wem es gelang, ein Stück seines Fleisches zu sich zu nehmen, der wurde unvorstellbar weise und hellsichtig, konnte die Sprache der Tiere verstehen, und selbst die Kräuter verrieten ihm von sich aus, gegen welche Krankheiten sie gewachsen waren. Auf diese Weise soll auch der berühmte Schweizer Arzt und Naturforscher Paracelsus, der im 16. Jahrhundert lebte, zu seinem Wissen gelangt sein.

Wie alle Drachen der hiesigen Welt wurde auch der Haselwurm als Schatzhüter angesehen. Wo er lag, da mehrten sich unter ihm Gold und Silber. Das ganze Bild war ein Symbol für die Erde als göttliche Lebensspenderin. Mit der Hilfe der Hasel ließen sich die verborgenen Energieströme der Erde aufspüren und gegebenenfalls auch lenken, damit diese Urgewalten keinen Schaden anrichteten. Durch die **Energielinien** strömt die pure Lebenskraft der Erde selbst. Die Kelten nannten sie *nwyvre* oder *vouivre*, und im Bild von Schlange, Drache oder Wurm versinnbildlichte sich ihre ungeheure Macht. Den Haselgerten traute man zu, diese Macht in friedvolle und gemäßigte Bahnen zu leiten. Besser als jede andere Holzart vermag nämlich der Haselzweig die Wellen aufzufangen, die von der Strahlung unterirdischer Wasseradern ausgehen. Vieles spricht dafür, dass selbst die Lanze in der Hand des heiligen Michael oder Georg ursprünglich eine Haselrute darstellte, mit deren Hilfe er den Drachen nicht töten, sondern lediglich leiten und unten halten wollte, damit seine gewaltigen Kräfte nicht überborderten.

▼ *Das Feurige und Lichte gehört zur Hasel: in Form begeisternder Gedanken, quicklebendiger Berührung, glühender Liebe, brennenden Holzes oder herbstlich-wärmender Rituale.*

HOLUNDER

Sambucus nigra

Sich den Verwandlungskräften stellen

Holunder. Spricht man dieses Wort laut und bedächtig aus, lässt man es sich mit geschlossenen Augen langsam auf der Zunge zergehen, einmal, vielleicht mehrmals, so fühlt man sich unversehens an den Rand eines tiefen Brunnens gestellt, in der Hand den Schöpfeimer, den Blick auf der Suche nach einer Spindel in die unergründliche Schwärze gesenkt. *Holunder*: Die lautmagische Wucht des Wortes entfaltet sich schnell im eigenen Inneren und führt augenblicklich auf die Spur der Verwandlungskraft des Holunders, von der einige Anthrobotaniker sprechen.

Meist eher als Strauch denn als Baum wahrgenommen, erreicht der Holunder eine Höhe von etwa 7 m. Er liebt die **Offenheit** und ist häufig in Waldlichtungen oder am Waldrand anzutreffen, fühlt sich jedoch auch in der unmittelbaren Nähe des Menschen sehr wohl: am Schuppen oder Haus, im Garten und in Hecken. Wo er sich vom Strauch zum Baum wandelt, kann er sogar eine Höhe von bis zu 15 m erreichen. Er entwickelt dann eine voluminöse, kugelige bis eiförmige Gestalt, für die seine zahlreichen bogenförmigen Verzweigungen verantwortlich sind.

Am häufigsten kommen bei uns der Schwarze und der Trauben-Holunder, der sogenannte Rote Holunder, vor. Der Schwarze Holunder (*Sambucus nigra*) gehört zu den häufigsten Sträuchern Mitteleuropas, es gibt ihn aber auch in Indien und Nordafrika, und er ist so genügsam, dass er sogar im kalten Westen Sibiriens eine Heimat finden kann. Er ist ausgesprochen **frosthart**, erträgt sogar bis zu −20 Grad und erklimmt in den Alpen spielend Höhen bis auf 1500 Meter.

▼ *Der Wuchs ist meist strauch-, manchmal aber auch richtig baumförmig.*

▲ *Charaktervolle Borke eines alten Exemplars*

Weiße Blüten und schwarze Beeren

Die Borke des Hauptstammes ist sehr markant, durchzogen von tiefen Längsfurchen und von hellgrauer Farbe, übersät von großen, hellen Korkporen. Durch diese Erscheinung lässt er sich auch in laubloser Zeit gut erkennen. Bereits kurz unter der Oberfläche verbreitet sich das Wurzelwerk des **Flachwurzlers** und greift weit um sich. Gerne kriecht er unter Gehwege und macht deutlich, was er von versiegelten Flächen hält, indem er sie einfach anhebt und achtlos zur Seite schiebt. Das verschafft ihm allerdings regelmäßig größten Ärger mit erregten Kleingärtnern.

Ab etwa Mitte März entwinden sich die ersten jungen Blätter den rötlichen, prall gewordenen Knospen. Sie werden sich bis in den April hinein zu fast 30 cm langen **Blattfiedern** entwickeln, an denen bis zu sieben etwa 10 cm lange, ovale Einzelblätter sprießen, die gegenständig angeordnet sind und ein wenig an Eschenblätter erinnern. An der unteren Seite sind sie sehr stark geadert, leicht gezackt und fühlen sich kräftig an. Zerreibt man sie in der Handfläche, so bemerkt man einen unangenehmen, **muffigen Geruch**, von dem der Ruf des Holunders rührt, nicht nur gegen Hexen und bösen Zauber zu schützen, sondern auch gegen aufdringliche Fliegen und Stechmücken.

Bemerkenswerterweise verwandelt der Strauch diesen unangenehmen Geruch zur Blütezeit aber in einen fruchtig wirbelnden Frühlingsduft – ab Mai bis weit in den Juli prangen tausende kleine, weiße Blüten in etwa 40 cm breiten **Schirmrispen** wie kleine Sternenhimmel in seinem satten Grün. Sieht man sich die einzelnen Sterne dieses leuchtenden Himmels genauer an, erkennt man manchmal vier, meist fünf grüne Kelchblätter, die wiederum fünf weiße Kronblätter bergen, denen jeweils ein Staubblatt entspringt, an dessen Ende schließlich ein gelber Staubbeutel wie eine stecknadelkopfkleine Sonne strahlt. Und all dies scheint in heiliger Symmetrie um drei winzige, ineinander verwobene Fruchtblätter zu kreisen, die der Ursprung dieses kleinen Wunderwerks sind – die Mitte: ein lichtvoller Brunnen der Schöpfung, dem alles entstammt.

Später werden sich die drei Fruchtblättchen in die drei Kerne der **spiegelschwarzen Beeren** verwandeln, die ab August heranreifen und das unverwechselbare Erkennungszeichen des Schwarzen Holunders sind. Die glänzenden, schwarzen Beeren sind mit nicht weniger Schönheit gesegnet als ihre weißen Blütenschwestern und bergen das ganze Geheimnis ihres wandelbaren Seins in den kleinen Samenkörnern tief in ihrem Innern. Mehr als 60 Vogelarten wie die Amsel oder die Mönchsgrasmücke tragen es hinaus in die Welt.

Wesen und Charakter: wechselhaft, wandelbar, geheimnisvoll

Bis vor kurzem ordnete man den Holunder in die Familie der Geißblattgewächse ein. Dort passte er jedoch nicht so recht, sodass man ihn 2011 der Familie der Moschuskrautgewächse zugeteilt hat. So ist zu erklären, dass in vielen, auch in sonst sehr akkuraten Fachbüchern, eine heute nicht mehr aktuelle Angabe zu finden ist.

In der Tat veranstaltet der Holunder mit seinem Namen ein wahres **Bäumchen-wechsel-dich-Spiel**. In Norddeutschland wird er bis zum heutigen Tage auch *Flieder* genannt – das weckt den völlig falschen Eindruck, er sei mit dem landläufigen Flieder verwandt. Tatsächlich rührt diese Bezeichnung allerdings von seinen bemerkenswerten Blättern, die im Wind *flattern, fleddern*, wie es früher eben hieß. Zwischen Ostfriesland und Holstein dagegen wurde er gerne auch *Eller* oder *Ellhorn* genannt, genau wie die Erle, die den selben Namen führte (siehe S. 109) – wieder nicht, weil sie verwandt wären. Vielmehr gehen beide Bezeichnungen wohl auf die Bedeutung *Elfe* zurück. *Holunder, Holler* und der *Holderbusch* aber, sie alle klingen nach *Frau Holle*, nach *Hulda* und *Holla*, getragen von dem märchenhaften Atem der großen Gottheiten unserer Ahnen. Anderer Meinung nach verweist dieser Name jedoch ganz profan darauf, dass sich das Mark der Holunderzweige leicht entfernen lässt und man sie somit ohne großen Aufwand entkernen, *hohl* machen kann. In Schlesien brachte man die Sache dann schließlich auf den Punkt und nannte in treffender Weise diesen Verwandlungskünstler kurz und gut *Wandelbaum*.

Etwas einfacher wird die Namensfindung, sieht man sich den lateinischen Namen des Holunders an: *Sambucus*. Die Bezeichnung geht wahrschein-

▼ *Verbindung der Gegensätze: Die lichtvollen Blüten streben nach oben, die dunklen Beeren dagegen nach unten.*

lich auf ein altes persisches Musikinstrument zurück, die harfenähnliche *Symbyke*, die ausschließlich aus dem Holz des Holunders gefertigt wurde.

Schnitzbaum und Färbekünstler

Aus kaum einem anderen Gehölz lässt sich einfacher und schneller eine Flöte schnitzen. Das freundliche Holz verleiht der **Flöte** einen hellen, leichten Klang, der sicherlich auch jede Elfe zum Tanz verführt. Aufgrund des zu geringen Durchmessers von höchstens 30 cm ist es allerdings für den konventionellen Holzbau nicht zu gebrauchen. Der ungerade, unförmige Wuchs verstärkt diesen Effekt noch weiter, sodass das Holz bestenfalls als Intarsie im Kunsthandwerk Verwendung findet oder Tabakpfeifen daraus hergestellt werden. Dies dann allerdings von ausgesuchter Schönheit.

Seinem Charakter als Wandlungskünstler bleibt der Holunder jedoch in ganz anderer Hinsicht treu: Die schwarzen Beeren, aber auch die Blätter und die Rinde hat man in früheren Tagen zum **Färben** von Rotwein, von Haaren, Stoffen, Wolle und sogar Leder genutzt. Die so erzielbaren Farben reichen von gelbgrün über dunkelrot bis hin zu tiefschwarz.

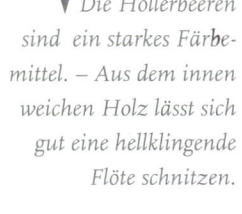

▼ *Die Hollerbeeren sind ein starkes Färbemittel. – Aus dem innen weichen Holz lässt sich gut eine hellklingende Flöte schnitzen.*

Heilkunde: allen Umständen gewachsen

Dass der Holunder gerne in der Nähe der Menschen wächst und keiner besonderen Pflege bedarf, deutet bereits auf so manche Eigenschaft hin. Auf dem Platz seiner Wahl breitet er sich schnell und raumgreifend aus. Unseren Vorfahren war klar: Der mythische Strauch oder Baum beschützt seine Umgebung – er **hält Menschen wie Tiere gesund**. Interessant ist, dass er besonders die Nähe zu Kompost- oder Misthaufen schätzt und mit saurem Regen oder Verschmutzung besser umzugehen weiß als andere Bäume.

Interessant ist auch, wahrzunehmen, was auf älteren Zweigen wächst: Eine gelb leuchtende Farbe entpuppt sich dem achtsamen Blick als das wunderschöne Gebilde einer Flechte. Auf ihren ausgefransten gelbgrünen Lappen wachsen kleine gelbe Trichter, die im Inneren orangegelb leuchten. *Apothecien* nennen die Botaniker sie. Die kleinen Kunstwerke der Natur gehören zur Gewöhnlichen Gelbflechte, *Xanthoria parietina*, die überall in Europa zu finden ist. Forscher vermuten, dass sie

STECKBRIEF

sommergrüner Wildstrauch
deutscher Name: Schwarzer Holunder; Trauben-Holunder (leicht giftig), Zwerg-Holunder (Attich; giftig!)
wissenschaftlicher Name: *Sambucus nigra; S. racemosa, S. ebulus*
Anzahl der Arten weltweit: etwa 10–12
Familie: Moschuskrautgewächse
Verbreitungsgebiet: Europa, Asien und Nordamerika
Standort: anspruchslos, Waldrandlage und Waldlichtungen, Gärten, Hecken
Höhe: bis zu 15 m
Alter: bis zu 100 Jahre
Austrieb: Ende März oder April
Blütezeit: Mai–Juli
Blatt: elliptisches, spitz zulaufendes, gegenständiges Fiederblatt
Frucht: dunkelrote, fast schwarze Beere
Rinde: graubraun mit markanten Längsriefen
Eigenschaften des Holzes: dicht, hart, leicht spaltbar, für Schnitzarbeiten gut zu bearbeiten

die Äste ihrer „Hausbäume" vor Schäden durch zu intensives UV-Licht schützt. Das vermehrte Auftreten der Gelbflechte in den vergangenen Jahren erklären sie mit dem erhöhten Vorkommen von Stickstoffverbindungen in der Luft, die für manche Flechten wie Dünger sind.

An den Ästen mancher Holunderveteranen gibt es noch mehr Ungewöhnliches zu bestaunen. Etwas Braunes, Rundliches wächst da heraus, nur wenige Zentimeter groß. Es fühlt sich gallertartig an. Naturkenner wissen: Das ist ein Pilz, genannt **Judasohr** *(Auricularia auricula-judae)*. Im Gegenlicht sieht er tatsächlich aus wie eine markante menschliche Ohrmuschel. Er bildet der Überlieferung nach das Ohr des Judas nach, der sich an einem Holunder erhängt haben soll. Andere Namen sind *Waldohr* oder *Baumohr*, die Chinesen nennen ihn *Mu-Err-Pilz* – und essen ihn als knackige, gesunde Beilage zu allerlei Gerichten. Manchmal wird der seltsam anmutende Geselle sogar mit dem Namen *Chinesische Morchel* geehrt. Die Traditionelle Chinesische Medizin verwendet ihn bei Kreislaufproblemen oder Arteriosklerose, denn er verbessert die Fließfähigkeiten des Blutes und senkt das Cholesterin. Europäische Heilkundige nutzen ihn mittlerweile bei Entzündungen von Haut und Schleimhaut. In der Schwangerschaft sollte er allerdings nicht zum Einsatz kommen.

Frühjahrsputz und Körperschutz

Pflücken Sie **Blattknospen** oder die kleinen, jungen Blätter des Schwarzen Holunders im Frühling und

▶ *Das Judasohr, auch Baumohr genannt: Der Pilz ist essbar und enthält Heilkräfte.*

Ein **heißer Blütentee** treibt wirklich schnell spürbar den Schweiß aus allen Poren, denn er erhöht die Empfindlichkeit der Schweißzentren im Gehirn. Mit der Hilfe der Blüten schwitzen Sie erheblich mehr, als wenn Sie nur heißes Wasser getrunken hätten. Auch das Schwitzen bei einem Saunabesuch ist damit noch wirkungsvoller. Der Tee lindert Erkältungen, Fieber, Kopfschmerzen, Schüttelfrost sowie Schmerzen in den Neben- und Stirnhöhlen – gleichzeitig vertreibt er Viren und Bakterien. Bei fest sitzendem Husten erleichtert er das Abhusten des zähen Schleims. In Zeiten erhöhter Ansteckung, wie vom Herbst bis in den Frühling hinein, steigert er die Abwehrkräfte und fördert die allgemeine Gesundheit. Immer wieder hilft er auch bei Heuschnupfen und anderen Allergien, indem er die Schleimhäute reinigt und deren Toleranz erhöht.

Für einen solchen Tee übergießen Sie 1 TL getrocknete Blüten mit 250 ml heißem Wasser, lassen das Ganze fünf Minuten zugedeckt ziehen und trinken den Auszug so heiß wie möglich in kleinen Schlucken. Bei chronischer Sinusitis oder Bronchitis verwenden Sie die Blüten für eine **Inhalation**: Übergießen Sie 4 EL davon in einer Schüssel mit 1 l kochendem Wasser. Legen Sie dann ein Handtuch über Kopf und Schüssel und atmen Sie den Dampf für etwa zehn Minuten ein. Das reinigt, stimuliert und kräftigt die Haut sowie die Schleimhaut der Atemwege.

Nutzen Sie kalt gewordenen Tee als wirksame **Kompresse** bei strapazierten, geröteten Augen, die zu lange auf einen Bildschirm geschaut haben oder zu lange hellem Sonnenlicht ausgesetzt waren. Tauchen Sie dafür zwei Wattebäusche hinein, drücken Sie sie aus und legen Sie sie auf die geschlossenen Augenlider. Auch die empfindliche, zarte Haut um die Augen herum freut sich darüber. Ein warmes **Bad** im Blütenabsud beruhigt die Nerven und stärkt das Immunsystem.

Aus den Blüten lässt sich auch ein **feines Öl** fertigen, das nicht nur duftet, sondern vor allem emp-

kauen sie am besten gleich vor Ort. Sie sind kraftvolle Mittel für eine Reinigung des Blutes. Dabei führen sie leicht ab und regen die Nieren an. Die voll aufgeblühten **Blütendolden** sind vielen als altbewährtes Heilmittel bekannt. Hängen Sie sie zum Trocknen über eine Schnur oder einen Kleiderbügel. Sobald sie trocken sind, streifen Sie die Blütchen vom Blütenstand ab und bewahren sie bis spätestens zur nächsten Erkältung in einem gut verschlossenen dunklen Glas auf. Sie enthalten Flavonoide, die die kleinen Gefäße in den Schleimhäuten stärken; außerdem ätherische Öle, die desinfizieren und Entzündungen hemmen sowie Gerbstoffe, die einer Entzündung den Boden entziehen; schließlich noch Triterpene, die den Schweiß treiben und Schleime, die gereizte und strapazierte Schleimhäute besänftigen.

findliche, gereizte oder trockene Haut schützt und pflegt. Es zieht nach zu starker Sonnenbestrahlung die Hitze wieder aus der Haut heraus. Geben Sie fünf Dolden frischer Blüten und 200 ml Olivenöl in ein Schraubdeckelglas und lassen Sie den öligen Auszug vier Wochen bei Zimmertemperatur im Schatten stehen, wobei Sie regelmäßig umschütteln. Dann filtrieren Sie ab. Dieses Öl können Sie übrigens auch zu einer **Heilsalbe** verarbeiten. Erwärmen Sie 100 ml davon auf höchstens 50 Grad und lösen Sie 12 g Bienenwachs darin auf. Sobald alles gelöst ist, gießen Sie das warme Öl-Wachs-Gemisch in kleine Salbendosen und lassen die Masse, abgedeckt mit einem sauberen Küchentuch, über Nacht erkalten. Die Salbe heilt Wunden, Verbrennungen und besänftigt raue Hände

Die Blüten können noch mehr: Ganz schnell ist ein **Deodorant** aus ihnen gemacht. Zupfen Sie die Blütchen zweier Dolden ab und geben Sie diese in ein Schraubdeckelglas. Fügen Sie dann die klein geschnittene Schale einer halben Biozitrone hinzu, übergießen Sie alles mit 150 ml Wasser und stellen Sie das Glas über Nacht in den Kühlschrank. Am nächsten Tag filtrieren Sie die Flüssigkeit ab, füllen sie in eine Zerstäuberflasche und lösen noch 1 TL Natron darin auf. Das Blütendeo ist etwa drei Monate im Kühlschrank haltbar.

Natürlich sind die Blüten seit eh und je schlicht und einfach Nahrung – und dabei eine sehr leckere. Sie sind ideal für Holunderpfannkuchen, Nachspeisen oder als **Holunderzucker**. Verreiben Sie dafür in einem Mörser 2 EL getrocknete Blüten zusammen mit 2 EL Zucker solange, bis feiner Puderzucker entsteht. Schon ist der besondere Zucker mit dem Geschmack nach Sommer fertig.

Beeren für das Blut

Die violett-schwarzen Beeren in ihren schweren Dolden sind erst dann richtig reif, wenn auch die Vögel sie abpicken. Streifen Sie sie dann beispielsweise mithilfe einer Gabel von den Dolden herunter und kochen Sie daraus Saft oder Marmelade.

◀ *Heilimpulse aus den im Sommer gesammelten Blütendolden: für einen schweißtreibenden Tee oder ein beruhigendes Handbad*

Leckere, gesunde Beerensuppe

Kochen Sie 1 l Saft aus Holunderbeeren, 100 g Zucker, etwas abgeriebene Zitronenschale und eine halbe Zimtstange zusammen mit 250 g Apfelschnitzen kurz auf. Rühren Sie 30 g Speisestärke mit wenig Wasser glatt und binden Sie damit die Suppe leicht an. Schlagen Sie sodann das Eiweiß von zwei Eiern steif, süßen Sie es etwas und geben Sie die Masse mit einem Teelöffel auf die dunkle Suppe. Bei nasskaltem Herbstwetter und im Winter stärkt die beeindruckend dunkelviolett aussehende Suppe die Abwehrkräfte des Körpers und außerdem die Nerven.

Zurück bleiben die Stängel des „Halteapparates", die ohne ihre beerige Last aussehen wie die Silhouette eines kleinen Baumes. Diese wunderschön geformten Stängelkunstwerke lassen sich leicht trocknen und pressen. Zieren Sie damit Briefe, Zeichnungen oder Kollagen.

Rohe und besonders unreife, grüne oder noch rotbraune Beeren verursachen Bauchweh und Durchfall. Das kommt von einem Glykosid, einer Zuckerverbindung namens Sambucinigrin. Beim Erhitzen oder Trocknen geht es allerdings kaputt und macht den Weg frei für die Heilkräfte des Saftes. Getrocknete Beeren bereichern beispielsweise das Frühstücksmüsli. Beeren wie auch der Saft daraus stecken voller Anthocyane und Flavonoide. Diese äußerst gesunden Radikalfänger stärken das Blut, halten die Blutgefäße biegsam und geschmeidig und schützen vor Herzinfarkt. Sie hemmen zudem Viren in ihrem Ausbreitungsdrang – auch Herpesviren. Der fast wundersam wirkende **Heilsaft** hemmt auch das Wachstum verschiedener Bakterienarten, die sich oftmals einer Virusinfektion hinzugesellen. Er wirkt gegen den gefürchteten *Streptococcus aureus* (MRSA), bei dem synthetische Antibiotika machtlos sind.

Aufgrund der Gesamtkomposition der Inhaltsstoffe stärkt er nachhaltig die Abwehrkräfte: Gerbstoffe, organische Säuren, ungewöhnlich viel Vitamin C, die Vitamine B2, E, K, Folsäure, Mineralstoffe wie Kalium, Eisen, Zink, Mangan und Zucker wirken da zusammen. Bei Erkältungskrankheiten hilft am besten, ihn heiß zu trinken. Auch Nervenschmerzen wie Ischias, Hexenschuss oder Migräne verlieren ihren Schrecken. Wenn Sie täglich lange auf einem Bürostuhl und vorm Computer sitzen, trinken Sie 100 ml Saft schluckweise und über den Tag verteilt. Das bringt neue Kraft in das „müde Blut". Auch Diabetiker sollten täglich ein Glas des Saftes trinken. Studien zeigen, dass anschließend mehr Insulin freigesetzt wird als sonst.

Gegensätze sinnvoll zusammenführen

Der Holunder birgt in sich die Gegensätze – die nach oben strebenden weißen Blüten und die nach unten hängenden dunkelvioletten bis schwarzen Beeren zeigen das am deutlichsten. Die grauen Äste sind außen warzig und rau, innen hingegen weiß und gefüllt mit weichem Mark. Rohe Beeren sind leicht giftig, gekochte die Grundlage für äußerst gesundheitsfördernde Gerichte.

Hinter diesen scheinbaren Gegensätzen steckt eine besondere Eigenschaft des Holunders. Er weist auf die verschiedenen Pole als zwei Seiten einer Medaille. Anders ausgedrückt heißt die Botschaft: Nur wer seine Sichtweise ändert und einen anderen Standpunkt findet, kann das Denken in Schwarz-Weiß-Kategorien aufgeben und eine neue Ganzheit entdecken. Holunder hilft dabei – beispielsweise in Form einer feinstofflichen Essenz aus den Blüten – das Denken und Fühlen harmonisch zu verbinden, den Verstand mit der Intuition zu kombinieren und, übertragen auf den mitmenschlichen Bereich, aus einem Problem ein gemeinsames Projekt zu machen.

Mythen, Sagen und Kult: Baum der Gnade und Huld

Das alemannische Sprichwort „Vor dem Holunder soll man den Hut ziehen und vor dem Wacholder das Knie beugen" zeigt, welch große Bedeutung bestimmte Bäume oder Sträucher früher hatten. Der Holunder ist mit **Frau Holle**, der Göttin unserer Märchenwelt, wie verwachsen. Noch zu den Zeiten der Brüder Grimm schrieb man *Hollunder*, was die Verbindung noch deutlicher macht. *Holderbusch* nennt man ihn auch, denn er ist *der Holde*, benannt nach jener Göttin, die ihm einst all seine Segen spendenden Gaben verliehen hat: *Holla*, *Holda* oder *Hulda* ist eine Gottheit der Huld und der Gnade. Hierzulande ist ihre Verehrung bereits seit dem 10. Jahrhundert belegt.

Von Anfang an trägt Frau Holle die Züge einer **Himmelskönigin**. Sie wird beschrieben als eine wunderschöne und edle Frau in weißem oder silberglänzendem Gewand mit goldenem Gürtel. Ein mit silbernen Sternen bestickter, schulterlanger und hauchzarter Schleier umhüllt ihr langes goldlockiges Haar. Am Scheitel lugt eine wirre Locke hervor, die ihren stürmischen Charakter verrät, denn sie gilt auch als die Herrin von Blitz, Donner und Regen. Als Windsbraut jagt sie vor allem in den zwölf Raunächten durch Wald und Flur. In ihrer Eigenschaft als **Erdgöttin** ist sie die Herrin der Brunnen, Teiche und Seen sowie der Pflanzen und Tiere.

Hausapotheke für jeden Hof
Eines Nachts schritt die holde Frau Holle gewohnt durch den weihnachtlichen Winterwald, um die Pflanzen zu besuchen und sich nach ihrem Befinden zu erkundigen. Aller erstorbenen Blumen

◂ *Die Göttin Holle sorgt für Wachsen und Gedeihen, Wetter und Natur, die Wohlfahrt von Mensch und Tier.*

▶ *Gerade um die Hilfsbedürftigen kümmert sich die Himmelsgöttin – mithilfe der ihr zur Seite stehenden Naturwesen.*

Frühlingswünsche klangen ihr dabei im Ohr. Da vernahm sie plötzlich das Seufzen eines unscheinbaren Strauchs: „O Große Mutter", klagte er der Göttin sein Leid, „all deine Pflanzenkinder hast du mit besonderen Gaben erschaffen, mit denen sie die Menschen erfreuen dürfen. Nur ich fühle mich nutzlos und überflüssig." Da berührte Frau Holle mitfühlend seine kahlen struppigen Äste: „Weil du den Menschen so gerne hold sein möchtest, will ich dir deine Wünsche erfüllen. Von Stund an sollst du Holderbusch heißen, und ich zeichne dich aus vor allem anderen Gebüsch. Alles an dir soll **heilkräftig** sein, die Rinde, die Blätter, die schneeigen Blüten und die blutroten Beeren."

Die Menschen erkannten den Segen des Strauchs und pflanzten ihn in ihre Gärten und Höfe und an ihre Backöfen in den Dörfern. Im Duft seiner wohlriechenden Blüten tanzten die Kinder ihre liebsten Reigen. Der Holunder galt als das erste Weihnachtsgeschenk der Frau Holle und wurde entsprechend in Ehren gehalten. Bald schon machte der Spruch die Runde: „Holunder tut Wunder."

Frau Holle wurde auch als *Großmütterchen Immergrün* verehrt, das im Hollerbusch sein Zuhause hat. In dem gleichnamigen Märchen erscheint sie zwei Kindern im Wald. Die beiden waren von ihrer Mutter zum Erdbeerensammeln in den Wald geschickt worden. Die Frau lag schwer krank zu Bett und hatte plötzlich ein unbezähmbares Verlangen nach den Früchten verspürt. Die Geschwister hatten schon ein ganzes Körbchen voll gesammelt und wollten sich gerade auf den Heimweg machen, da teilte sich ein Holunderbusch und ein altes verkrümmtes Mütterchen schaute heraus. Angetan war sie mit einem Kleid aus grünen Blättern. Weil sie sich nicht mehr bücken kann, fleht sie die Kinder an, sie von den Früchten kosten zu lassen, und mitleidig schütten sie der Bittstellerin das volle Körbchen in den Schoß.

Als sie eben weglaufen wollen, um neue Beeren zu sammeln, hält die alte Frau sie zurück. Nur das Herz der Kinder habe sie prüfen wollen. Sie gibt ihnen alle Beeren zurück und drückt ihnen dazu noch zwei Blumen in die Hand, eine weiße und eine blaue. Solange diese Blumen blühen, wird es ihnen und ihrer Familie wohl ergehen. Sobald sie sich aber dauerhaft entzweien, wird es mit dem Segen vorbei sein und die Blumen werden dann gleich verwelken. Kaum hatte die Mutter der Kinder die frischen Beeren gegessen, fühlte sie bereits Heilung an allen ihren Gliedern und neue Kräfte in sich wachsen. Das hatte Großmütterchen Immergrün an ihr bewirkt. Die göttliche Waldfrau sorgte auch weiterhin für die Familie, in guten wie in bösen Tagen, solange sie lebten. Die Geschwister nämlich entzweien sich nur ein einziges Mal und versöhnten sich sofort wieder, als sie die Blumen verwelken sahen.

Riesenhafte Urkraft der Welt

Ein anderer Name für den Holunder, der heute allerdings außer Gebrauch ist, war *Frau Ellhorn*. Ellhorn hängt mit *Eller, Elli* zusammen, und das bedeutet *Alter*. Nicht umsonst wird Frau Holle als **Riesin** vorgestellt. Es heißt sogar, dass sie als Drache über die Welt fliegen kann. Wie die drei Nornen am Fuße des Weltenbaumes (siehe Esche S. 120) gehört sie zum Urgestein der Welt und ist älter als selbst die Gottheiten Asgards.

◄ *Die germanische Göttin Freya auf ihrem von Katzen gezogenen Wagen: Sie ist ein Aspekt der fürsorgenden, schützenden Naturkräfte Frau Holles.*

Der gewaltige Hammergott Thor hatte einst in der Welt der Riesen ein für ihn besonders peinliches Erlebnis. Er wurde dort von einem Riesen zum Wettkampf aufgefordert. Zum Ringkampf sollte er mit dessen alter Amme *Elli* antreten. Der Kampf entwickelt sich zum Desaster. Thor gelingt es nicht, die alte Frau auch nur einen Millimeter weit zu bewegen. Stattdessen ist am Ende sie es, die ihn in die Knie zwingt. Erst im Nachhinein erfährt er, gegen wen er in Wirklichkeit gekämpft hatte. Elli ist die **Personifikation des Alters**, und gegen das Alter sind nunmal alle Wesen gleichermaßen machtlos. Es zwingt sie alle in die Knie. Selbst die Götter des nordisch-germanischen

Götterhimmels leben nicht ewig, sondern lediglich länger als die Menschen.

Großmütterchen Ellhorn ist somit alt, sehr alt, vielleicht sogar so alt wie die Welt, wer weiß. Sie gehört weder zu den Asen noch zu den Wanen und ist als Riesin allemal älter als die „amtierenden" Göttinnen und Götter. Kein Wunder also, dass man einst ihre vielleicht wertvollste Gabe an die Menschheit, den Holunderstrauch, nur unter besonderen Umständen, nach ritueller Zeremonie, beschneiden durfte! Für naturverbundene Menschen mag das noch heute so sein.

Krankheiten im Kessel der Holle

„Frau Ellhorn, gib mir was von deinem Holz, dann will ich dir von meinem auch was geben, wenn es wächst im Walde", so lautet ein altes Gebet an die Göttin. Es wurde mit gebeugten Knien, entblößtem Haupt und gefalteten Händen gesprochen. Dies führt zum unterweltlichen Charakter der Holle. Das Holz, das man der Holle verspricht, sind die Totengebeine – das heißt, die eigenen Knochen. Wer solch ein Gebet bei Vollmond sprach, durfte bei Neumond unbesorgt den Baum beschneiden, was von Zeit zu Zeit nötig ist. Mit den Zweigen musste man deshalb so vorsichtig umgehen, weil Frau Ellhorn als die größte **Krankheitsentsorgerin** unter den Bäumen galt.

Es war ein alter Brauch, dass Menschen dem Holunder ihre Krankheiten brachten und mit einem roten Faden an seinen Zweigen festbanden. So konnte man das eigene Leiden auf den Busch übertragen, am wirkungsvollsten in der Zeit des abnehmenden Mondes. Wer nun solche Zweige abgebrochen oder geschnitten hätte, hätte damit rechnen müssen, die zuvor daran gebundenen Krankheiten zu befreien und dabei auf sich selbst zu ziehen. „Mensch, willst du aus dem Leben scheiden, dann tue den Holunder schneiden", hieß deshalb ein anderes Sprichwort. Des einen Segen könnte in solchem Falle also leicht des anderen Missgeschick bedeuten.

Es hieß, dass der Holunder die schlechten und störenden Energien wie ein Magnet an- und in die Tiefe hinabziehen würde. Alle Übel, die dort eingebunden wurden, rutschten nach unten durch in einen riesigen **Kessel**. Daneben saß Frau Holle und verrührte all diese Unpässlichkeiten zu einem schönen Gebräu. Das servierte sie dem Teufel zum Nachtmahl. Der schluckte tatsächlich die Brühe begierig hinunter, und schon war die Sache ein für allemal verdaut.

Wie kam es aber nun zu einer solchen Vorstellung? Frau Holle gilt als die **Herrin der Brunnen, Teiche und Seen**, denn das irdische Leben bedarf zu seinem Entstehen und Gedeihen der Erde und des Wassers. Dort unten hütet sie nicht nur das lebendige Wasser, sondern auch die Seelen, die sie zur Wiedergeburt bestimmt. Ihre Brunnen sind so etwas wie die Geburtskanäle der Erde. Als Geburtshelfer diente ihr seit je der Storch. Mit seinem langen Schnabel, so stellte man sich vor, nahm er die winzige Seele behutsam auf und brachte sie zu den für sie bestimmten Müttern.

➤ *Am Frau-Holle-Teich auf dem Hohen Meißner in Hessen*

◄ *Urbild aus vergangener Zeit: Im Kupferkessel wird Altes zu Neuem, Krankheiten lösen sich auf.*

Die **Unterwelt**, die Welt unter der Erde, das ist Frau Holles Zuhause. Dort unten behütet sie nicht nur die Menschenseelen, dort hegt und pflegt sie ebenso die pflanzlichen Keime des Lebens. Mit ihrem großen unterirdischen Pflug lockert sie während der zwölf Rauhnächte das Erdreich von unten, damit im kommenden Frühjahr alle Keime aufsprießen können und das Getreide ausgesät werden kann. Das Brot ist ihre Gabe an die Menschen, wir erfahren das aus dem allseits bekannten Grimm'schen Märchen von „Frau Holle". Auch das Getreide stirbt in ihrem Reich im Inneren der Erde, wird dort von ihr umarmt und warm gehalten und auf die wärmeren Jahreszeiten vorbereitet. Da unten ist sie *Halja*, die *Bergende*, dort, so glaubte man, birgt und versorgt sie auch unsere Gebrechen und Krankheiten.

Wenn man bedenkt, dass bei den Kelten und Germanen die Erde als ein Kessel angesehen wurde, ergibt eine solche Vorstellung durchaus Sinn. Genau das ist, es, was die Erde immerfort für uns leistet: Sie nimmt das Abgestorbene, um daraus etwas Neues und Blühendes zu machen. Warum also soll sie nicht auch unsere Krankheiten versorgen?

In der institutionalisierten christlichen Welt musste dann der Teufel für die Beseitigung der Krankheiten herhalten, doch es war die Ellermutter, nun zu des Teufels Großmutter erklärt, die ihm die feine Suppe einbrockte und mit Zecken und Wanzen und allerlei Ungeziefer versüßte. Ellermutter, Mutter Ellhorn, Frau Ellhorn, schon klar, wen man da vor sich hatte: niemand anderes als die gute Frau Holle, die Göttin des Holderbusches. Dem Teufel aber ließ der Volksmund, und

▲ *Eintrittstor in das unterirdische Reich? Eine Baummeditation mag Aufschluss darüber geben ...*

mit ihm das bekannte Märchen, immerhin noch drei goldene Haare. Wer ihm die auszieht, kommt an verborgenes Wissen heran.

Im Märchen vom *Teufel mit den drei goldenen Haaren* trifft der junge Mann, der dem König diese drei Haare überbringen muss, zuerst auf die Ellermutter. Breitbeinig und gutmütig sitzt sie vor ihrer Höhle und hat ein offenes Herz für die Nöte ihres jungen Besuchers. Drei Fragen bringt er mit, und die Ellermutter weiß Rat. Sie wird dem Teufel im Schlaf eines nach dem anderen die drei Haare ausreißen und ihm erklären, sie hätte die Fragen geträumt. Den Jungen verwandelt sie vorsichtshalber in eine Ameise und birgt diese schützend in ihren Rockfalten.

Ganz nach Art eines Schamanen, dessen Aufgabe es traditionell war, das Fehlverhalten seiner Gemeinschaft aufzuspüren, damit dort die positiven Energien wieder fließen konnten, offenbart der **Teufel** in dieser langen Nacht, was schiefgelaufen ist da draußen in der Welt, aus der sein Besucher kommt. Er weiß, wie der alte Brunnen wieder zum Fließen, ein abgestorbener Baum wieder zum Blühen gebracht werden kann. Seine goldenen Haare erinnern nicht von ungefähr an die Sonne. *Luzifer*, das bedeutet *Lichtträger*. Da das Märchen keltische Züge trägt, könnte hier eine Anspielung auf den keltischen Sonnengott *Bel* oder *Belenos* vorliegen. Auch *Thor*, der Hammergott käme in Frage, der mit leuchtend rotblonden Haaren vorgestellt wurde, die ein Symbol für sein feuriges Temperament waren. Was hier verteufelt wird, scheint das alte Wissen zu sein. Auf die richtige Weise befragt, geben die verfemten Gottheiten allerdings noch immer Antwort. Frau Holle, respektive des Teufels Großmutter, die in der Welt der unterirdischen Quellen zu Hause war, weiß offenbar mit dem Verteufelten umzugehen. Und sie weiß auch, wie man etwas Segensreiches aus der Situation macht.

Licht und Liebe

Es war also gar nicht so dumm, Krankheiten an den Holderbusch zu bannen. Die Sitte lässt sich jedenfalls in ganz Europa nachweisen, überall, wo der Holunder wächst. Einst wurde sogar erzählt, der **Heiland Jesus Christus** selbst habe es empfohlen, und das kam so: Ein von seiner Arbeit schon ziemlich erschöpfter Bauer wollte ausruhen und ließ seinen müden Blick über den Acker schweifen. Da entdeckte er – kaum wollte er seinen Augen trauen – den Heiland, wie er mit Petrus zusammen über das Feld wandelte. Im selben Augenblick sprangen aus einem Gebüsch siebenundsiebzig Krankheitsgeister hervor, die missgestalteten Gnomen und schaurigem Gewürm glichen. Der Heiland sprach sie an: „Wohin des Wegs, ihr Scheusale?" „Wir wollen die Menschen verderben, mit Furunkeln und eitrigen Beulen, mit Fieber und Glieder verrenken", gaben sie hämisch zur Antwort. Da befahl ihnen der Heiland streng: „Begebt Euch sofort zum Holunder!" So hat sich der ganze elende Haufen zum Holunder gewälzt, geriet in den Sog des Baumes, und ab ging es in Holles Kochtopf. Das war dann auch das Ende einer Krankheitsplage in einem schwäbischen Dorf.

Frau Holle würde jedoch nicht unten im Venusberg sitzen und Hof halten, wenn sie nicht auch die **Göttin der Liebe** wäre. Darin ähnelt sie der Göttin Freya, als deren volkstümliche Erscheinung sie gilt. Denn auch das lässt sich über den Hollerbusch sagen: Für Liebespaare, die sich gern unter ihm trafen, war er so etwas wie eine Insel der Seligen. In den alten Sprüchen lebt solches Vergnügen noch auf: „Auf Johanni blüht der Holler, da wird die Liebe noch viel toller." Oder „Hinter einem Hollerbusch gab sie ihrem Schatz `nen Kuss. Roter Wein, weißer Wein, morgen wird die Hochzeit sein." Das ging sogar soweit, dass Frauen, die schwanger werden wollten, empfohlen wurde, den Hofholunder zu küssen. Man denke auch an das alte Volkslied „Auf der grünen Wiese hab ich sie gefragt, / ob sie mich wohl liebe, ‚ja' hat sie gesagt. / Wie im Paradiese fühlte ich mich gleich / Und die grüne Wiese war das Himmelreich."

Diese „grüne Wiese" erinnert an die **grüne Wiese der Holle**, ihr unterirdisches Lichtreich, das die Germanen *groni godes wang* nannten, den *grünen Anger der Frau Gode* – auch so wurde die Holle genannt. In *gode* steckt nicht nur das Wort *gut*, sondern auch die Silbe *od*, die für *Geist* steht, so wie es ebenso bei Odin anklingt, der auch *Herr Gode* hieß. *Gode* oder *Gott* – an sich war das ein neutrales Wort. Es wurde erst durch den Zusatz „Frau" oder „Herr" geschlechtlich bestimmt. *Godes wang* erinnert überdies an *Folkwang*, die Himmelsburg der Göttin Freya. Folkwang bedeutet *Volksanger* oder *Volkswiese*, denn zur Liebesgöttin kamen nach dem Tod alle Liebespaare, gleich ob sie glücklich oder unglücklich geliebt hatten – bei ihr würden sie dann alle selig sein.

Frau Holle ist eine der vielseitigsten und umfassendsten Göttinnen, die unser Kulturkreis hervorgebracht hat. Als Liebesgöttin reiht sie sich ein in eine lange Abfolge von Gottheiten, die alle zugleich als Himmelsköniginnen wie auch als Erd- und Unterweltsgöttinnen verehrt wurden. Ihr Weg, der Hellweg, der ins Totenreich führte, wird am Himmel als Milchstraße sichtbar. Das Totenreich ist in Wahrheit also ein Himmelreich. Das lateinische Wort *coelum* für *Himmel* bedeutet ursprünglich *Höhle*. Der Himmel ist somit die Decke einer riesigen Höhle. Im Märchen kommt man deshalb, wenn man in den Brunnen springt, auf Frau Holles „grüne Wiese" – in ihr Himmelreich.

▼ *Glücklich, wer den Holunder in seiner Nähe hat. Der Weg zur grünen Wiese der Holle ist dann nicht weit.*

KIEFER & ZIRBE

Pinus spec.

Stille und Neuland erstreben

Geht man durch einen Mischwald und kommt aus einem mit Laubbäumen bewachsenen Teil unvermittelt vor einer Kiefer an, kann man einen erstaunlichen Wandel der Atmosphäre wahrnehmen. Zuerst fällt der Wechsel des Farbspiels auf: Die Borke einer Kiefer mittleren Alters kann in feurigen Rottönen flackern und inszeniert mit dem tiefen Blaugrün ihres buschigen Nadelkleides ein fesselndes Farbspiel. Ein atemberaubender Harzduft umwölkt den ganzen Baum. Über ihn dehnt er sich in seine Umgebung aus, ausdrucksvoll, einnehmend und prägend, und man wähnt sich plötzlich tief **umfangen**. Dann fällt auf, dass der Wind nicht durch die Kiefer rauscht wie durch andere Bäume. Er umsäuselt sie voll Sehnsucht, umgarnt sie, versucht sie zu erobern und tänzerisch zu führen – denn dann erst gibt sie sich ihm hin und passt sich ihm an, folgt ihm in seinen kraftvollen Bewegungen und drehenden Pirouetten.

So entsteht die ganz besondere, **einmalige Form** der Kiefer, die man als „baumgewordenen Wind" bezeichnen könnte. Sie widersteht nicht energisch und eigensinnig, wie eine Eiche es kann, sondern wiegt sich sanft in seinen Armen und entspricht so seinem Drang. Die windverzerrten Latschen-Kiefern der Hochgebirge, die in den Himmel züngeln wie wild angefachte Flammen, geben ein imposantes Beispiel hiervon.

Föhre ist der althergebrachte und heute kaum mehr gebräuchliche Name der Kiefer. Er führt noch tiefer in das ganzheitliche Verstehen dieses einzigartigen Nadelbaumes. Die Bezeichnung *Kiefer* wurde erst im späten Mittelalter üblich, vermutlich durch die Zusammenziehung des älteren

▼ *Das Luftelement, das Windige, zeigt sich im Bau des Baums.*

Wesen und Charakter: genügsam und gebend

Sie ist sehr anspruchslos – trockene, sandige, nährstoffarme Böden verträgt sie genauso wie klirrende Kälte, stürmische Küsten und das raue Klima der Alpen, wo sie als Zirbe (auch Zirbel-Kiefer oder Arve genannt; *Pinus cembra*) eine große Bedeutung hat. Eine sehr intensive **Wirtsgemeinschaft mit Pilzen**, die ihr mineralische Nährstoffe erschließen, an die sie ohne Hilfe nicht kommen würde, und ihr unbändiger Hunger nach Licht rückt ihr Wesen ganz in die Nähe eines bestimmten Laubbaumes: der Birke, dem Baum des Lichts (siehe Birke S. 33). Und tatsächlich waren es diese beiden Arten, der Feuerbaum und der Baum des Lichts, die nach der letzten Eiszeit einen riesigen Urwald bildeten, der wiederum im wahrsten Sinn des Wortes den Boden für andere, ihnen folgende Arten bereitete. Noch heute nehmen sie als **Pionierbäume** große Mühsal und viele Unbilden für andere auf sich, scheuen weder Wind noch Wetter – all das, um die Erde urbar, lebbar zu machen.

Vielleicht ist die Wald-Kiefer oder Föhre einer der am meisten unterschätzten und verkannten Bäume in unseren heimischen Wäldern. Kein anderer Nadelbaum hat eine so individuell geprägte Gestalt wie sie, auch wenn ihr Stamm sich – wie für Nadelgehölze typisch – wenig teilt und durchgängig gerade ist: vom Grund bis zur Spitze. Sie verfügt jedoch in der oberen Hälfte über einen verzweigten Astwuchs, der in den meisten Fällen nicht der Schirmform anderer Nadelbäume entspricht, sondern sich nach oben hin fast wie die **Krone eines Laubbaumes** ausnehmen kann.

Unsere Wald-Kiefer ist einer der höchsten Bäume Europas und prägt mit bis zu 50 m Höhe bei nur einem Meter Stammdurchmesser viele Wälder. Das durchschnittlich erreichbare Alter von etwa 600 Jahren überschreitet das **nach oben strebende** Nadelgehölz in Einzelfällen bei Weitem: Einige der ältesten Bäume der Welt sind Kiefern.

▲ *Typische Wuchsform der Wald-Kiefer: schlank und geradlinig*

Namens *Kienföhre*. Der Nachhall des Klangbildes, das das Wort *Föhre* nach dem Aussprechen in uns hinterlässt, ähnelt dem *Feuer*. Und in der Tat hat es auch genau die gleiche Wurzel – es entwickelte sich aus dem althochdeutschen *foraha*, was *Feuer* bedeutet. Die Kiefer ist der **Feuerbaum**.

Feuer und Luft

Die im jugendlichen Alter graue, glatte Rinde wappnet sich im Alter mit einer tiefrissigen, in Platten zerrissenen, rötlichbraunen Borke, die im unteren Stammbereich sehr dick und drückend ist. Überraschenderweise ist dieser Teil des an sich gut brennbaren Feuerbaumes schwer entflammbar – und schützt ihn auf diese Weise vergleichbar einem dicken **Hitzeschild** vor völliger Vernichtung bei einem Waldbrand.

Die blaugrünen, bis zu 8 cm langen Nadeln hängen büschelweise für zwei bis drei Jahre an den Zweigen und sind nicht so weich und flaumig wie die der Eibe, aber längst nicht so hart und stachlig wie Fichten- oder Tannennadeln. Eine einzige Föhre erzeugt etwa 1600 Zapfen jährlich – Heimstatt und Schutz für jeweils bis zu 100 Samen. Erst im zweiten Jahr nach der Blüte werden die etwa 4 mm großen und **geflügelten Samenkörner** dem Wind anvertraut, der sie ihr schmeichelnd entlockt. Die „leeren", nutzlos gewordenen Zapfen werden abgestoßen und fallen zu Boden.

Im gesunden Umfeld ragt die **Pfahlwurzel** bis zu 6 m in den Boden und ermöglicht festen Halt. Dort, wo die Kiefer in für sie unpassende Böden gepflanzt wird und das Wurzelwerk nicht ausreichend ausgebildet werden kann, neigt sie – wie die Fichte – zu Windwurf. Doch gibt es keinen Bruch des Stammes, vielmehr kippt der Baum inklusive des Wurzeltellers als Ganzes um.

Große Wärmekraft

Aufgrund des großen Harzanteils brennt der Feuerbaum sehr gut mit heller, lebendiger Flamme

◂ *Eher gedrungen und oftmals wettergegerbt wirkt die Zirbe.*

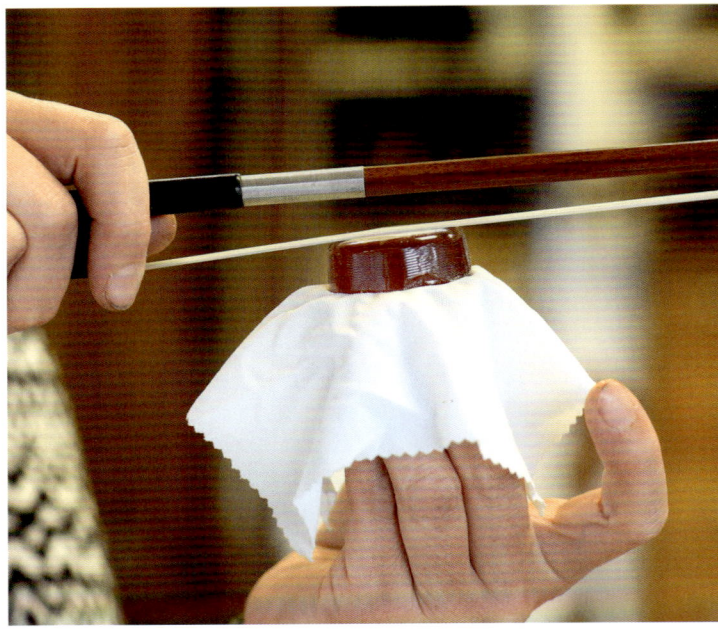

▲ *Bernstein: uraltes, "Stein" gewordenes Harz. – Echtes Kolophonium wird aus dem Harz der Wurzel gefertigt.*

und wurde bereits von den Kelten gerne als Brennholz genutzt. Bis zur Erfindung des elektrischen Lichtes beleuchtete man die dunklen Räume in den Stuben, Burgen und Schlössern des Mittelalters mit einem Span aus Kiefernholz: dem **Kienspan**. Bevor er mithilfe des Zunderpilzes angezündet wurde (siehe Buche S. 49), wurde er in Harz, in Baumpech getaucht, damit er länger brannte. So verbreitete er bis zu zwei Stunden lang ein lohendes, mystisches Glimmen in den dunklen Hütten. Man kann sich lebhaft vorstellen, welche alten Märchen, Mythen und unheimlichen Geschichten sich die Menschen im geisterhaft flackernden Licht des Kienspanes zuraunten.

Nicht nur das hohe Alter, sondern auch die "goldenen Tränen des Baumes" machen die Föhre unsterblich: Das als **Bernstein** bekannte, fossile Harz ist bis zu 50 Millionen Jahre alt. Es war und ist als Schmuck seit jeher sehr gefragt. In seinem Inneren spielt Zeit keine Rolle, ist völlig bedeutungslos. Vielleicht ist das der Grund, weswegen der Bernstein seit der Antike zu den wichtigsten Heilsteinen zählt und für seine wohltuende Wärmebildung geschätzt wird, auch wenn dies aus naturwissenschaftlicher Sicht umstritten ist. In den letzten Jahren hat ein wahrer Bernsteinboom in China die Preise explodieren lassen und in Schleswig-Holstein für regelrechte kleine "Goldräusche" gesorgt. Tatsächlich kann das Suchen nach Bernstein an sandigen Nord- und Ostseestränden sehr lukrativ sein, auch wenn das legendäre *Bernsteinzimmer* dort wohl nicht zu finden sein wird.

Aus dem Harz lässt sich gereinigtes Terpentin herstellen – Grundstoff für das **Terpentinöl**, das bereits bei den Ägyptern für die Mumifizierung der Pharaonen genutzt wurde. Auch Teer, Lacke und Ölfarben können aus dem Harz des Baumes gewonnen werden. Speziell aus dem Harz der Wurzelstöcke wiederum fertigt man bis heute das feste **Kolophonium**, das als *Bogenharz* bei Streichinstrumenten eine wichtige Rolle spielt. Mit ihm reiben die Musiker regelmäßig die Bogenhaare ein, um leichter die Saiten von Violine, Bratsche oder Cello in Schwingung zu versetzen.

Gewonnen wurde das **Harz** über Jahrhunderte hinweg vom Harzer. Als von bitterer Armut getriebener Wanderarbeiter zog der durch tiefe Wälder und schlug mit dem Harzreißer lange, breite Wunden in Fichten- und Kiefernstämme. Er sammelte dann das austretende Harz und verkaufte dieses schließlich für ein paar Groschen an Harzsiedereien zur Weiterverarbeitung.

Aus den weichen Nadeln der Kiefer dagegen wurde bis ins 19. Jahrhundert hinein die sogenannte Waldwolle hergestellt. Nach dem Kochen und Dämpfen der Nadeln verlieren sie ihre Gerbsäure und ein Stoff entsteht, der dem Flachs oder der Baumwolle ähnlich ist. Mit diesem noch weiter zermahlenen Bast füllte man Matratzen und Kissen, denen man eine ähnliche Heilwirkung zuschrieb wie dem Bernstein – zumindest die wärmende Wirkung wird niemand ernsthaft bestreiten. Im Alpenraum entdeckt man aktuell die beruhigende, heilende Ausstrahlung des Zirbenholzes wieder und verwendet es sehr gerne im Möbelbau, insbesondere für Betten. Tatsächlich ist die gesundheitsfördernde Wirkung gut erforscht: An der TU Graz wurde durch Professor Maximilian Moser in einer Studie nachgewiesen, dass die Versuchsteilnehmer, die in einem Zirbenholzbett schliefen, ungefähr 3600 Herzschläge pro Nacht einsparten, was im Schnitt einer um 10 % gesenkten Herzfrequenz entspricht. Das wirkt sich langfristig natürlich auf die Lebenserwartung aus.

Aufgrund der Qualität des Holzes – es ist leicht, zugleich jedoch dicht und recht hart – ist die Kiefer nach der Fichte der am häufigsten angebaute Baum in Deutschland. Ihr Waldanteil liegt bei 23 %. In Österreich dagegen, dem Land der Zirben, ist sie weit abgeschlagen, aber mit gut 7 % immerhin noch auf Rang drei. Ausschlaggebend für die Beliebtheit des Holzes ist neben dem raschen Wachstum und den geringen Ansprüchen des Baumes an den Standort vor allem die oben beschriebene gute und vielfältige Verwendbarkeit. Heute ist das Holz des stolzen Baumes – fast könnte man sagen in erniedrigender Weise – der wichtigste Rohstoff für **Spanplatten**. Nach wie vor spielt es auch für Masten, Pfosten und Rammpfähle im Wasser-, Hafen- und Bergbau eine Rolle.

◄ *Die Nadeln sind rundlich und weich – und füllten früher Kissen und Matratzen.*

STECKBRIEF

immergrüner Nadelbaum
deutscher Name: Wald-Kiefer, Föhre; Zirbe, Zirbel-Kiefer, Arve
wissenschaftlicher Name: Pinus sylvestris; P. cembra
Anzahl der Arten weltweit: etwa 100
Familie: Kieferngewächse *(Pinaceae)*
Verbreitungsgebiet: Europa, borealer Nadelwaldgürtel
Standort: kalkreiche Böden
Höhe: bis zu 50 m
Alter: bis zu 600 Jahre
Austrieb: Nadeln erneuern sich alle 2–3 Jahre
Blütezeit: Mai
Blatt: dünne, bis zu 8 cm lange, blaugrüne Nadel
Frucht: spitzer Zapfen
Rinde: in Platten zerrissene, rötlichbraune Borke
Eigenschaften des Holzes: rötliche Farbe, harzreich

▼ *Ein reinigender Nadeltee lässt sich schnell aus frischen oder getrockneten Nadeln machen.*

Heilkraft: lösen und in Bewegung bringen

Der für einen Kiefernwald so typische frische, harzige Duft belebt die Atmung und die Bronchien. Darüber hinaus verbessern die Myriaden verschiedenster **Heilstoffe in der Luft** die Sauerstoffversorgung des Körpers und stärken den Kreislauf sowie die Abwehrkräfte. Im Mai schmecken die jungen, frisch ausgetriebenen Sprossen besonders lecker. Herbes, Süßes, Säuerliches und Aromatisches vermischen sich hier – und locken ein ebenso tieferes Durchatmen hervor. Das vielfältige Wirkstoffgefüge der Nadeln setzt sich zusammen aus ätherischem Öl, Harzen, Bitterstoffen, Vitamin C, Flavonoiden und Gerbstoffen.

Für einen Jahresvorrat pflücken Sie junge Kiefernsprossen am besten im Mai und trocknen sie bei geringer Wärme. Wie immer nehmen Sie nur soviel, wie Sie brauchen. Für einen **Nadeltee** übergießen Sie 1 TL frischer oder getrockneter Sprossen mit 250 ml kochendem Wasser und lassen den Auszug fünf Minuten zugedeckt ziehen. Danach sieben Sie ab. Der Tee fördert die Regeneration der Zellen, erfrischt die Haut und beschleunigt den Abbau von Schlackenstoffen.

Wer die erfrischende Wirkung der Nadeln auf der Haut spüren möchte, stellt sich ein **Peelingsalz** her. Zerkleinern Sie die jungen Nadeln mit einem Messer und schichten Sie in ein Schraubdeckelglas immer wieder abwechselnd etwa gleiche Mengen dieser Nadeln und grobem Meersalz. Geben Sie noch einige Tropfen ätherisches Kiefernnadelöl hinzu und vermischen Sie dann alles gut. Lassen Sie das Ganze einige Tage durchziehen, bevor Sie es gebrauchen. Massieren Sie das Salzgemisch am besten nach einem Bad in die noch feuchte Haut ein, lassen Sie es kurz einwirken und duschen Sie sich dann mit kühlem Wasser wieder ab. Der gesundheitsfördernde Vorgang reinigt die Haut, entspannt Körper und Seele, durchblutet schmerzende Muskeln und erfrischt.

Wirkung über das Ätherische

Das ätherische Öl aus der Destillation der Nadeln riecht balsamisch. Es reinigt und belebt und ist bestens geeignet für den Saunaaufguss. Beliebt ist es auch als Bestandteil vieler Badezusätze und Männerparfüme. Es vertieft – typisch Kiefer – den Atem und hilft bei Infektionen der Atemwege. Außerdem

▼ *Auch die Pinie ist eine Kiefernart. Die nahrhaften Kerne sind überaus gesund.*

Ein gesundes Leben führen

Optimal ist es, gerade im Sinne der Krankheitsvorbeugung oder Salutogenese, die Heilkraft der Bäume wie selbstverständlich im Alltag zu nutzen. Es gibt zahlreiche Möglichkeiten, auf eine naturverbundene Weise zu leben und so die Gesundheit zu fördern.

Streuen Sie zum Beispiel die Nadeln von Kiefern auf ein Holzfeuer, in den Kamin, im Sommer auf den Holzkohlengrill oder auf ein Räucherstövchen. Der **rauchige Duft** reinigt, löst und bringt eine wohlige Wärme in den Körper. Füllen Sie damit – einfacher geht es kaum – ein **Kräuterkissen** und legen Sie es bei Husten neben Ihr Kopfkissen. Werfen Sie sie frisch gepflückte Nadeln – vielleicht ist das doch noch unkomplizierter – in ein heißes Vollbad oder in eine heiße Wasserschüssel für ein Hand- oder Fußbad, um einer Erkältung vorzubeugen oder Muskelschmerzen und Rheuma zu lindern. Die essbaren **Kerne der Pinie** (*Pinus pinea*) sind ein kulinarischer wie gesunder Genuss, egal ob roh, geröstet oder gesalzen verzehrt.

Ein Tipp für Besitzer eines **Gartenteiches:** Legen Sie einige Kiefernzweige in das Wasser – das verhindert das Wachstum von Algen.

löst es den zähen Schleim, erleichtert das Abhusten, stillt den Husten, beruhigt und klärt einen erkälteten Kopf. Gleichzeitig aktiviert das wertvolle Heilöl das gesamte Immunsystem.

Wenn sich eine Erkältung durch Kopf-, Hals- oder Nebenhöhlenschmerzen – oftmals verstecken sich dahinter ungeweinte Tränen – bemerkbar macht, **inhalieren** Sie mit dem Öl. Füllen Sie eine Schale mit heißem Wasser und legen Sie ein großes Handtuch bereit. Geben Sie auf 0,5 l Wasser höchstens 3 Tr. ätherisches Öl: nicht mehr, damit Augen und Kehlkopf nicht zu stark gereizt werden. Halten Sie Ihren Kopf über die dampfende Wasserschale und bedecken Sie alles zusammen gut mit dem Handtuch. Atmen Sie in dieser „waldigen Klimazone" solange, wie es Ihnen gut tut. Am besten halten Sie für eine optimale Nachwirkung den Kopf eine Weile so warm wie es geht – vielleicht mit dem Handtuch als Turban oder unter der Bettdecke schlafend.

Wenn Sie im Winter durchgefroren vom Weihnachtsmarkt oder einem kalten Waldspaziergang nach Hause kommen, ist es Wohltat, in ein wärmendes **Erkältungsbad** zu steigen, das die Durchblutung fördert und Bakterien im Keim erstickt. Geben Sie dafür zunächst 250 ml Sonnenblumen- oder Olivenöl in ein gut verschließbares Glas. Fügen Sie den Inhalt einer Kapsel Vitamin E hinzu. Das natürliche Konservierungsmittel macht das Badeöl länger haltbar und belebt obendrein die Haut. Schneiden Sie also eine Kapsel auf und drücken Sie den Inhalt in das Öl. Dann folgen je 25 Tr. ätherisches Kiefernnadel- und Thymianöl. Beide Öle töten effektiv Bakterien und Viren. Sie öffnen darüber hinaus die Atemwege, stärken das Immunsystem und beugen effektiv einer weiteren Ansteckungsgefahr vor. Ein Esslöffel davon reicht für ein Vollbad vollkommen aus.

Sich selbst schätzen
Fünf Tropfen ätherisches Öl in der **Duftlampe** desinfizieren die Luft, was gerade in Krankenzimmern sinnvoll ist. Zuhause oder im Büro mindern sie die Ansteckungsgefahr. Wenn Sie schmerzenden Ge-

▼ Zur allgemeinen Stärkung oder bei einer Erkältung: die ätherischen Öle von Kiefer und Zirbe helfen. – Holzspäne in einem Duftkissen strömen die Wirkstoffe aus.

lenken etwas Gutes tun wollen, geben Sie 2 EL Olivenöl in ein Schälchen und vermischen das Trägeröl mit je 2 Tr. Kiefernnadel-, Wacholder- und Zitronenöl. Ein solches selbst ganz schnell und einfach hergestelltes **Massageöl** durchwärmt die Gelenke und nimmt die Schmerzen.

Die **Bach-Blüte** *Pine* eignet sich für Menschen, die sich selbst das Leben schwer machen, weil sie zuviel von sich verlangen und kaum mit sich zufrieden sind. Mithilfe der Essenz lernen sie, sich selbst so zu mögen und zu schätzen, wie sie sind. Die feinstoffliche Kraft des Baumes können Sie auch nutzen, wenn Sie sich bei Kummer an den **Stamm anlehnen**. Klagen Sie der milden und demütigen Kiefer – laut oder leise – so lange Ihr Leid, bis es gut ist. Der Baum tröstet Sie – und irgendwann löst ein tiefer, befreiender Atemzug die Anspannung und mit ihr all den Kummer. Traurigkeit und Schwermut verwandeln sich in wohltuende Ruhe und inneren Frieden. Das Herz schlägt wieder ruhig und gleichmäßig und schafft ein Gefühl von Geborgenheit.

Signatur der Zirbeldrüse

Mitten in unserem Gehirn sitzt die Zirbeldrüse, auch Epiphyse genannt. Über dieses Organ steuern die kosmisch-natürlichen Rhythmen unsere innere Uhr und – über das Hormon Melatonin – den Schlaf-Wach-Rhythmus. Auch die Intuition hängt damit zusammen. Lässt die Funktion der Zirbeldrüse nach, setzen physische und auch manche psychischen Alterungsprozesse ein. Interessant ist, dass diese Drüse mit dem Baum nicht nur den Namen gemein hat, sondern in gewisser Weise auch das Aussehen: Die besagte Drüse sieht etwa so aus wie der Zapfen der Zirbelkiefer, wenn auch sehr viel kleiner. Das altdeutsche Wort *zirben* bedeutet *wirbeln* oder *sich im Kreise drehen*, so wie es bei der Anordnung der Zapfenschuppen gut zu erkennen ist. Hier kommt wieder – zurecht – die alte Signaturenlehre zu Ehren. Es ist offenkundig, wie Zirbelkiefer und Zirbeldrüse bei der Optimierung des Schlafes zusammenarbeiten.

Zirbenkraft aus den Alpen

Die Zirbe ist gut daran zu erkennen, dass sie fünf grüne Nadeln in einem Büschel trägt, die Wald-Kiefer hingegen nur zwei. Sie ist hervorragend an das raue Klima im Gebirge angepasst, ist zäh und widerstandsfähig. Der typische Duft in der Zirbenstube einer Berghütte ist unvergleichlich und prägt sich jedem ein. Das harzreiche Holz gibt diesen **balsamischen Duft** langsam und über lange Zeit hinweg ab, was eine harmonische und kräftigende Atmosphäre schafft. Der Herzschlag verlangsamt sich, das Herz arbeitet ökonomischer – all das ist mittlerweile durch Messungen erwiesen. Wetterfühligkeit tritt praktisch nicht auf, wenn man sich regelmäßig in Zirbenzimmern aufhält. Ähnliche förderliche Einflüsse zeigen sich auch am Arbeitsplatz oder in Klassenzimmern.

Auch Ruhebereiche sind ausgezeichnete Orte für das duftende Holz. Der Schlaf in einem **Zirbenbett** ist tiefer und erquickender als in anderen Betten. Kranke erholen sich darin besser und kommen schneller wieder auf die Beine – das Holz vermit-

◄ *Heilsamer Rauch: Das getrocknete Harz oder das fein geraspelte Holz verschenken ihre Kräfte.*

▶ *Zirbenzapfen sprechen die Zirbeldrüse des Gehirns an, die den Schlaf steuert. – In frischem Zustand sind sie Ausgangsstoff für einen Klarheit vermittelnden Likör oder Schnaps.*

telt Lebenskraft und Lebensfreude. Wer kein solches Bett besitzt, kann sich ein mit duftenden Holzspänen gefülltes **Kissen** kaufen. Pinosylvin heißt der besondere Stoff des Zirbenholzes. Er hemmt auf nachhaltige Weise das Wachstum von Bakterien und vertreibt auch besonders gut Motten aller Art.

Sammelgut Zirbenzapfen

Die im Schnitt 100 Samen pro Zapfen wiegen je etwa ein Viertel Gramm und sind von einer harten Schale umgeben. Der weiche Inhalt ähnelt den Pinienkernen. Er ist sehr nährstoffreich und schmeckt wie eine Kombination aus Kieferduft und Walnüssen. Essen Sie sie am besten direkt in der Natur, direkt vom Baum.

Haltbar machen lässt sich der außergewöhnliche Geschmack in Form eines **Zirbenlikörs**. Dafür benötigen Sie drei bis vier noch nicht verholzte Zapfen, die Sie in Scheiben schneiden und in einem Weithalsglas mit 700 ml etwa 40 %igem Alkohol übergießen. Geben Sie noch etwa 100 g Kandiszucker hinzu, verschließen Sie das Glas und lassen Sie diesen Ansatz acht Wochen hell und bei Raumtemperatur stehen. Der Auszug nimmt langsam eine schöne rotbraune Färbung an. Schließlich filtrieren Sie ihn durch einen Kaffeefilter ab. Ein Schnapsgläschen voll wirkt so wohltuend auf die Atemwege, dass Sie selbst bei starkem Husten wieder tief durchatmen können. Echter **Zirbengeist** wird nicht aus noch grünen, sondern aus verholzten Zapfen gebrannt. Er ist glasklar und von kräftigem Aroma. Genießen Sie ihn pur oder verwenden Sie ihn als Einreibung bei schmerzenden Gelenken und Muskeln.

Reinigung und Beruhigung

Das ätherische Öl wird aus zerkleinerten Nadeln, Zweigen und Zapfen abdestilliert. Es trägt den Geist der klaren Bergluft in sich. Verwenden Sie es immer dann, wenn Klarheit, Frische und Konzentration gefragt sind, beispielsweise am Schreibtisch, in Konferenzen und Sitzungen. Der Duft weckt die Lebensgeister, neue Ideen und klare Gedanken gewinnen die Oberhand. In Wartezimmern oder Behandlungsräumen schafft er es, die Raumluft zu erfrischen und zu reinigen. Einige wenige Tropfen des Öls in der **Duftlampe** reichen aus. Bei einer Hausstauballergie geben Sie vor dem Saugen 1–2 Tr. des Öls auf den Filter des Staubsaugers. Die Raumluft wird dadurch wieder klar und es duftet nach Wald und Bergen. Außerdem verringert sich die Zahl der Hausstaubmilben.

Wie bei anderen Nadelbäumen wirkt auch das Öl der Zirbelkiefer auf den Atemtrakt und hemmt dort Entzündung. Auch löst es zähen Schleim, fördert die Durchblutung der Lunge und lässt Sie wieder tief und kraftvoll durchatmen. Die Eigenschaften des ätherischen Öls sind aber auch darüber hinaus vielfältig. Es reinigt die Haut, verbessert ihre Durchblutung und nimmt kleine Entzündungen. In Aftershaves, Shampoos und Haarwässern wirkt es gegen Haarausfall. Für die tägliche Hautpflege rühren Sie 2–3 Tr. in Ihre normale Tagescreme. Bei Nerven- oder Muskelschmerzen geben Sie 3 Tr. auf 20 ml Johanniskrautöl und massieren damit die betroffenen Stellen liebevoll ein.

Auf der **seelischen Ebene** verleiht der Duft der Zirbe Mut und bringt Motivation und Standhaftigkeit. Er stärkt die Nerven, sorgt für Beruhigung und schafft inneren Frieden. Auch hilft er dabei, die eigene Einzigartigkeit freudevoll zu bestaunen und anzunehmen.

Mythen, Sagen und Kult: in die immerwährende Entwicklung gehen

Alle immergrünen Bäume bergen in sich die **Verheißung auf ein immerwährendes Leben.** So wurden sie im Mythos früh zu Symbolen der Auferstehung. Ob man dazu eine Fichte, Tanne, Kiefer oder Pinie wählte, kam auf den Verbreitungsgrad des Baumes im Bereich der jeweiligen Kultur an. Mythologisch gesehen wurden sie nie klar voneinander abgegrenzt. Was zählte, war ihre Beständigkeit und Dauerhaftigkeit. Auch ihre Zapfen wurden symbolisch ausgedeutet und konnten je nachdem für üppige Fruchtbarkeit oder – wie bei der Göttin Artemis – für Keuschheit stehen.

Ab dem 3. Jahrhundert vor Christus waren es von Ägypten bis Rom vor allem drei Götter, die mit einem immergrünen Baum verknüpft wurden: Osiris, Adonis und Attis. Sie kamen aus Ägypten, Syrien und Kleinasien und allen dreien wurde die Pinie oder auch die Fichte im wahrsten Sinne des Wortes auf den Leib geschrieben. Je für sich standen sie in liebevoller Beziehung zu den drei Schöpfer- und Erlösergöttinnen Isis, Aphrodite und Kybele. Während ihre göttlichen Geliebten jährlich mit dem Absterben der Vegetation aus dem Leben scheiden mussten, waren sie es, die sie ein ums andere Mal vom Tode auferweckten.

In dem alljährlichen Prozess des Stirb und Werde spielten die immergrünen Bäume eine zentrale Rolle. Osiris, Adonis oder Attis wurden in Form von Pinien- oder Fichtenstämmen in einer Höhle begraben und gewöhnlich nach drei Tagen von den Göttinnen, die im Kult von Hohepriesterinnen „ersetzt" wurden, rituell wieder auferweckt. Dabei

▼ *Die Nadelbäume stehen für ewiges Leben und für Auferstehung: Bei der in rauem Bergklima wachsenden Zirbe kommt das besonders zum Ausdruck.*

▶ *Der bei den Kelten heilige Kiefernbaum. Wer – seelisch betrachtet – den Wipfel zu erklimmen vermag, kann die Einweihung erlangen.*

spielte es keine Rolle, dass der Stamm entwurzelt war. Seiner grundsätzlichen **Fruchtbarkeit** tat dies nicht den geringsten Abbruch. Die Fülle seiner Zapfen blieb ihm dennoch erhalten.

In seiner Enzyklopädie „Naturalis historia" beschreibt Plinius der Ältere die Zapfenproduktion der Pinie als einen Inbegriff der Üppigkeit: „Aber am bewundernswertesten ist die Pinie. Sie trägt (gleichzeitig) eine reifende Frucht, eine, die erst im folgenden Jahr reif wird, und eine, die das erst im dritten Jahr tut. Kein anderer Baum ist so verschwenderisch; im selben Monat, da man einen Zapfen pflückt, reift ein anderer; die Verteilung ist so gleichmäßig, dass es keinen Monat gibt, in dem kein Zapfen reift." An solchen Äußerungen erkennt man, welch hohes Ansehen dieser mythische Baum in der antiken Welt genoss – und wie stark er mit dem blühenden, niemals stillstehenden Leben identifiziert wurde.

Merlins Orakelbaum

In der keltischen Welt gilt die Kiefer als Baum des berühmten Magiers und Barden Merlin. Es hieß, dass dieser sagenumwobene Waldmensch zurückgezogen im bretonischen „Wald von Brocéliande" lebt. Dort verbindet er sich unverbrüchlich mit der Fee Viviane, die am Brunnen von Barenton mitten auf der Lichtung eines **heiligen Waldes** wohnt. Viviane verkörpert geradezu diese Quelle, die mit den Wassern des Lebens in Verbindung steht, aus deren Tiefe sie ihre magischen Kräfte bezieht. Mit dem Wasser ihres Brunnens heilt sie Menschen, die krank an Geist und Seele sind, so auch Merlin. Aus Dankbarkeit überträgt er all seine Kräfte und sein magisches Wissen auf die Geliebte.

Am Brunnen von Barenton findet sich Merlins heilige Kiefer, die er nach Art eines Schamanen erklommen hat. In ihrem Wipfel wurde ihm dereinst höchste Weisheit offenbart. In dieser Kiefer lässt sich unschwer ein Weltenbaum erkennen, der sich aus einer unterirdischen Quelle speist. Aus dieser Perspektive bildet die Unterwelt eine geradezu notwendige Ergänzung zur Baumkrone. Ohne die Einbeziehung der unterirdischen, „jenseitigen" Welt ist unsere Welt nicht vollständig. Ohne sie gäbe es auch keine schamanische Einweihung mit ihren den Alltagsverstand übersteigenden Erfahrungen. Man klettert auf die Spitze des Baumes, um in die Tiefen des Wissens einzutauchen. Wie oben, so unten!

Die mit dem Brunnen verbundene Kiefer von Barenton hat Macht über Regen und Gewitter. Sie ist ein **Orakelbaum** und schenkt demjenigen, der sich bis in ihre Spitze vorgearbeitet hat, allumfassende Erleuchtung. Dort oben erhält Merlin die Gabe des Hellsehens und der Heilkunst, er lernt die Sprache der Tiere zu verstehen und über die Welt zu „fliegen", sprich die Grenzen von Raum und Zeit aufzuheben. Der Wipfel des Baumes, in deren luftiger Höhe er fortan lebt, wird gern mit einem Glashaus verglichen. Ein **Glashaus** ermöglicht unbegrenzte Sicht in alle Richtungen. Auch das Himmelszelt wurde früher gern mit einem Glasberg verglichen. Durchsichtig und lichtdurchflutet wurde es zu einem Sinnbild für die Toten- und Anderswelt.

In unseren heimischen Märchen wird der kosmische Baum bisweilen sogar mit einem **Glasberg** verglichen, den nur Eingeweihte überhaupt ersteigen können. Alle anderen rutschen gnadenlos ab. Der Glasberg führt auf geradem Weg in die himmlischen Gefilde, die auch die Welt unserer verstorbenen Ahnen, die Anderswelt ist. Nach keltischem und übrigens auch germanischem Glauben liegt sie nur einen Schritt von unserer alltäglichen Wirklichkeit entfernt und kann im Nu erreicht werden, wenn wir nur offen dafür sind. Bei den Kelten wurde der Berg schließlich mit Glastonbury und der Insel *Avalon*, der *Insel der Seligen*, gleichgesetzt (siehe Apfel S. 27).

Der Wunderbaum – eine Einweihungsgeschichte
Der Wunderbaum heißt ein deutsches Märchen, in dem all diese fantastischen Zutaten vorkommen: Es geht um einen himmelhohen Baum, der dreimal neun Tagesreisen hoch ist und dessen Spitze in den Wolken verschwindet, außerdem um drei kostbare Quellen der Erleuchtung und zuletzt um einen Glasberg, den nur erklimmen kann, wer sich zuvor bis zur Spitze des Wunderbaums vorgewagt hatte. Leider ist das bedeutungsreiche Märchen weitgehend unbekannt.

Die Geschichte beginnt damit, dass ein junger Hirte eines Tages beim Hüten seiner Schafe einen wundersamen Baum bemerkt, der ihm bis dahin noch nie aufgefallen war. Neugierig beginnt er, den Stamm hinaufzuklettern – alles geht wie von selbst. Nach neun Tagen öffnet sich vor ihm ein Feld, in dem alles aus Kupfer gefertigt ist: Wiesen, Häuser, Bäume, Wasser, selbst der Hahn, den er auf dem Wipfel des höchsten Baumes entdeckt. Außer einer rauschenden Quelle vernimmt er jedoch keinen einzigen Laut, und alles erscheint ihm wie tot. Da seine Füße vom Aufstieg schmerzen, will er sie im Wasser erfrischen, doch als er sie wieder heraus-

◄ *Die mit der Quelle des Lebens verbundene Fee Viviane, den Zauberer und Barden Merlin heilend*

▲ *Der magische Wunderbaum mit seinen drei Stufen der weisheitsvollen Entwicklung: Kupferne, silberne und goldene Zweige stehen dafür.*

zieht, sind sie **kupferfarben** geworden. Rasch zieht er seine Schuhe darüber und macht sich auf den Weg zurück zum Baumstamm.

Er klettert weiter nach oben. Nach abermals neun Tagen öffnet sich ein neues Feld vor ihm, nur dass alles, was er sieht, diesmal ganz aus Silber zu bestehen scheint. Ansonsten ist alles wie zuvor. Diesmal hält er zum Trinken seine Hände in den tosenden Quell, und als er sie wieder herauszieht, sind sie wie mit **Silber** überzogen. Rasch zieht er seine Handschuhe darüber und kehrt zurück zum Stamm des Baumes. Noch einmal neun Tage muss er hochsteigen, ehe sich vor ihm ein drittes Feld auftut. Diesmal ist alles, was er erblickt, ganz aus Gold. Ansonsten ist auch hier alles wie gehabt. Die ganze Landschaft wirkt wie tot, selbst der Hahn, der auf dem Wipfel des höchsten Baumes sitzt, regt sich nicht. Wieder ist die Quelle das einzige, was Lärm macht. Als er sich über das Wasser beugt, lässt er seine Haare in das sprudelnde **Gold** hineinfallen, und als er sie schließlich zurückwirft, sind sie ganz vergoldet.

Nun hält es ihn nicht länger dort oben, eilends strebt er zum Baumstamm zurück und klettert flugs hinunter. Auf jeder Ebene hatte er vorsorglich ein Zweiglein von einem der Bäume abgebrochen und eingesteckt. Als er unten angelangt ist und sich nach seiner Herde umsehen will, findet er kein einziges Schaf mehr. Seine Vergangenheit scheint sich von ihm abgewendet zu haben. Stattdessen erblickt er von weitem die Mauern einer unbekannten Stadt und hält tapfer darauf zu.

Um überhaupt irgendeine Arbeit zu verrichten, verdingt er sich beim Koch des Königs. Er stellt nur eine Bedingung: Niemals will er Mütze, Schuhe und Handschuhe ausziehen, da er einen üblen Grind darunter habe, den er niemandem zumuten wolle. Der Koch stellt keine weiteren Fragen, da er sieht, dass er einen aufmerksamen und zuverlässigen Küchengehilfen eingestellt hat.

Eines Tages nun herrscht große Aufregung in der Stadt. Ein Glasberg befindet sich am Königshof, und auf diesem sitzt **des Königs Tochter** und wartet auf einen ihr ebenbürtigen Freier. Bisher ist es noch keinem gelungen, den Berg auch nur zur Hälfte zu bewältigen. Die meisten rutschen aus und geben vorher auf, einige hatten sich gar schon den Hals gebrochen. So geschieht es auch diesmal. Da fasst sich der junge Mann ein Herz und will es auch versuchen. Schnell zieht er Hut, Mantel, Schuhe und Handschuhe aus, und unerkannt gelangt er durch die Menge der Wartenden bis zum Fuß des Berges. Und siehe da: Das Glas gibt unter seinen Füßen nach wie Wachs, so dass er ganz bequem bergan schreitet. Oben überreicht er der Prinzessin das kupferne Zweiglein und kehrt danach so sicher nach unten zurück, als wenn der Berg Stufen hätte. Allen steht vor Staunen der Mund offen, denn mit seinen kupfernen Füßen, den silbernen Händen und endlich dem Goldschopf ist der junge Mann eine alles überstrahlende Erscheinung.

Die Geschichte wiederholt sich noch zweimal. Beim zweiten Mal überreicht der junge Mann der Königstochter das silberne Zweiglein, beim dritten Aufstieg dann das goldene. Da er seine glänzende Gestalt normalerweise unter bescheidenen Kleidern versteckt hält, erkennt ihn nicht einmal der Koch. Nach dem dritten Mal hilft aber alles nichts mehr. Die Königstochter will diesen Mann oder keinen. So bleibt ihm am Ende nichts anderes übrig, als sich ihr in seiner wahren Gestalt zu zeigen. Bald darauf wird Hochzeit gefeiert und der König übergibt sein Reich den beiden jungen Leuten. Die Königin aber hätte gar zu gerne von ihrem Gemahl gewusst, woher er die kupfernen Füße, die silbernen Hände und das goldene Haar habe. Das will er ihr bereitwillig zeigen und mit ihr zusammen noch einmal auf den Wunderbaum steigen. Als sie jedoch an die Stätte kommen, ist der mysteriöse Baum verschwunden, und kein Mensch hat ihn je wieder gesehen.

Das Märchen liest sich wie eine Einweihungsgeschichte – rund um einen großen und heiligen Baum, dessen Wipfel sich hoch über den Wolken befindet: Diese Beschreibung passt auf jeden Fall gut zur Kiefer. Für den, der berufen ist, ist es leicht hinaufzukommen. Die Zweige des Baumes geben Halt wie eine Leiter, selbst der spiegelglatte Glasberg wird zu Wachs unter seinen Füßen.

Je höher er steigt, desto kostbarer werden die Edelmetalle, die ihn umhüllen. Kupfer, Silber und Gold. Das klingt, als hätte er dort oben die Gestirne besucht: Sterne, Mond und Sonne. Der goldene Haarschopf spricht für ein sonniges Gemüt und ein goldenes Herz, für die Arglosigkeit und Weisheit des Herzens. Auf der Spitze des Glasbergs trifft er die für ihn bestimmte Frau. Mit ihr kann er all sein auf der „Reise" erworbenes Wissen – wofür symbolisch die Zweige stehen – teilen. Doch den Baum können sie kein zweites Mal erklimmen. Er war das Sinnbild dafür, dass die wahre Himmelsleiter ohnehin bereits ein Teil von uns ist.

▼ *Eingang in eine andere Welt: Jeder mythische Baum war früher wie eine lebendige Himmelsleiter zu neuen Bewusstwerdungen.*

LINDE

Tilia spec.

Freude und Schönheit verbreiten

Linde. Ein Wort vom Klang eines liebenswürdigen Gedankens. Leicht und anmutig wie ein schaukelnder Schmetterling, der sich glücklich im Nirgendwo eines lauen Sommerabends verliert. Ein Baum, der einem warmen, liebevollen Gefühl vergleichbar ist: Alles an der Linde ist gut und schön und in leisen, selbstvergessenen Stunden kann man das fließende Leben spüren, das sie zwischen ihren weichen Zweigen und freundlichen Blättern verströmt. Ein bezaubernder Duft umgibt im frühen Sommer den blühenden Baum und schmiegt sich wie eine unsichtbare, strömende Aura in weiten, verschlungenen Schleifen um dieses einzigartige Wunderwerk der Natur.

In dieser Aura, unter dem erhabenen Blätterdach eines Lindenbaumes, verändert sich die Welt unmerklich. Man ist gerne hier, denn es stellen sich ein sanftmütiges Wohlgefühl und ein tiefer Friede ein. Bis in die Wurzelspitzen hinein ist die Linde von einer **zarten Feinheit** durchdrungen, die ihr etwas Lichtvolles und Lebendiges verleiht. Das macht sie nicht nur zur glänzenden Augenweide, nicht nur zu einer wirkmächtigen Heilpflanze, sondern vor allem zu einem Ort und Raum, an dem man Ruhe, Entspannung und Freude am Dasein findet und empfindet.

Wesen und Charakter: freigiebig und liebevoll

Die Linde erwacht nach dem Winter nicht allzu früh zum Leben. Sie mag wohl den manchmal rauen Umgang nicht, den der kalte Wind der ersten drei Jahresmonate an den Tag legen kann. So reagiert sie auch sehr **empfindlich auf Spätfrost**. Als

▼ *Jede der süßlich duftenden Blüten wird von einem länglichen Hochblatt getragen.*

▲ *Uralt kann sie werden – und ihrer Ausstrahlung kann sich kein naturverbundener Mensch entziehen.*

sei sie für solche Unwägbarkeiten zu „feinfühlig" und weichherzig, entfaltet sie ihre wunderschönen Blätter erst im späten April, in kalten Jahren sogar erst im Mai. Dafür schlägt sie dann aber mit Macht und strotzender Lebenskraft aus und setzt sich beispielsweise vehement gegen ihre Nachbarn durch, was ihr im engen Mischwald den Respekt der anderen verleiht. Doch das sieht man ihr gerne nach, denn die Linde liebt und sie wird geliebt und zeigt das auch ganz offenherzig. Ihre leicht gezahnten **handtellergroßen Blätter** sehen aus wie romantische, unbeholfen gemalte Herzen – und fühlen sich auch so weich und wohlwollend an.

Ende Juni, in kalten Gegenden auch erst Anfang Juli, erblüht sie – wohl nicht zufällig um die Johanninacht herum, das ist die Nacht vom 23. auf den 24. Juni, kurz nach der Sommersonnenwende. Erst jetzt reift sie zu ihrer ganzen **beeindruckenden Schönheit**, erst jetzt zeigt sie ihre wahre Bestimmung und ihre fast schon verschwenderische Freigiebigkeit. Die Linde liebt das Leben und gibt es tausendfach weiter: Bis zu 60 000 Blüten reckt sie in die Welt und für ungezählte Bienenvölker, Hummeln, Schmetterlinge und andere Insekten wird sie zum Paradies, zur nährenden Mutter.

Der hängende Blütenstiel, der zur Hälfte mit einem flügelartigen Vorblatt verwachsen ist, hat redliche Mühe, die randvoll mit Nektar befüllten Blütenkelche und die kleinen, kugelartigen und ölreichen Früchte zu halten. In der Wucht ihrer

Blüte vermuten manche auch das tiefe Geheimnis ihrer ausgeprägten Heilwirkung. Die allermeisten heimischen Laubbäume legen ihre Blüten bereits ein Jahr zuvor in den Knospen an, um sie erst nach dem darauf folgenden Winter im nächsten Frühling stolz zum Erblühen zu bringen. Geborgen in den Tiefen der Knospen überstehen die angelegten Blüten dieser Bäume tiefste Temperaturen und strenge Winter wie in einer Schutzschale. Nicht so die Linde: Sie erschafft ihre Blüten direkt nach ihren Blättern wie aus dem Nichts heraus und trägt sie im gleichen Jahr, ähnlich wie viele Bäume der Tropen. Aus anthroposophischer Sicht sind die jungen Blüten damit unmittelbar dem Sonnenlicht und den **Bildekräften der Natur** ausgesetzt – genauso wie bei sehr wirksamen Heilkräutern, die daraus ihre Kraft beziehen. Die Linde ist damit in ihren Blüten den Kräutern sehr nah.

Pastellgelbe und kristallweiße Farbnuancen verwischen im üppigen Samtgrün der Blätterherzen, taumeln kopfüber in den betörenden Blütenduft und machen die Linde zu einem tanzenden Rausch der Sinne. Der Begriff der *Tanzlinde* erfährt hier eine erste Berechtigung und zeigt auf, wie viel Freude die Linde dem Menschen bereiten kann.

Pracht und Fülle auf allen Ebenen

Die bei uns hauptsächlich heimischen Arten, die Winter- und die Sommer-Linde, sind so schwer voneinander zu unterscheiden wie zwei sommersprossige Zwillingsschwestern. Die **Winter-Linde** hat etwas kleinere Blätter, zweizeilig angeordnet und an der Unterseite behaart. Sie hat paradoxerweise ein „dünneres Fell" als die **Sommer-Linde** mit ihren etwas größeren, rundum behaarten Blättern und kommt eher in den nördlichen Gefilden Mitteleuropas vor. Daneben gibt es bei uns die Kreuzung der beiden Schwestern, die Holländische Linde, sowie eine hochaufgeschossene Cousine aus dem Balkan, die künstlich angesiedelte Silber-Linde, und die wesentlich kleinere Krim-Linde, die dafür allerdings mit bis zu 15 cm großen Blättern prunken kann.

Die Linde – egal welcher Art zugehörig – weiß um ihre Schönheit und ist viel zu eitel, um unter anderen Bäumen allzu häufig im freien Wald vorzukommen. Sie hegt hohe Ansprüche an den Boden und ist deshalb auch nicht sehr beliebt bei den Forstämtern, die auf hohen wirtschaftlichen Nutzen Wert legen. Zudem benötigt sie als Keimling besonders viel Licht, um gut zu gedeihen, was

▼ *Ob gerade frisch entfaltet oder bereits im herbstlichen Gelb: Die herzförmigen Blätter drücken Harmonie und Milde aus.*

in dichten Wäldern einem frühen Todesurteil gleichkommt. Doch als **einzeln stehender Baum**, als Solitär auf dem Dorfplatz beim Brunnen, in gepflegten Stadtparks, an Wegeskreuzungen oder als Wächter bei Bauernhöfen zeigt sie ihre Pracht. Locker überschreitet sie dann die 30-m-Marke und wipfelt manchmal stolz bis auf 40 m.

Sie bildet manchmal eine fast kugelförmige Krone aus, die diesen Namen wirklich verdient – jedoch oft das Ergebnis eines radikalen Beschnittes gutmeinender Stadtgärtner und Baumpfleger ist. Bleibt sie unbehandelt und natürlich, so bildet vor allem die Winter-Linde eine unten sehr breite, nach oben hin konisch zulaufende Krone aus, die frappierend an die Herzform ihrer Blätter erinnert. Diese weit ausladende, übermächtige Krone lässt den Stamm, der sie trägt, kurz und dick erscheinen.

Die Rinde ist beim jungen Baum noch glatt und graubräunlich mit verflochtener Struktur, im Alter bildet sie jedoch eine beeindruckende zerklüftete, schwärzliche **Borke mit Längsriefen**. Es ist aufregend, diese Furchen bei geschlossenen Augen mit den Fingerspitzen nachzufahren und die rauen Unebenheiten zu ertasten. Bei der Sommer-Linde ist diese Borke übrigens noch etwas gröber und rissiger – ein weiteres, wenn auch schwer festzustellendes Unterscheidungsmerkmal.

Es klingt fast wie ein Klischee, dass die Linde ein sogenannter **Herzwurzler** ist, der sich durch einen kompakten Wurzelwuchs mit wenigen, dafür aber starken Seitenwurzeln auszeichnet. Durch sein Vermögen, sich auch in felsigen, steinigen Untergrund zu krallen, bildet der Lindenbaum oftmals gerade an alten Kirchen- und Friedhofsgemäuern ein beeindruckendes, an der Oberfläche sichtbar knotiges Wurzelwerk aus.

Baum der Schnitzer, Instrumentenbauer und Imker

Die Linde gehört, für viele wahrscheinlich überraschend, zur Familie der **Malvengewächse**. Das sind zum größten Teil tropische Pflanzen wie der Kakaobaum und die Baumwolle. Sie bringt also durchaus ein wenig tropisches Temperament in

➤ *Die Rinde: mit länglichen Rissen und Furchen – Das Holz: gelblich-weiß und von formvollendeter Gleichmäßigkeit*

◄ Lebendes Denkmal: Bis zu 40 m hoch kann der beeindruckende Baum werden.

unsere Breitengrade: Ist das der wahre Grund für ihr sonniges Gemüt und ihre Ausstrahlung von Wärme und Licht?

Sie zählt zu den sogenannten Reifholzbäumen: In ihrer Mitte ist sie deutlich wasserärmer als in den Außenschichten des Holzes. Passend zu ihrem freundlichen Wesen hat sie ein helles Innenleben. Das in der Mitte des Stammes befindliche Kernholz unterscheidet sich trotz des unterschiedlichen Wassergehaltes kaum von den weiter außen befindlichen Schichten, dem Splintholz. **Gleichmäßigkeit** prägt den Charakter. Es ist hell, cremefarben und fast weiß. Nur selten weist es einen rotbraunen Einschlag auf und zeigt einen matten Glanz.

Lindenholz ist leicht und so weich, formbar und angenehm wie der Baum, von dem es stammt. Das „Holz der Liebe" ist gleichzeitig das Holz der Künstler: Es eignet sich ganz besonders für die bildenden Künste, ist das ideale Material für die **Bildhauerei**, zum Schnitzen und für die Drechslerei. Aufgrund seiner durchweg weichen Konsistenz und feinen Struktur lässt es sich seit je – lange vor den Möglichkeiten der maschinellen Holzbearbeitung – auch mit den Händen sehr genau bearbeiten. Berühmte Werke der mit dem Christuswesen so eng verbundenen Ausnahmekünstler Tilman Riemenschneider – etwa der *Heiligblut Altar* aus dem 15. Jahrhundert in der Stadtkirche St. Jakob in Rothenburg ob der Tauber – oder Veit Stoß – der der Welt etwa zur gleichen Zeit den *Heiligen Andreas* in der St. Sebald-Kirche in Nürnberg geschenkt hat – sind hiervon beeindruckende Zeugnisse. In dieser Tradition wurde dieses Holz auch noch wesentlich später von Künstlern wie Ludwig Schwanthaler genutzt. Interessanterweise waren es gerade Heiligenstatuen, Altäre und Bildstöcke, die zumeist aus dem „lieben Lindenholz" gefertigt wurden, weswegen es als *lignum sacrum*, als *heiliges Holz* bezeichnet wurde. Auch hier scheint wieder die unschätzbare Bedeutung dieses Baumes für das Christentum auf.

Was den Bau von **Musikinstrumenten** betrifft, so hat es aufgrund seiner Eigenschaft als Klangholz ebenso eine besondere Stellung inne: für Harfen, Klaviaturen und die Zungenpfeifen der Orgeln. Die besagte durchgehend gleiche und feine Struktur war darüber hinaus auch in der Verarbeitung zu Zeichenkohle maßgeblich. Sie lässt den Künstler den feinen Strich und die Tiefe der Schwärze sehr genau abstufen und dosieren.

So wie ein Künstler zumeist mangels Talent für technische Berufe überhaupt nicht zu gebrauchen ist, so ist das Lindenholz allerdings als Konstruktionsholz aufgrund seiner fehlenden Härte völlig ungeeignet. Es reicht gerade mal mit Mühe zum Furnier in der Möbelherstellung oder zur Verwendung als Nussbaumimitat. Frontpartien von Kuckucksuhren zieren sich aber gerne mit Lindenholz und bis vor wenigen Jahren wurden auch **Reiß- und Zeichenbretter** sowie Hutformen und Holzköpfe für Perückenknüpfer aus dem weichen Holz hergestellt. Spielzeug, Küchengeräte und Holzpantoffeln oder Gießereimodelle werden sogar bis heute aus ihm gefertigt, ebenso Fässer für trockene Waren – aufgrund seiner Neigung zur Fäulnisbildung taugt es wohl aber nicht für Weinfässer. Für billige Bleistiftsorten und Zündhölzer hingegen muss die edle wie „eitle" Linde ebenso herhalten wie für Kohle. Der Baum der Liebe und der Wärme wurde aufgrund seiner verlässlichen Entzündbarkeit früher selbst zur Erzeugung von Schwarzpulver missbraucht und sogar als bleichendes Zahnpflegemittel verwendet.

Der überreich fließende Nektar der Blüten wird von Imkern sehr geschätzt. In der Blütezeit ist die Linde eine schier unerschöpfliche Bienenweide: Ein ergiebiger Baum bringt es auf bis zu 2,5 kg Honig pro Saison. Reiner **Lindenblütenhonig** lässt sich allerdings nur von geschlossenen Lindenwaldbeständen erzielen und diese sind sehr selten. Als „Echter Lindenblütenhonig" deklarierter Honig entpuppt sich meist als reiner Sommerhonig, was ihn qualitativ nicht schlecht macht. Wer einen echten, reinen Lindenblütenhonig kostet, erkennt sofort das typisch dichte Aroma und den leichten Duft des Baumes. Der Honig trägt etwas von der sanften Aura des Baumes in sich, und ist von fröhlich leuchtender, hellgoldener Farbe, dabei zwar recht dünnflüssig, doch auf jeden Fall auch für die verwöhnte Geschmackspapille ein besonders erhebendes Erlebnis.

Ein heute kaum mehr bekanntes Material ist der **Lindenbast**, die direkt unter der Rinde liegende Schicht: Schon vor Jahrtausenden und immerhin etwa bis zur Spätantike wurden aus ihm Kleider, Schlafmatten, Taschen und Seile gefertigt. Danach wurde er immer mehr von Leinen und von Hanf

▼ *Verbindung mit der Welt der Musik: Symbole für musikalische Intervalle im feinen Holz, frei nach dem Künstler Manfred Bleffert*

STECKBRIEF

sommergrüner Laubbaum
deutscher Name: Sommer-Linde, Winter-Linde, Holländische Linde
wissenschaftlicher Name: *Tilia platyphyllos, T. cordata, T. × vulgaris*
Anzahl der Arten weltweit: etwa 40
Familie: Malvengewächse (*Malvaceae*)
Verbreitungsgebiet: Mitteleuropa, Zentralasien
Standort: kalkhaltige, sandige und lehmige Böden, selten im freien Wald, häufig in Parks; beliebter Stadtbaum
Höhe: 10 m, in Einzelfällen bis zu 40 m
Alter: bis zu 1000 Jahre und darüber hinaus
Austrieb: April, Mai
Blütezeit: Juni, Juli
Blatt: etwa 5 cm lang, gezähnt, herzförmig, spitz zulaufend
Frucht: kleine, ölreiche, kugelförmige Nuss
Rinde: braungrau, mit länglichen Furchen
Eigenschaften des Holzes: gelblich, dicht, hoher Brennwert, anfällig für Baumpilze und Fäulnisbildung

abgelöst. Bis in unsere Zeit hinein findet er als natürliches Bindegarn noch in Gärtnereien und in der Floristik Verwendung.

Heilkunde: Linderung bringen ist ihre Stärke

Die Linde vertreibt Fieber, Erkältungskrankheiten und Husten – das ist weithin bekannt. Aus alten Kräuterbüchern ist jedoch noch viel mehr über die vielen Gelegenheiten zu erfahren, in denen die Linde *Linderung* bringt. Hildegard von Bingen schrieb: „Die Linde hat große Wärme und jene Wärme ist ganz in der Wurzel und sie steigt in die Zweige und in die Blätter auf." Wer von **Herzeleid** geplagt ist, solle diesen Baum aufsuchen und seine Wärme und Kraft wirken lassen. Ein Fingerring aus dem weißen Spanholz des Stammes übertrage die Kraft der Linde auf den Menschen und schütze ihn vor Krankheiten. Sie empfahl auch, zum Schlafen im Sommer frische Blätter auf die Augen zu legen und das Gesicht damit zu bedecken. „Das macht die Augen klar und rein."

Kohlepulver aus weichem Holz war früher in jedem Haushalt zu finden. Durch das große Volumen seiner Poren hilft es, Giftstoffe schnell aufzunehmen und dadurch Lebensmittelunverträglichkeiten, Durchfall und Blähungen zu lindern. Anschließend musste ein mildes Abführmittel genommen werden. Der Bast oder zerkochte Rinde wurden auf Wunden und Verbrennungen gelegt – und die **Asche** aus dem Holz des großen Heilbaumes half bei Hautausschlägen.

Allheilmittel heißer Blütentee

Ernten Sie die Blüten ab Ende Juni, sobald sie ein oder zwei Tage aufgeblüht sind. Dann sind sie am

► *Die Asche des Holzes hilft bei Erkrankungen der Haut – und aromatisiert als feiner Duft eines Räucherkegels die Luft.*

kräftigsten und wirken am besten. Pflücken Sie sie an einem sonnigen Vormittag zusammen mit dem pergamentartigen, hellgrünen Flugapparat. Trocknen Sie sie auf einem Leinentuch möglichst schnell im luftigen Schatten. Die Blüten sind sehr licht- und luftempfindlich. Sie müssen sie in gut schließenden, dunklen Gläsern aufbewahren. Die Wirksamkeit nimmt recht schnell ab. Sorgen Sie also jedes Jahr für einen neuen Vorrat.

Die Blüten enthalten sehr viel ätherisches Öl, das die Entzündung nimmt und durchatmen lässt. Flavonoide helfen, zu schwitzen, Gerbstoffe wirken entzündungshemmend und Pflanzenschleime lindern den Reizhusten. Zusammen mit zahlreichen anderen Wirkstoffen bremsen sie also Entzündungen und senken Fieber. Ein heißer **Blütentee** – bei einer drohenden Erkältung oder Grippe vor dem Einschlafen getrunken – unterstützt das Schwitzen und heizt Viren und Bakterien förmlich aus dem Körper. Übergießen Sie 1 TL mit 250 ml heißem, nicht mehr kochendem Wasser und lassen Sie alles fünf Minuten lang zugedeckt ziehen. Trinken Sie den Tee so heiß wie möglich.

Süßer Duft zum Abschalten

Lindenblüten beruhigen und gleichen aus. Setzen Sie sich an einem lauen Sommerabend am besten einmal unter einen blühenden Baum. Zehn Minuten oder etwa 150 Atemzüge reichen aus, um vollständig abzuschalten. Der liebliche Duft hilft, die Anspannung des Tages hinter sich zu lassen. Jeder Atemzug bringt Entschleunigung, Ruhe und Lebensfreude.

Vor dem Saunabesuch getrunken steigert er das Schwitzen und fördert die Entsäuerung des Körpers. Er reinigt außerdem das Blut und stärkt Lymphe sowie die körpereigenen Abwehrkräfte. Weiter hilft er bei Husten und zähem Schleim in der Lunge. Inhalieren Sie in diesen Fällen zusätzlich, so oft es geht, den Dampf frisch aufgebrühter Blüten. Das löst den Schleim, lindert die Hustenkrämpfe und beruhigt. Auch bei Kopfschmerzen ist er hilfreich – und er sorgt bei Stress, Nervosität und Aufregung für eine spürbare Beruhigung. Dementsprechend ist er der ideale Tee für unruhige Kinder. Zu guter Letzt können Sie ihn auch erfolgreich bei Blasen- und Nierenleiden einsetzen.

Die Blütenreste, die vom Teekochen übrig geblieben sind, können Sie ebenfalls sinnvoll gebrauchen: Wickeln Sie sie in ein Baumwolltuch und legen Sie dieses wie eine **Kräuterpackung** auf schmerzende Bereiche im Körper. Eine Wärmflasche darauf sorgt für eine wohltuende feuchte Wärme. Wer den kulinarischen Zugang bevorzugt, verwendet die Blüten für eine **Sommerbowle**: Lassen Sie zwei Tassen Blüten in 1 l Apfelsaft 3–5 Stunden ziehen. Geben Sie dann den Saft von ein oder zwei Limetten hinzu und gießen Sie alles mit sprudelndem Mineralwasser auf.

Auch zur Körperpflege eignen sich die lieblichen Blüten hervorragend. Ein Bestandteil des ätherischen Öles, das Farnesol, besitzt antibakterielle Eigenschaften und verhindert, dass Körperschweiß in unangenehmen Geruch umgewandelt wird. Aus diesem Grund ist Farnesol in vielen Deodorants enthalten. Für ein selbst gemachtes **Deo** übergießen Sie eine Handvoll Blüten mit 100 ml kochendem Wasser und lassen den Auszug über Nacht erkalten. Filtrieren Sie ihn dann durch einen Kaffeefilter und geben Sie die Flüssigkeit in eine Sprühflasche. Fügen Sie 10 ml Doppelkorn hinzu – das erhöht die Haltbarkeit. Zum Schluss verstärken 3–4 Tropfen ätherisches Rosenöl die antibakterielle Wirkung. Gleichzeitig beruhigen sie die Haut und bringen einen liebevollen Duft hinein.

Heilimpulse aus Blatt und Frucht

Neben den Blüten sind auch die **Blätter** etwas Besonderes: Die ganz jungen, hellgrünen Blätter schmecken von April bis Juni sehr fein, samtig, süß und etwas mild. Sie stecken voller Vitamin C und E und sind eine gesunde Bereicherung für die Kräuterküche. Sie passen sehr gut in Salate, Kartoffelpüree, Kräuterbrote oder auf ein frisch gebackenes Butterbrot. Naturverbundene Feinschmecker rollen auf einem Spaziergang einige der Blätter zu einer fingerdicken Rolle zusammen und beißen pur hinein.

Für einen gesunden Krafttrunk geben Sie zwei Handvoll Blätter in den Mixer, fügen eine Banane, einen Apfel und zwei Scheiben frische Ananas hinzu, füllen mit Wasser auf und mixen alles gründlich. Speicheln Sie jeden Schluck gut ein – Sie werden die belebende Wirkung spüren. Für ein grünes Baumgewürz trocknen Sie im Frühjahr Blätter wie Blüten und zerreiben sie dann in einem Mörser zu einem feinen Pulver. Grobe Stängel- oder Blattteile sieben Sie heraus. Dieses Pulver können Sie wie

▼ *Tee aus den Blüten hemmt Entzündungen und lindert Husten.*

➤ *Wer kennt die Geheimnisse des großen Heilbaumes? Mythen und Legenden helfen, sie zu entschlüsseln.*

ein Gewürz in der Küche verwenden. Beim Backen können Sie es im Verhältnis 1 zu 10 dem normalen Mehl zusetzen und damit zum Beispiel *grüne Brötchen* zaubern.

Auch die **Früchte** der heilsamen Lindenarten können Sie für Ihr Wohlbefinden sammeln. Sie bilden sich nach der Blüte ab Anfang August. Solange sie noch klein und jung sind, schmecken sie leicht süß, frisch, aromatisch. Sie sind butterzart, so dass Sie sie direkt vom Baum genießen können. Das weiße Innere enthält bis zu 30 % wertvolles Lindenöl und ist Kraftnahrung pur.

Schließlich können Sie auch eine **feinstoffliche Medizin** selbst herstellen. Knipsen Sie dafür die austreibenden Blattknospen ab April mit den Fingerspitzen von den Zweigen. Entweder Sie kauen sie frisch vom Baum – oder Sie bereiten daraus eine alkoholische Tinktur. Sie beruhigt – sanft wie der ganze Baum nun einmal ist – und löst außerdem Ängste und Kummer auf. Die Blütenessenz wärmt ein seelisch erstarrtes Herz und hilft dabei, die eigenen wahren Bedürfnisse zu erkennen. Sie schafft Geborgenheit, gibt Mut, sich selbst auszudrücken, prickelt vor Lebensfreude – und wirkt fast ein bisschen wie Champagner.

Mythen, Sagen und Kult: Baum der Liebe und Gerechtigkeit

Im antiken Griechenland war die Linde der heilende Baum schlechthin. Ihre Blüten gehören zu den ältesten bekannten Heilmitteln überhaupt. Ihr griechischer Name – *philyra* – ist kretischen Ursprungs und hängt mit dem Wort *philein* zusammen, das auch im heutigen Griechisch noch *lieben* bedeutet. Die dazugehörige Geschichte klingt allerdings weniger liebevoll: Die Nymphe Philyra galt als die Tochter der Titanin Thetys und des Okeanos. Sie war die Schutzpatronin einer Insel, die ihren Namen trug. Ihr Onkel Kronos, Bruder ihres Vaters, näherte sich seiner Nichte in unlauterer Absicht. Als er dabei von seiner Gattin Rhea ertappt wird, macht er sich in Gestalt eines Hengstes davon und überlässt die Vergewaltigte ihrem Schicksal. Nach einer anderen Version des Geschehens verwandelte sich die junge Frau selbst in eine Stute, um Kronos zu entkommen.

Der Sohn, den sie daraufhin gebar, war halb Mensch und halb Pferd. Im ersten Schrecken über diese Missgeburt verwandelte die arme Nymphe sich in eine Linde. Der **Zentaur**, den sie auf die

Welt gebracht hatte, erlangte in der Antike große Berühmtheit unter dem Namen *Cheiron*. Neben seiner Gabe der Weissagung war es vor allem die **Heilkunst**, die ihn auszeichnete, denn er kannte die Geheimnisse sämtlicher Pflanzen.

So wurde Cheiron zum Lehrer des Gottes Asklepios – lateinisch Aesculap –, der mit seiner Gemahlin Hygieia in Form eines Schlangenpaares, das sich um einen Lebensbaum oder -stab windet, dargestellt wurde. Noch heute ist der Äskulapstab das Wahrzeichen der Medizin, während seine Gattin der *Hygiene* ihren Namen lieh. Der Äskulapstab, von dem man weiß, dass er ursprünglich als ein Baum mit Blättern vorgestellt wurde, könnte also sehr wohl eine Linde gewesen sein. Die Linde jedenfalls gilt seither gleichsam als die Ahnherrin der Heilkunst.

Christbaum des Volkes

In unserer heimischen Welt war die Linde zuallererst der Göttin Holle geweiht. Neben dem Holunder war sie der heiligste ihrer Bäume, die beide zweierlei gemeinsam haben: Ihre Blüten leuchten hell wie Schnee und gelten als ausgesprochen heilkräftig. In ihnen konzentriert sich die **liebevolle Zuwendung** einer göttlichen Frau, deren Name bereits Programm ist. Als Huldr oder Holda ist sie die Gnade selbst (siehe Holunder S. 163).

Gerade die herzförmigen Blätter wie auch der betörende Duft ihrer Blüten prädestinierten die Linde zum Baum der Liebe. In Gestalt der Dorflinde wurde sie hierzulande zum Liebling des einfachen Volkes, und als **Tanzlinde** entführte sie die Menschen in himmlische Höhen. Wenn sie sich im Reigen auf gleich mehreren Etagen zum Takt

◄ *Der Zentaur Chiron gilt als Begründer der Heilkunst, war er doch der Lehrer des Asklepios oder Aesculap. – Bis heute ist der Äskulapstab das Sinnbild dafür.*

▶ *Dorflinden und die heute seltenen Tanzlinden weisen auf die große Bedeutung des Baumes hin, vor allem im deutschsprachigen Kulturraum.*

des Orchesters um den Stamm des Baumes drehten, war das Elysium nicht weit.

Diese **Tanzlinden** entsprachen so recht dem Charakter einer Göttin, deren Wesen im Klang geradezu aufging. Wo immer sie den Menschen erschien, umgab sie so etwas wie eine himmlische Sphärenmusik. Leises Glockengeläut und eine wunderbare Musik, die sich bald hoch in der Luft, bald unter der Erde vernehmen ließ, kündete von ihrer Gegenwart. Sie selbst barg sich gern in Naturerscheinungen. In einer Wolke, einer Nebelschwade oder im Rauch über einem Feuer entwand sie sich den allzu neugierigen Blicken der Menschen. So war sie im wahrsten Sinne des Wortes in Schall und Rauch gegenwärtig.

Der Brunnen vor dem Tore unter einer Linde, das war die Inkarnation der Liebesgöttinnen.

Neben der Holle galt die Linde auch als der heilige Baum der Himmelsköniginnen Freya und Frigg, die sich im Volk mindestens ebenso großer Beliebtheit erfreuten, ja im Letzten eins mit ihr waren. Viele Geschichten, die man sich von Frau Holle erzählte, waren auch von der Göttin Frigg in Umlauf. Der Bezug zur Linde ist allerdings bei der Holle am stärksten ausgeprägt. Wenn sie etwa zur Sommerzeit durchs märkische Havelland zog, dann erschien der Saum ihres himmelblauen Kleides so grün wie ein Lindenblatt.

Hilfe aus der göttlichen Welt

Alle Göttinnen der Liebe, auf dem gesamten Erdkreis, wurden immer zugleich als Göttinnen der **Gerechtigkeit** verehrt. Frau Holle ist da keine Ausnahme. Geradezu fuchsteufelswild kann die Göttin werden, wenn sie einem Unrecht auf der Spur ist. Dann kennt sie kein Pardon. Die Geschichte vom „Krummen Lutz von Schellenberg am Main" gibt dafür ein beredtes Beispiel. In ihr spielt eine Linde die Hauptrolle.

Vorzeiten erhob sich über den Rebenhängen des Schellenbergs eine stattliche Burg. Die gesamte Anlage wurde von einer Linde mit einer gewaltigen Krone beschattet, ein wahrer Lebensbaum. Das gute Geschick der Familie, die dort wohnte, sollte enden mit dem Tag, da die Linde verdorren würde. Einst lebte auf dem Schloss ein Edelmann mit seinen zwei Söhnen, von denen der eine, Lutz mit Namen, ein verkrüppeltes Bein hatte. Als der Vater starb, nahm er seinem gesunden Sohn das Versprechen ab, immer für den anderen zu sorgen. Der tat jedoch nichts dergleichen, sondern jagte seinen bedauernswerten Bruder zum Tor hinaus, als dieser es wagte, sein Erbteil zu beanspruchen.

Lutz flüchtete sich in den Wald. Während er dort weinend auf einem Stein saß, kam ein uraltes Mütterchen auf ihn zugewackelt, das einen langen Faden spann. Natürlich war dies niemand anderes als Frau Holle, die gerne dieses Erscheinungsbild wählte, um unerkannt unter den Menschen zu weilen und gleichzeitig ihr **Herz zu prüfen**. Sie nahm den jungen Mann mit zu sich nach Hause, wo er drei Jahre lang allerlei schwere Arbeiten für sie verrichtete. Am Ende dieser Zeit wollte die Alte mit ihm zurück zur Burg gehen, um zu sehen, ob sich der Sinn seines hartherzigen Bruders inzwischen gewandelt habe.

Als es so weit war, ging Frau Holle als wackeliges altes Mütterchen mit ihrem Spinnstab voran. Der krumme Lutz jedoch war durch all die Arbeiten, die er für seine Wohltäterin ausgeführt hatte, inzwischen gesund und kräftig geworden. Die beiden bogen just zur Mittagszeit in den Schlosshof ein, als der Burgherr sich Kühlung suchend im Schatten der Linde ausruhte. Übervoll war der Baum mit süß duftenden Blüten, und die Vögel jubilierten in seinem Laub. Nun trat Frau Holle vor und erbat das Erbteil ihres Schützlings. Da war sie allerdings an den Falschen geraten. Wütend drohte der Gutsherr sogar, Gewalt gegen die beiden Bittsteller anzuwenden. Endlich wurde es der Göttin zu bunt. Voll Zorn packte sie ihren **Spinnstab** und stieß ihn mit Macht in den Stamm der Linde. Dazu sprach sie den Fluch: „Verdorren sollst du hartherziger Bruder wie das Laub an diesem Baum. Dein Schloss wird in Trümmer sinken und du selbst wirst elend zugrunde gehen."

Von Stund an floh alles Glück und Leben aus der Burg. Binnen kürzester Zeit sorgten Unwetter dafür, dass hier kein Stein auf dem anderen blieb. Zuletzt siechte der Hausherr wie ein verfolgtes Tier im Keller seines Anwesens dahin, wo er hungrig und zähneklappernd sein Gold bewachte. Da riss der Frühlingssturm die verdorrte Linde zu Boden, sodass ihr Stamm die Kellertür verkeilte. So wurde der Bösewicht lebendig begraben. Im Gewitter einer Mainacht fuhr Frau Holle auf die Burg. Dort

▼ *Inspiration zum Singen und Musizieren: „Am Brunnen vor dem Tore" ist ein Lied, das ans Herz geht.*

nahm sie vom Hab und Gut des Toten genau die Hälfte weg, ehe sie schließlich das Gewölbe in der Erde versinken ließ. Zu ihrem Schützling aber sagte sie: „Nun ist alles gerecht und gerichtet. Er hat das Seine und du das Deine. Du aber verlasse jenen verfluchten Ort und mache mit deinem Erbteil im Hunsrück dein Glück."

Die Göttin stand ihm auch in seinem neuen Leben bei. Immer lag ihr Segen auf Flur und Frucht. Oft fanden die Schnitter, wenn sie früh am Morgen mit ihren Sensen auf den Acker zogen, das Korn bereits in Garben gebunden. Nur Lutz wusste, wem er diesen ganzen Wohlstand zu verdanken hatte. Gesehen hat er Frau Holle jedoch nie mehr.

Für Recht und sichere Grenzen
Prinzipiell waren der Holle alle **Gerichtsstätten** heilig. Dort wurden ihr vor einem Rechtsstreit Opfer dargebracht, wodurch die Rechtsprechung die Weihe eines religiösen Aktes erhielt. Auch gehörte das Ziehen von Grenzen in ihren Zuständigkeitsbereich, insofern das Einhalten von **Grenzen** Teil eines friedvollen Zusammenlebens ist. Nachts bei Vollmondschein, aber auch manchmal am hellichten Tage, konnte man ihre leuchtende Gestalt im Gefolge göttlicher Frauen die Felder abschreiten sehen. Mit ihrer allgegenwärtigen Spindel zog sie Furchen, kennzeichnete und heiligte damit die Grenzen, die zu respektieren waren. Zusätzlich wachte sie über die Freisteine im Land, die den Verfolgten Asyl gewährten.

In der isländischen *Huldr-Saga*, die im 13. Jahrhundert niedergeschrieben wurde, ursprünglich jedoch wesentlich älter war, erscheint die Hulda-Holda-Holle bereits in ihrer Eigenschaft als Göttin der Liebe und des Rechts. In der Saga wird die Abstammung der Holle vom Geschlecht der Riesen hergeleitet. Zusätzlich wird erzählt, wie die Göttin

▶ *Die Himmelskönigin Frigg am Spinnrad: Fast sind Sphärenklänge aus der anderen Welt zu hören ...*

◄ *Der Held Sigurd bleibt verletzlich – alte Lindenbäume sind es ebenso: Umso mehr sind sie Orte für weise Urteile und Gerechtigkeit.*

als Drache über die Welt fliegt. Vielleicht ist sie gar der ursprüngliche „Lindwurm"? Jeder Lebensbaum hat schließlich seine Schlange, und die Linde ist ein Lebensbaum par excellence.

Nachdem **Sigurd** den Drachen Fafnir erschlagen hat, badet er in seinem Blut, um seinen Körper unverwundbar zu machen. Da fällt ihm unbemerkt ein Lindenblatt auf und in den Rücken. Sein Herz bleibt also, aller Panzerung zum Trotz, empfindlich und verletzlich. Eine weiche Stelle, die ihn später sein Leben kosten wird, nicht aber die Liebe. Das Ende des Dramas sieht sie wieder vereint, Brynhild und Sigurd, wenn auch erst in der anderen Welt. In den hellen Sälen der Göttin Hel siegten die Liebe und das Leben, nicht der Tod. Hier fließen auch die Gestalten der Hel und der Holle dem Mythos nach ineinander über.

Eine Reminiszenz an die Linde als Baum der Gerechtigkeit findet sich in **Hermann Hesses** Erzählung *Drei Linden*. Sie handelt von drei Brüdern in Berlin, die einander in jeder Not beistanden. Einst wurde der jüngste von ihnen unschuldigerweise in einen Mordfall verwickelt und zum Tode verurteilt. Um ihn zu retten, bezichtigten sich die beiden anderen Brüder vor dem Richter selbst der Tat. Da man den Fall nicht lösen konnte, unterstellte man die drei einem Gottesurteil: Sie wurden auf einen grünen Platz geführt, wo jeder von ihnen eine Linde pflanzen musste, allerdings auf dem Kopf stehend, sodass die Wurzel zum Himmel ragen und die Krone ins Erdreich dringen sollte. Wessen Bäumchen zuerst verdorren würde, der sollte als Mörder gehenkt werden. Nach kurzer Zeit begannen alle Linden gleichzeitig auszuschlagen und neue Kronen auszubilden. So setzten sie ein Zeichen für die Unschuld aller drei Brüder. Später standen diese Linden, so Hesse, noch jahrhundertelang auf dem Friedhof des Heiliggeistspitals.

WEIDE
Salix spec.
Im Strom des ewigen Lebens wachsen

Die Weide streckt sehr früh im Jahr, manchmal bereits im Februar, ihre mit Blütenkätzchen beladenen Zweige in den Himmel. Gleichzeitig entfalten sich die schmalen Blätter und schillern noch etwas unsicher in der gleißenden Wintersonne. Sie ist eine Botschafterin des Lebens. Jedes Jahr aufs Neue gehört sie zu den ersten, die den oft noch halbgefrorenen Auwäldern, Uferböschungen und Bachläufen vom Sein und Werden erzählt. Erst ganz verhalten – ein kaum wahrnehmbares Wispern und Wimmern durchzieht das erwachende Holz –, bricht sich bald schon das Leben Bahn, zügellos, brachial und nicht zu halten. Wenn dann der noch eisige Winterwind unwillig um die jungen, silbrigen Palmkätzchen faucht, stäubt ein märchenhafter Goldregen zur Erde: ein **Siegeszeichen**, eine Aufforderung an alle noch in Winterstarre verfallenen Brüder und Schwestern, es ihr gleichzutun, ihr nun zu folgen, sich zu entwinden und das Leben zu wagen.

Sie ist untrennbar mit dem Wasser verbunden, aus dem sie ihre **Lebenskraft** schöpft, und liebt es innig, wenn es in Bewegung ist, wenn es flutet und fließt. Den sogenannten Tonhumuskomplex des Bodens, eine krümelige Verbindung von mineralischem Substrat und winzigen pflanzlichen Überresten, die nicht mehr nur mineralisch, aber noch nicht nur organisch ist, nutzt sie auf optimale Weise. Die Weide scheint ihre Aufgabe darin gefunden zu haben, eine Mittlerrolle zwischen diesen beiden Reichen zu spielen. Sie ist, nach Jan Albert Rispens, wie ein Brückenkopf organischen Lebens, der in die vermeintlich starre Welt der Minerale ragt.

▼ *Unermüdliches Wachstum – die Bildekräfte fließen*

▲ *Nah am Wasser gebaut: Auenland ist Weidenland*

Selbst wenn sie im Sturm fällt, ist das nicht ihr Ende – der Drang nach Leben lässt die Unermüdliche von der Krone aus wieder einwurzeln und neue Bäume bilden. Sogar in den Boden gesteckte Zweige können Wurzeln treiben. Der Weidenbaum ist eine ausgesprochene **Pionierpflanze**. Er bereitet den Boden und macht ihn ergiebig für andere Pflanzen, denen der Untergrund zuvor nicht genügte. Auf diese Weise trägt er dazu bei, dass naturbelassene Flussauen die artenreichsten Gebiete in unseren Breiten sind.

Wesen und Charakter: anpassungsfähig und für Neues bereit

Die vielen Gesichter der Weide, die ebenso ein stattlicher, hoher Baum sein kann wie ein wenige Zentimeter messender Strauch oder ein hohler Strunk, machen es schwer, ihren Habitus, ihre Wuchsform einheitlich zu beschreiben. Die Sal- und die Silber-Weide, zwei von etwa 300 Arten, sind die vielleicht bekanntesten. Um sie wird es in den folgenden Zeilen gehen.

Weide – sie heißt nicht nur so, sie ist es im wahrsten Sinne des Wortes: eine **Bienenweide** für die ersten fleißigen Summer des Jahres, die sich von ihr genauso nähren wie von den Kätzchen der Hasel. Sie ist zweihäusig. Es gibt also männliche und weibliche Bäume, die allerdings schwer voneinander zu unterscheiden sind. Die Kätzchen der männlichen Exemplare stehen aufrecht, sind schlank und tubenförmig, die weiblichen Kätzchen dagegen sind geringfügig kleiner und etwas gebogen. Es sind die männlichen Pollenkätzchen, die, beladen mit dem honiggelben Blütenstaub, für das Erblühen im Spätwinter verantwortlich sind. Die weiblichen Fruchtblütenkätzchen sind zu diesem

Zeitpunkt noch recht klein und stehen erst am Beginn ihrer Entwicklung.

Beide Kätzchenarten dienen nicht nur den Honig- und Wildbienen, sondern auch Hummeln und Fliegen als wichtige Nahrungsquelle. Es sind wahre Futtertröge für ein erstes Labsal der Insekten, weswegen die Weide mancherorts in dieser Zeit unter Naturschutz steht. Auch das Beschneiden der Bäume, und sei es nur, um in der Osterzeit an die beliebten Palmkätzchen zu kommen, nimmt den Bienen die dringend benötigte Nahrung. Man sollte darauf verzichten, brauchen die Insekten unsere Hilfe doch dringender denn je. Keinesfalls dürfen die Bäume zwischen Oktober und Februar beschnitten werden

Erst wenn die Pollenkätzchen der männlichen Bäume entleert und abgeworfen wurden, im April oder Mai, löst der Frühlingswind die von weißen Flockenschirmen umwucherten, stecknadelkopfkleinen Samen aus der rechtzeitig aufplatzenden Fruchtkapsel der Fruchtblütenkätzchen. Der wuchtige **Lebens- und Fortpflanzungswille** wird für wenige Tage sichtbar: Man traut seinen Augen kaum, es sieht aus, als schneie es im Frühling. Abertausende zottelige Flocken begeben sich vertrauensvoll in die Hand des Windes und wirbeln auf einer abenteuerlichen Reise in eine offene und ungewisse Zukunft.

Die Samen können sehr große Strecken zurücklegen. Mit einer Fallgeschwindigkeit von lediglich 13 cm/Sekunde haben sie die allerbesten Voraussetzungen aller windgetragenen Pflanzensamen für **weite Reisen**. Landen sie in für sie guter Umgebung, fassen sie dort bereits nach wenigen Stunden Fuß und beginnen zu keimen: Neues Leben fängt an und sprosst unverdrossen und zielstrebig bereits im ersten Jahr um bis zu 70 cm in die Höhe – eine unglaubliche Kraftleistung für den ursprünglich gerade mal 1 mm kleinen Samenzwerg.

Eigentümliche Wuchsformen

Die Weiden wachsen in der gemäßigten und kalten Zone und sind frosthart bis zu −32 Grad. Einige strauchartige Formen reichen zwar bis in das Hochgebirge hinauf, doch fühlen sich die meisten Arten in den Niederungen der Flusstäler und Auen am wohlsten. Sie sind **Flachwurzler** – dort, wo sie nahe am fließenden Gewässer leben, ragen ihre

▼ *Wertvolle Bienenweide: die Kätzchen im zeitigen Frühjahr. – Wilde Wuchsformen: die Lebenskräfte äußern sich ...*

▶ *Silber-Weide: Die Blätter glänzen unten silbrig*

Wurzelknoten auch direkt in das Wasser hinein und bilden einen sehr auffälligen, rätselhaft rötlich aussehenden „Wurzelfilz", ein Geflecht aus kleinen Wurzeltrieben. Ihr Vorkommen in unheimlich wirkenden Sumpfgebieten, in die sich früher kaum jemand wagte, und ihre oftmals bizarre, wilde Phantasien anregende Wuchsform machte die Weide im Mittelalter zu einem furchteinflößenden Hexen- und Teufelsbaum. Wie auch von einigen anderen Bäumen gibt es die Sage, dass sich einst der Verräter Judas an ihr erhängt habe.

Die Silber-Weide *(Salix alba)* ist eine bei uns häufig vorkommende Vertreterin. Sie kann bis zu 25 m hoch werden. Der sich bald verzweigende Stamm bildet eine manchmal fast halsbrecherisch erscheinende, unregelmäßige Krone aus: Beindicke Stämme können quer über ein Flussufer ragen und manche Weide ist fast so breit wie hoch. Junge Bäume verfügen über eine glatte, graue Rinde, die im Alter zur tief gefurchten, **längsrissigen Borke** wird. Das Blatt ist schmal und feingliedrig und an den Rändern mit scharfen Sägezähnen bewehrt. Im jungen Zustand ist es beidseitig mit seidenartigen Härchen bewachsen. Diese helle, silbrige Behaarung bleibt über den Frühling hinaus aber nur an der Unterseite der Blätter erhalten, was einen starken Kontrast zur dunkelgrünen Blattoberseite zur Folge hat. Dies bewirkt das filigrane, silberne Aufflackern im lebendigen Tanz mit den Lüften, das dem Baum seinen Namen gab: *Silber-Weide* – als sei sie von einer silbernen Aura umhaucht.

Flechtmaterial und Gerbstoff

Das Holz gehört zu den Weichholzarten. Es ist sehr zäh und extrem biegsam. Die jungen Zweige sind der natürliche Werkstoff für **Flechtwerk**. Es ist auch das ideale **Faschinenholz**: Das sind zusammengebundene Astbündel, die traditionell zur Befestigung von Flussufern genutzt werden. Aber auch für Schaufel- und Rechenstiele, Zahnstocher und Zündhölzer eignet es sich – genauso wie für Tennisschläger und künstliche Gliedmaßen, bevor Kunststoffe dies übernahmen. Aus dem Holz der Sal-Weide *(Salix caprea)* lässt sich eine ausgezeichnete Zeichenkohle gewinnen. Ihre Rinde dient zum

▼ *Die Borke ist rissig und tief gefurcht.*

◄ Lebendige Naturkunstwerke – dank äußerst biegsamer und zäher Zweige

Gerben von Lederstreifen, die besonders weich und warm werden sollen, beispielsweise für anspruchsvolles Handschuhleder.

Heute haben unsere Weiden fast nurmehr als Energielieferant eine wirtschaftliche Bedeutung: In großen Kurzumtriebsplantagen, sogenannten **Energiewäldern**, werden schnell wachsende Bäume wie sie – mehr noch ihre nahe Verwandte, die schnell aufschießende Pappel – angebaut. So reduzieren wir heute die Botschafterin des Lebens auf gut brennende, wärmende Holzpellets in unseren Wohnzimmern.

Doch Kinder ahnen noch die Würde der Weide und bauen liebend gerne **Zelte aus den Zweigen**. Man muss diese nur kreisförmig in die Erde stecken und oben in der Mitte zu einer runden Kuppeldecke zusammenflechten. Wenn die Stecklinge regelmäßig gegossen werden, bilden die meisten ziemlich schnell neue Wurzeln, wachsen gut an und treiben grüne Blätter. So werden im Lauf des Sommers Zeltwände und -dach immer dichter und die Kinder können es sich darin häuslich einrichten und den Geheimnissen der Weide lauschen.

Heilkunde: Überhitzes sanft abkühlen

Der Name der Weide lässt sich auf das indogermanische Wort für *biegen, winden, flechten* zurückführen und bedeutet so viel wie *ein Baum, der Flechtgerten liefert*. *Sal* leitet sich aus dem Keltischen ab und bedeutet *nahe*, *lis* ist das *Wasser*. Man könnte also sagen, Weiden „haben immer nahe am Wasser gebaut". So schnell wie die vor Lebenskraft sprühenden Bäume wachsen, so schnell verrottet auch ihr altes, weiches Holz. Damit ist der Baum ein Sinnbild dafür, dass aus einer vermeintlichen Schwäche schnell wieder eine Stärke werden kann.

Aus den walzenförmigen, goldgelben Weidenkätzchen lässt sich ein heilsamer Tee machen. Er schmeckt süßlich und kühlt wie frisches Quellwasser erhitzte und aufgedrehte Gemüter. Es kommen dabei durchaus Gefühle auf, die so sanft und freudevoll sind wie die silberweißen, flaumigen Kätzchen aussehen. Vor dem Schlafengehen getrunken, beruhigt ein **Weidenkätzchentee** vom Stress und der Aufregung des Tages und führt auf leichte Weise in traumschöne Gefilde.

STECKBRIEF

sommergrüner Laubbaum
deutscher Name: Weide
wissenschaftlicher Name: *Salix* spec.
Anzahl der Arten weltweit: etwa 300
Familie: Weidengewächse *(Salicaceae)*
Verbreitungsgebiet: Nordhalbkugel
Standort: feuchte, gut durchlüftete Böden
Höhe: bis zu 30 m
Alter: 60–80 Jahre
Austrieb: März, April
Blütezeit: April und Mai, kurz nach dem Austrieb
Blatt: schmal, bis zu 10 cm lang, gezähnt, unten silbrig behaart
Frucht: kleine, bis zu 1 cm große Kapsel
Rinde: rissig, profilreich, grau bis braun
Eigenschaften des Holzes: Weichholz, gleichmäßig gemasert, hoher Brennwert

Das Öl aus den Blattknospen entfaltet eine entzündungshemmende Wirkung – vor allem bei Akne und anderen Verunreinigungen der Haut. Bei rheumatischen Gelenken oder nach Überanstrengung und Sportverletzungen nimmt es die Schmerzen. Schneiden Sie dafür im April die Spitzen von einigen Zweigen ab und ziehen Sie die Rinde mitsamt Knospen, Kätzchen und jungen Blättern ab. Zerschneiden Sie sie dann in kleine Stücke und geben Sie sie in ein Schraubdeckelglas. Übergießen Sie das Ganze solange mit Olivenöl, bis alle Pflanzenteile gut bedeckt sind und lassen Sie den Ansatz 28 Tage lang – einen ganzen Mondzyklus – bei Zimmertemperatur stehen. Danach filtrieren Sie ab und bewahren das **Knospenöl** in einer dunklen Flasche auf.

Auch eine pflegende und reinigende Gesichtscreme können Sie sich leicht selbst aus den Blattknospen und aus Kokosöl herstellen. Das Öl ist zwar bei normaler Raumtemperatur fest, wird aber bei 25–26 Grad flüssig. Erwärmen Sie 100 g Kokosöl vorsichtig in einem Schraubdeckelglas im Wasserbad und geben Sie, sobald es flüssig ist, eine Handvoll Knospen hinein. Vermischen Sie alles

➤ *Gerade entfaltete Blattknospen (unter den buschigen Kätzchen): Sammelgut für pflegende Öle und Cremes*

gut. Nehmen Sie sodann das Glas aus dem Wasserbad und legen Sie lose den Deckel auf.

Lassen Sie den Ansatz zwei Wochen auf der Heizung oder an einem warmen Plätzchen stehen, damit das Öl flüssig bleibt. Nach dieser Zeit sieben Sie die Masse in Salbendöschen ab. Im Kühlschrank wird die **Heilcreme** dann ganz fest. Sie hilft bei unreiner, gereizter und juckender Haut. Außerdem tut sie der trockenen Kopfhaut und den Haaren gut.

Schmerzmittel bei Entzündungen

Die Weide kann ausgezeichnet mit Kälte und ihren Folgen umgehen. Ägypter und Inder nutzten bereits vor Jahrtausenden die schmerzstillenden Eigenschaften der Rinde verschiedenster Weidenarten. Sogar auf alten assyrischen Tontafeln ist der Gebrauch dokumentiert. Diese Eigenschaft führte dazu, dass die Weide bei uns den Beinamen *Europäische Fieberrinde* erhielt. Heute wissen wir, dass ihre Rinde außer Gerbstoffen und Flavonoiden 7–10 % Salicylsäureverbindungen enthält. Im Körper wird aus diesen Vorstufen die **Salicylsäure** – benannt nach *Salix,* der Weide – freigesetzt. Sie entfaltet dann die gewünschte, manchmal herbeigesehnte Wirkung.

Gerade bei Erkältungskrankheiten senkt sie die Körpertemperatur und nimmt die Schmerzen. Sie hilft auch bei ganz normalen Kopfschmerzen sehr gut. Ihr Spezialgebiet sind allerdings rheumatische Beschwerden, degenerative Gelenkerkrankungen sowie Schmerzen in Hüfte, Rücken oder Knien. Hier hemmt die Weide die Entzündungsvorgänge und regt obendrein die Ausscheidung über die Nieren an. Für Menschen mit Arthrose ist es wichtig zu wissen, dass die Weide auch den strapazierten Knorpel in den Gelenken vor weiterem Abbau schützt. Ein **Weidenrindenauszug** ist genauso effektiv wie eine konventionelle antirheumatische Therapie, besitzt gleichzeitig aber deutlich weniger Nebenwirkungen.

Salicylate waren das pflanzliche Vorbild für das meistverkaufte Medikament der Welt, der Acetylsalicylsäure (ASS), genannt Aspirin. Viele Menschen, die ASS über einen längeren Zeitraum konsumieren, klagen allerdings über eine gereizte Magenschleimhaut. Zubereitungen aus der Weidenrinde – Tees wie Tinkturen – zeigen diese Nebenwirkungen nicht. Allerdings fehlt ihnen die gerinnungshemmende und damit blutverdünnende Eigenschaft. Wichtig ist: Wer eine Überempfindlichkeit oder Allergie auf Salicylate hat, sollte auf Weidenrinde ganz verzichten.

Schneiden Sie für einen **Rindentee** einige junge Zweige am besten im Frühjahr, bevor die Blätter erscheinen. Ziehen Sie von diesen zwei oder drei Jahre alten Zweigen die grüne saftige Rinde ab. Das geht am besten, wenn Sie die Rinde eines solchen Zweiges rundherum in dünnen Bahnen, wie bei einer Banane, abschälen. Zerschneiden Sie diese dann in 3–5 cm große Stücke, trocknen Sie sie gut und bewahren Sie sie in einem dunklen Gefäß

▲ *In der jungen Rinde stecken Heilkräfte, die allerlei Schmerzen effektiv lindern.*

Der Kraftbaum kann mit Wunden gut umgehen, wie immer wieder austreibende Kopfweiden zeigen. – Selbst gebrochene, gestürzte Bäume halten sich im Fluss des Lebens.

auf. Bei Bedarf übergießen Sie 1 TL davon mit 250 ml kochendem Wasser und lassen den Auszug zehn Minuten zugedeckt ziehen. Ein **Kaltansatz** ist etwas milder im Geschmack. Dafür lassen Sie die Rinde acht Stunden im Wasser stehen, bevor Sie die Flüssigkeit zum Gebrauch leicht erhitzen. Zweimal täglich eine Tasse Tee reicht meist aus.

Je länger der Tee zieht, desto mehr Gerbstoffe enthält er. Das können Sie sich zunutze machen. Bei Entzündungen der Mundschleimhaut oder bei Zahnfleischbluten gurgeln Sie damit. Oder Sie nehmen ihn, um damit schlecht heilende Wunden und Geschwüre auszuwaschen. Bei Schuppen und juckender Kopfhaut massieren Sie nach dem Haarewaschen einen solchen konzentrierten Auszug in den Haarboden ein.

Für einen Erkältungs- oder Fiebertee kombinieren Sie die Rinde zu gleichen Teilen mit den schweißtreibenden Blüten von Holunder und / oder Linde. Für einen Rheumatee mischen Sie vier Teile Weidenrinde mit zwei Teilen Birken- und zwei Teilen Eschenblättern. Überbrühen Sie 1 TL dieser Mischung mit 250 ml kochendem Wasser und lassen Sie den Auszug zehn Minuten ziehen. Trinken Sie regelmäßig zwei Tassen pro Tag.

Heilimpulse für die Lebenskräfte

Wer auf einem Spaziergang von Zahn- oder anderen Schmerzen „überfallen" wird, kann sich helfen: Suchen Sie in einem solchen Fall eine Weide und schneiden Sie einen jungen, dünnen Zweig ab. Wieder ziehen Sie die Rinde herunter. Benutzen Sie diese wie einen **Kaugummi**. Das ist zwar keine Delikatesse und schmeckt ein wenig bitter, besänftigt aber effektiv Schmerzen.

Für Reisende ist eine **Tinktur** ganz praktisch. Übergießen Sie dafür 25 g klein geschnittene, frische Rinde mit 100 ml 70 %igem Alkohol und lassen Sie den Ansatz unter regelmäßigem Schütteln vier Wochen lang ausziehen. Danach filtrieren Sie ab und füllen die fertige Tinktur in kleine braune Tropffläschchen, die Sie beispielsweise in der Apotheke kaufen können. Vergessen Sie die deutliche Beschriftung samt Datum nicht. Die Tinktur ist etwa ein Jahr lang wirksam. Damit können Sie beispielsweise schmerzende Gelenke einreiben. Bei Fieber und Schmerzen nehmen Sie 3× täglich 5–10 Tropfen ein.

Die **Bach-Blüte** *Willow* aus den Weidenkätzchen macht einem die eigene Verantwortung für sein Leben bewusst. Sie löst Verhärtungen in Gedanken und Gefühlen und schenkt neue Sichtweisen. Sie hilft dabei, sich vom Opfer zum Meister des eigenen Schicksals zu wandeln. Beim **Räuchern** des Holzes verbreitet sich mit dem Rauch ein Gefühl des Fließens, das flexibel, beweglich und aufgeschlossen macht. Der Rauch fördert die Bereitschaft zur Kommunikation, schenkt Visionen und unterstützt das Träumen – auch am Tag …

Mythen, Sagen und Kult: Mondbaum für fließende Träume

Die Weide erscheint uns so verträumt wie der Vollmond, wenn er den Himmel mit seinem weis(s)en Licht erleuchtet. Sie ist ein Kind des Wassers, scheint ihm seine Zweige entgegenzustrecken, um das von seiner Oberfläche reflektierte Licht einzufangen. Sie gehört zu den sieben heiligen Bäumen des keltischen Hains. Unter den Planeten wurde sie von altersher dem Mond – und damit dem **Montag** – zugeordnet, denn wie der mythische Baum, der an Flüssen und Seen zu finden ist, hat auch der **Mond** mit dem Wasser zu tun. Er gilt als Hüter der Gewässer. Er verkörpert das Prinzip des Feuchten, und seine Wanderung wird in Verbindung gebracht mit Flüssen und Fluten und den Gezeiten des Meeres.

Unübertrefflich wird dies vom antiken Dichter Apuleius beschrieben, der angesichts eines Vollmondaufganges am Meer ins Schwärmen gerät: „Die Majestät dieses hehren Wesens erfüllte mich mit tiefer Ehrfurcht, und überzeugt, dass alle menschlichen Dinge durch seine Allmacht regiert werden, überzeugt, dass nicht nur alle Gattungen zahmer und wilder Tiere, sondern auch die leblosen Geschöpfe durch den unbegreiflichen Einfluss seines Lichtes fortdauern, ja dass selbst alle Körper auf Erden, im Himmel und im Meere in vollkommener Übereinstimmung mit diesem ab- und zunehmen, so bediente ich mich der feierlichen Stille der Nacht, mein Gebet an das holdselige Bild dieser hilfreichen Gottheit zu verrichten."

Vanillin aus Weidenzweigen

Ein Experiment mit den Zweigen lässt tief in die Struktur des Holzes blicken. Heizen Sie den Backofen auf 120 Grad vor und geben Sie dann einige alte oder junge Zweige hinein. Bereits nach kurzer Zeit fängt es an, nach Vanille zu duften. Im Lignin des trockenen Holzes ist dieser Duft enthalten. Lignin ist der „Holzstoff", der zusammen mit Zellulose den Zellwänden Festigkeit und Halt gibt. Die Vanillinmoleküle stecken in der dreidimensionalen Struktur des Lignins und werden durch das Erhitzen frei. Dieses naturidentische Vanillin wird als Ersatz für kostbare, echte Vanille in der Küche beim Backen verwendet. Es wird in technischem Maßstab aus dem Lignin gewonnen, das bei der Papierherstellung als Abfall anfällt.

Wie der Mond scheint auch die Weide etwas Mystisches an sich zu haben. Unter den Gottheiten werden ihr die Mondgöttinnen zugewiesen, allen voran Hekate und Diana-Artemis, jene Göttinnen, die besonders viel mit Dunkelheit und Tod zu tun haben. Der Mond erschien den Menschen der alten Welt als das Himmelslicht, das nicht nur der Dunkelheit am nächsten steht, sondern auch die Wasser tief unter der Erde durchstreift. So blieb es nicht aus, dass die Weide im institutionalisierten christlichen Umfeld zum Hexenbaum erklärt wurde. **Hexenbesen** bestanden zum größten Teil aus den Zweigen und in geflochtenen Körben sollten diese gefährlichen Frauen angeblich über das Meer zu ihren Versammlungsorten fliegen.

Gleichzeitig gab es bereits im achten Jahrhundert den Brauch, in den katholischen Kirchen am Palmsonntag den Palm zu weihen und auf diese Weise Jesu' Einzug in Jerusalem zu gedenken: Der **Palmzweig** war in unseren Breitengraden ein mit Kätzchen beblühter Weidenzweig. Freilich gründet dieses Fest eine Woche vor Ostern auf einem viel weiter in der Vergangenheit liegenden Fruchtbarkeitsfest. Vielfach „palmten" die naturverbundenen Menschen zu Palmsonntag auch das Feld, indem sie geweihte, blühende Zweige der Botschafterin des Lebens um die Äcker herumsteckten, um diese fruchtbar zu machen.

Phantasie und Dichtkunst

Im Zweistromland wurde die Weide mit einer der ältesten Göttinnen, die wir überhaupt mit Namen kennen, verbunden: Belili, eine Göttin von Liebe, Tod und Wiedergeburt, die als Vorläuferin der Göttin Inanna-Ischtar gilt. Auch diese wurde unter anderem als Mondgottheit verehrt. Die Silbe *bel* wird im indogermanischen Sprachraum mit *weiß, leuchtend, strahlend* übersetzt, was wiederum zum Erscheinungsbild des Mondes passt. *Belisama*, die *Strahlende*, war nicht zufällig ein Beiname der Göttin Artemis als Göttin der Jagd und der Geburt. Die silberne **Sichel des Neumondes** war ebensosehr

▼ Mond- und Wasserkräfte hängen mit Diana oder Artemis zusammen. – Die Wettergöttin Freya schenkt der Weide ihre Macht, die einst im Wetterzauber genutzt wurde.

Symbol von Wiedergeburt und Neubeginn wie sie auf den schimmernden Bogen der Jagdgöttin verweisen konnte. Ein Bild der Göttin wurde sogar in einem Weidendickicht in Sparta gefunden.

Artemis und Hekate wurden im antiken Griechenland beide – je für sich – als dreifaltige Göttinnen dargestellt, die in ihrer Dreieinigkeit die drei Phasen von zunehmendem, vollem und abnehmendem Mond symbolisierten, wobei der Dunkelmond als Teil der abnehmenden Phase verstanden wurde. In seiner Fähigkeit, sich immer wieder rundum erneuern zu können, wurde der Mond schon früh zu einem Symbol der **Unsterblichkeit**, vergleichbar einer sich häutenden Schlange, die gleichermaßen als Sinnbild von Ewigkeit galt.

Hekate hieß mit Beinamen *Antea*, die *Spenderin von Visionen*, was sich gut mit dem Weidenbaum als einem **Ort der Dichtkunst** vereint. Von Nebelschwaden umwabert und vom Vollmond beleuchtet, scheint der Baum vor allem nachts ein geheimnisumwittertes Eigenleben zu führen, das die Phantasie anregt und auch zur Wahrsagekunst inspiriert. Der mythische Sänger und Dichter Orpheus, dem es einst gelang, selbst Felsen mit seinem Gesang zum Weinen zu bringen, soll zu seiner sagenhaften Beredsamkeit gefunden haben, indem er in einem heiligen Hain der Unterweltsgöttin Persephone deren Weidenbäume berührt hatte. In diesen Zusammenhang gehört auch, dass man das Weidenholz zum **Bau von Harfen** verwenden kann. Die Harfe erweckte beim Publikum den Sinn für Schönheit, Zusammengehörigkeit und Achtung vor allem Leben.

Schutzbaum und Wetterholz

Helike war der altgriechische Name für die *Weide*. Nach ihr wurde der Berg Helikon benannt, der als Sitz der neun Musen galt, die zugleich Priesterinnen der Mondgöttin waren. Hera, die griechische Himmelskönigin und Liebesgöttin, soll unter einer Weide auf der Insel Samos geboren worden sein, wo man ihr alljährlich in Ritualen huldigte. Ein Weidenbaum soll auch vor der kretischen Höhle in Gortyna gestanden haben, in der ihr späterer Gemahl Zeus geboren wurde. Bei den rituellen Feiern zu Ehren seiner Geburt hing man die Wiege des Gottes in eine Weide.

Einer christlichen Sage zufolge neigte sich ein Weidenbaum tröstend über die Gottesmutter, als sie am Grab ihres Sohnes stand. Auch fand die Heilige Familie angeblich unter diesem Baum **Schutz** vor den Nachstellungen des Herodes.

Wie bei der Hasel wurden auch die Zweige der Weide eingesetzt, um das Wetter zu beeinflussen. Das wurde in der katholischen Welt als Aberglaube und **Wetterzauber** verunglimpft und entsprechend bekämpft und brachte zugleich neue wundersame Blüten der Phantasie hervor: Hexen, die in Weiden Zuflucht suchten, sagte man nach, dass sie die Bäume als Katzen wieder verließen. Katzen allerdings galten als die heiligen Tiere der Göttinnen Freya, Frigg und Holle. Vielleicht liegt hier sogar der Ursprung des Namens *Weidenkätzchen*?

▼ *Magischer Ort: äußerst geeignet für Visionen, innere Reisen und Bewusstwerdungen*

Orte der Kraft, Stille und inneren Einkehr

Besonders schöne Waldflächen unserer Heimat

In Deutschland sind über 30 % des Landes bewaldet, was etwa 100 Bäumen pro Einwohner entspricht. Das sind wesentlich mehr als in der Schweiz mit 66, doch deutlich weniger als in Österreich mit 400 Bäumen pro Einwohner. In dem waldreichen Alpenland ist fast die Hälfte der Gesamtfläche von Wald bedeckt und einige besonders schöne Naturdenkmale findet man sogar mitten in der Metropole Wien. Dort kommen immerhin fünf Bäume auf jeden Einwohner! Insgesamt liegt der Bestand an Bäumen in den drei Ländern damit bei knapp 12,2 Milliarden – eine beeindruckende Zahl. Dank dieser Bäume gibt es bei uns herrliche, vielfältige Kulturlandschaften und – noch immer – Wälder voller Wunder. Jeder Wald hat eine eigene Ausstrahlung und Wesensart, besitzt einen unverwechselbaren Charakter.

Im Netz kursieren viele Listen dazu und auch manche Bücher – wie etwa der Bildband *Baumwelten* von Conrad Amber – weisen auf einzigartige Bäume und Wälder hin, teilweise sogar mit Geo-Daten. Ein Besuch der schönsten Wälder, Naturparks und Wildnisgebiete ist immer etwas Einzigartiges und ein lohnendes Ziel für Wanderungen oder Fahrradtouren. Die folgende Auswahl zeigt einige Beispiele besonders beeindruckender Ziele für Baumfreunde.

Colbitzer Lindenwald (D)

Das nördlich von Magdeburg bei der kleinen Gemeinde Colbitz gelegene Gebiet ist mit 220 Hektar Größe der größte zusammenhängende Lindenwald Europas. Ein Militärisches Sperrgebiet in der Nähe mag bei der Anreise zunächst etwas verunsichern, doch ist es wohl auch ein Grund dafür, dass sich der Wald weitgehend naturbelassen entwickeln konnte. Hinweisschilder zu diesem wunderschönen Ort sind sehr rar und auch die Eingabe in das Navigationssystem birgt Risiken – ein genauer Anfahrtsplan steht aber auf der Homepage (siehe unten) zum Download bereit.

Bereits seit mehreren Generationen wird der Wald kaum mehr bewirtschaftet und konnte so seinen einmaligen Charakter entwickeln. Einer Legende zufolge geht die Gründung des Schutzgebietes auf Napoleon Bonaparte zurück. Verschiedene Wanderwege führen durch das einzigartige Gebiet, in dem sich die Herzkräfte und Liebe ausstrahlende Aura der bis zu 250 Jahre alten Lindenbäume wie in einem Brennglas sammelt.

Hartnäckig hält sich ein Jahrhunderte altes Gerücht, dass im Wald das „Lepomorph" sein Unwesen treibe, ein dreibeiniger Hase von der Größe einer ausgewachsenen Kuh. Ähnlich wie bei dem im Volksglauben immer wieder auftauchenden Haselwurm ist damit vielleicht ein Naturwesen gemeint, das weniger mit äußeren als mit inneren Augen gesehen werden kann, weil es erst durch die besonderen Kraftfelder des Ortes seelisch erfahrbar wird – als Teil des *Genius Loci*, des *Geistes des Ortes*, den jeder empfinden und wahrnehmen kann, der genügend Sensibilität und Muse dafür hat.

Unvergesslich ist ein Besuch des Naturschutzgebietes im April oder Mai, zur Blüte der Anemonen, die dann den weichen Waldboden zu Füßen der wunderschönen Bäume in einen wirbelnden Tanz blütenweißer Elfen verwandeln. Ein anderer, nicht

▲ *Colbitzer Lindenwald: Einladung zu einem Spaziergang in die eigene Mitte*

minder überirdisch wirkender Eindruck entsteht zur prächtigen Blütezeit der Linden kurze Zeit später im Juni und Juli.
www.gemeinde-colbitz.de/pages/freizeit/lindenwald.php

Paterzeller Eibenwald (D)

Unweit des bayrischen Ammersees, im beschaulichen Voralpenland, liegt der mit rund 2300 Exemplaren größte reine Eibenwald Deutschlands. Auch heute noch ist der verwunschene Ort Schauplatz uralter Bräuche und wer genau hinsieht, kann nach klaren Vollmondnächten frisch gezogene Kreide- und Mehlkreise um so manchen alten Baumstamm entdecken. An den Ästen hängen dann liebevoll hergestellte Schutzamulette und lassen ahnen, welche mystischen Rituale hier einst abgehalten wurden.

Klare Bäche und ein Wanderweg durchziehen diesen Wald. Wer ihn durchstreift, sollte unbedingt auch die etwa 1200 Jahre alte *Tassilolinde* in der Nähe des Klosters Wessobrunn besuchen. Die beeindruckende Baumpersönlichkeit ist einer der ältesten Bäume Deutschlands. Zahlreiche Erzählungen und Legenden ranken sich um die Linde, auf die die Gründung des historisch bedeutenden Klosters zurückgeht.
www.pfaffen-winkel.de/de/naturschutzgebiet-eibenwald-in-paterzell

Reinhardswald mit dem Urwald Sababurg (D)

Nördlich von Kassel trifft man auf den wohl märchenhaftesten Wald Deutschlands. Das bis zu 500 m hohe und dünn besiedelte Mittelgebirge im Weserbergland erstreckt sich über 200 km^2. Die Gebrüder Grimm lebten lange Zeit in Kassel und sammelten über Jahre hinweg einen Großteil ihrer Volksmärchen in den beschaulichen Dörfern der Umgegend des Reinhardswaldes.

Im Herzstück des großen Waldgebietes, dem Urwald Sababurg, leben die alten Märchen, Mythen und Sagen noch immer fort. Fast vermutet man

▲ *Paterzeller Eibenwald: mystisch und verschlossen – Zedlacher Paradies: einladend und offen*

hinter dem nächsten Baumstamm Hänsel und Gretel und in jedem Nebelschwaden ahnt man Frau Holles gütiges Gesicht.

Verwitterte Baumgestalten, dicke und bis zu 1000 Jahre alte Eichen, majestätische Rot-Buchen und zottelige Schwarz-Erlen prägen den ehemaligen Hutewald, der einst die Schweine und Ziegen mittelalterlicher Edelleute sicherlich prächtig ernährte. Auf Initiative des Malers Theodor Rocholl steht das Gebiet bereits seit 1907 unter Schutz. Es ist damit das älteste Waldnaturschutzgebiet Deutschlands und wird in Künstlerkreisen wegen der einzigartigen Baummotive auch „das Malerreservat" genannt. Die Sababurg liegt am Rand des Waldgebietes. Sie ist das originale „Dornröschenschloss" der Gebrüder Grimm und schmiegt sich selbst wie ein Ölgemälde in die zauberhafte Landschaft.
www.reinhardswald.de

Um den Reinhardswald vor Windkraftparks zu schützen, hat sich die Bürgerinitiative *Pro Reinhardswald* gegründet. Gott sei Dank mit Erfolg.
proreinhardswald.jimdo.com

Westerwald (D)

Weite Teile des bergigen Westerwalds im Dreiländereck Rheinland-Pfalz, Hessen und Nordrhein-Westfalen wurden vor Zehntausenden von Jahren durch die rege Vulkantätigkeit der nahen Eifel geprägt. Heute steht hier ein abwechslungsreicher Mischwald, in dem einige der dicksten, ältesten und bemerkenswertesten Bäume unserer Heimat ihre Wurzeln geschlagen haben: die *Altweibereiche* beispielsweise, die Toreiche in Dausenau, die Hübinger Kreuzeiche oder die 1000-jährige *Langendernbacher Kirchlinde* mit ihrem gewaltigen Umfang von etwa 11 Metern.

Besonders beeindruckend ist ein geophysikalisches Phänomen an der Dornburg, einer Erhebung in der Nähe des gleichnamigen Ortes: Hier findet sich selbst im Hochsommer Schnee und Eis. Ein Tunnelsystem im Massiv speichert die Kälte des Winters. Durch einen eiszapfenverhangenen Stollen kriecht diese Kälte als „Ewiges Eis" auch bei größter Sommerhitze aus dem Berg.

Oben auf der Basaltkuppe befindet sich eine kaum erforschte alte Keltensiedlung mit Ringwallanlage, ein Oppidum, überwuchert von einem geheimnisumwitterten Buchen- und Hainbuchenwald. Zwischen den völlig verfallenen Steinwällen der Keltensiedlung stößt man überraschenderweise auf die kaum freigelegte Grundmauer der uralten Hildegardiskapelle. Ein Ort voller mystischer Geheimnisse – wie so häufig im Westerwald.
www.suedlicher-westerwald.de

**UNESCO-Weltnaturerbe
„Alte Buchenwälder Deutschlands" (D)**
Im Jahr 2011 sind fünf weltweit ganz einzigartige Buchenwaldgebiete in die Liste des Weltnaturerbes aufgenommen worden. Dies sind

1. in Thüringen, in der Nähe von Erfurt: Teile des **Nationalparks Hainich**, der größten nutzungsfreien Laubwaldfläche Deutschlands,
2. Teile des **Nationalparks Jasmund** auf Rügen, ganz im Osten bis hin zu den weltberühmten Kreidefelsen bei Sassnitz gelegen,
3. Teilgebiete des **Müritz-Nationalparks** bei Serrahn in Mecklenburg-Vorpommern,
4. der *Grumsin Wald* in der Kernzone des **Biosphärenreservats Schorfheide-Chorin** in Brandenburg, nördlich von Berlin,
5. der Kellerwald im **Nationalpark Kellerwald-Edersee** in Hessen.

Alle diese Wälder, in ihrer einzigartigen Vielfalt und beeindruckenden Größe, waren Heimat unserer Vorfahren, der Kelten und Germanen. Inmitten der turmhohen Buchengestalten voller Weisheit und Wissen wird greifbar, was die Alten mit dem frommen Begriff vom „Heiligen Hain" verbanden – eine tiefe Ehrfurcht und Verbundenheit mit ihren sichtbaren wie unsichtbaren Mitgeschöpfen. Wenn ein Herbststurm durch die majestätischen Kronen der mächtigen Bäume dieser Nationalparks fegt, ist es leicht, sich den Göttervater Wodan mit seinem Heer der Verstorbenen bei der Jagd durch den Himmel vorzustellen.

Ein unvergesslicher Anblick sind die Buchenwälder an den Kreidefelsen, die aussehen, als wollten sie sich ins tosende Meer stürzen. An solchen Orten, an denen die Mühsal wie auch die Schönheit des Lebens unverstellt vor Augen stehen, wird klar, weswegen es einst als unverzeihlicher Frevel galt, Bäume zu fällen, ohne dass ein größerer Zweck dahinter stand. Der Besuch solch außergewöhnlicher Baum- und Waldlandschaften weckt ein eigenartig-einzigartiges Naturgefühl – es ist fast wie ein Nachhausekommen nach einer allzu langen Reise in der Fremde.
www.weltnaturerbe-buchenwaelder.de

Zedlacher Paradies (A)
In Tirol galten Bäume oftmals als magisch, manchmal auch als heilig, und wurden dann *Betbaum* genannt. Insbesondere die Lärche sah man als Heimstatt der Saligen an, und damit als Überbringerin heiligen Wissens und als Schutzmacht von Mensch und Tier.

In Osttirol, im malerischen Virgental, fast schon am Fuß des Großglockners, steht ein Lärchenwald, der die Bezeichnung „Paradies" völlig zu Recht trägt. Die bis zu 600 Jahre alten, knorrigen Baumriesen mit einem Umfang von bis zu sechs Metern strahlen eine so kraftvolle Aura aus, dass man sich in einen Zauberwald versetzt fühlt, in dem der Glaube an die Saligen wieder aufflammt und in dem Feen, Trolle und Zwerge noch heute ein zurückgezogenes Leben führen könnten.

Ein weites Netz von Wanderwegen durchzieht traumhafte Wiesen und endlose Wälder, ein eigens gestalteter Lehrweg informiert über die Entstehungsgeschichte der uralten Kulturlandschaft. Entlang der sieben Stationen dieses Weges hat der Matreier Kunstschlosser Erich Trost riesenhafte Metallfiguren geschaffen, die alle in einem direkten Bezug zu diesem einzigartigen und historisch bedeutsamen Ökosystem stehen.

Die hier lebenden Lärchen sind ein gutes Beispiel dafür, welches Holz die alten Schindelmacher einst zum Decken der Dächer und Verkleiden der Wände der umliegenden Bergalmen nutzten. Bereits zu Beginn des 14. Jahrhunderts machte Konrad von Megenberg in seinem „Buch der Natur" auf einen überraschenden Vorteil des Lärchenholzes aufmerksam – die Widerstandskraft gegen Feuer. Er schrieb: „...wer auz des paums holz taveln macht und haeht die an diu Häuser, der widertreibent die flammen von den häuser."
www.matreiosttirol.com

Urwald Rothwald mit dem Wildnisgebiet Dürrenstein (A)

In Österreich liegt der größte wirkliche Urwald Europas, der diesen Namen tatsächlich verdient. Das 460 Hektar große Gebiet in den Kalkalpen befindet sich südlich des Dürrensteins und ist vermutlich seit seiner Entstehung vor über 12.000 Jahren vom Menschen völlig unberührt. Das war nur möglich, weil das entlegene Alpengebiet niemals besiedelt wurde und dann über Jahrhunderte hinweg einem Kartäuserkloster gehörte. Der Orden bewirtschaftete den Wald allerdings niemals. Heute steht der *Urwald Rothwald* als einziger Wald Österreichs unter strengstem Naturschutz der höchsten Kategorie und darf nicht betreten werden. Das *Wildnisgebiet Dürrenstein*, das direkt an den Urwald angrenzt, darf aber besucht werden.

Ein Großteil dieses hochgelegenen, sehr wild- und artenreichen Gebietes wird von ursprünglichen Buchen-, Tannen- sowie Fichtenwäldern bedeckt, doch auch einige Bestände von Berg-Ulme, Berg-Ahorn und Esche leben hier ein weitestgehend ungestörtes Leben. Das zu ermöglichen, ist das erklärte Ziel dieses Schutzgebietes, das in Europa seinesgleichen sucht. In einem begrenzten Umfang darf man die unberührte Natur aber erleben und an der Ursprünglichkeit des pulsierenden Werdens und Vergehens teilhaben. Die Verwaltung des Schutzgebietes entwickelt dafür jährlich wechselnde, abenteuerreiche Ausflüge und geführte Wanderungen, beispielsweise zu tausendjährigen Eiben. Fesselnde Einblicke in die alpine Tierwelt gehen damit fast ganz von selbst einher.
www.wildnisgebiet.at

Urwald Aletschwald (CH)

Das Gebiet steht seit 1933 unter Naturschutz. Bis dahin wurde der über 2000 m hoch gelegene Lärchen- und Zirbenwald von den Einheimischen stark genutzt. Sie schlugen Bäume, weideten dort Rinder und Ziegen, sammelten große Mengen an Brennholz. Der Wald drohte seine Einzigartigkeit zu verlieren – dann kam der Schutzstatus. Im Lauf der vergangenen 150 Jahre gab der Aletschgletscher zudem eine Jungmoräne frei, wo sich seitdem ein vorwitziger Lärchenpionierwald auf ganz natürliche Weise den Hang – nach Hunderttausenden von Jahren – wieder zurückerobert. Auch einige Birken und Erlen haben sich trotz der unwirtlichen Bedingungen dazugesellt.

Im *Urwald Aletschwald* sind die ältesten Bäume des Landes, bis zu 900-jährige, mächtige Zirben, zu finden. Der Anblick lässt an die Ewigkeit denken. Doch der Rückzug des Gletschers, der über Äonen die Stabilität des ganzen Massivs garantierte, schafft nun große Probleme – Hänge geraten immer wieder in Bewegung, tiefe Risse bilden sich, Verschiebungen von bis zu 40 m täglich sind am westlichen Rand zu beobachten. Zwar droht keine Gefahr eines Hangrutsches, doch zeigt dieses wunderbare Naturschauspiel, wie verletzlich die lebendige Natur sein kann. Einerseits wird aus einem einstigen Nutz- immer mehr ein uriger, ganz natürlicher Bergwald, andererseits wirken die teils

gewaltigen Zerstörungskräfte klimatischer Veränderungen. Umso mehr gilt: Aufgrund der alpinen Lage, der unvergleichlichen Naturstimmung und unvergesslichen Ausblicke auf den mit einer Länge von 23 km größten Alpengletscher überhaupt ist der Besuch dieses von Zirben dominierten Urwaldes ein absolut bleibendes Erlebnis.
www.aletscharena.ch

Sich engagieren für Bäume – mitmachen beim Bergwaldprojekt
Wer sich selbst einbringen und bedrohten Wäldern aktiv helfen möchte, hat – neben den entsprechenden Bewusstwerdungen und Entscheidungen beim täglichen Konsum – beispielsweise mit dem „Bergwaldprojekt" viele Möglichkeiten an der Hand. 1987 von dem Schweizer Förster Renato Ruf gegründet, ist der Verein inzwischen international tätig. Er führt jährlich eine sehr große Zahl von teils mehrtägigen Projekten durch, unter anderem in Deutschland, der Schweiz und Österreich. Darunter finden sich Angebote für Familien samt Kinderbetreuung, Freiwilligeneinsätze und sinnstiftende Projekte für Firmen, die sich für den Erhalt natürlicher Wälder einsetzen wollen. Alleine in Deutschland sind das mehr als 100 verschiedene Projekte jährlich.
www.bergwaldprojekt.de

◄ *Aletschwald: ein Ort, an dem die Urkräfte der Natur wirken*

Wo geht die Reise hin?

Die Bedeutung der Bäume für die Zukunft

Heute ist längst eine Binsenweisheit, was unseren scheinbar so abergläubischen und tumben Urvätern bereits sonnenklar war: Ohne funktionierendes Ökosystem ist das Überleben für uns nicht möglich. Wälder sind die Grundlage hierfür. In diesem Sinne sind sie der Anfang von allem, fast könnte man in Anlehnung an die Schöpfungsgeschichte sagen: *Am Anfang war der Wald* – wir brauchen Bäume buchstäblich wie die Luft zum Atmen. Doch nicht nur das: Ohne Wälder ist eine Versorgung mit sauberem, klarem Trinkwasser nicht möglich. Die beiden grundlegenden Bausteine des menschlichen Daseins verdanken wir den Bäumen: Sauerstoff und Wasser.

Nun war aber bereits zu Beginn des 18. Jahrhunderts ein großer Teil unseres heimischen Waldes abgeholzt oder zumindest über die Maßen genutzt. Der sächsische Oberberghauptmann Hans Carl von Carlowitz erkannte damals, dass es dringend erforderlich war, gegenzusteuern – er formulierte 1713 das erste Nachhaltigkeitskonzept: Niemals sollte mehr abgeholzt werden als nachwächst. Tatsächlich wurde dieser Grundsatz bei uns in den vergangenen Jahrzehnten seit Ende des Zweiten Weltkrieges weitgehend eingehalten. Der heutige Einschlag wird von Forstwissenschaftlern auf etwa 93 % der im gleichen Zeitraum nachwachsenden Menge Wald beziffert.

Dennoch: Mehr als 300 Jahre später stehen wir wieder vor dem Problem, das Carl von Carlowitz zu seinem Konzept veranlasste, wobei die Ursachen in ihrer Tragweite heute noch weitreichender und schwerwiegender sind als damals. Der heimische Wald bleibt von den tiefgreifenden Veränderungen, die durch Klimawandel und andere menschliche Einflüsse immer schneller voranzuschreiten scheinen, nicht verschont. Da das Schicksal der Menschheit seit jeher eng mit den Bäumen verknüpft ist, wird unser Wohl und Wehe auch künftig vom Wandel des Waldes abhängen. Die Frage ist also: Wie können wir uns den Herausforderungen der Zukunft sinnstiftend stellen?

Natürliche Wälder fördern

Hierzulande machen sich Forstbotaniker längst daran, die konkreten Auswirkungen des Klimawandels auf unsere heimischen Wälder zu untersu-

▼ *Es ist an der Zeit, den Wert alter Bäume wieder zu erkennen.*

▲ *Ursprüngliche Wälder sind Orte des Lebens und Räume für eine gesunde seelische Entwicklung.*

chen. Es gilt, jene Baumarten zu finden, die gut mit den vorhergesagten heißen und trockenen Bedingungen zurande kommen, um sie anzusiedeln und durch vorausschauendes Waldmanagement vermehrt anzupflanzen.

Heute ist die häufigste in unseren Wäldern beheimatete Baumart mit 28 % die Fichte, gefolgt von Kiefer (23 %), Buche (15 %), Eiche (10 %) und Birke (4 %). Die Forschungen und Erfahrungen zeigen jedoch eindrücklich, dass beispielsweise die Fichte in Deutschland aufgrund der sich ändernden klimatischen Bedingungen in weiten Teilen keine Zukunft haben wird. Darum werden in den Gebieten, in denen lange und warme Trockenperioden erwartet werden, ganze Fichtenwälder kontrolliert zu Mischwäldern umgestaltet – Buche, Tanne und Eiche stehen vor einer Renaissance und fremde Arten wie die Douglasie oder die Libanon-Zeder könnten durchaus zu wichtigen Forstbäumen der Zukunft werden.

Die Buche, die Königin des Waldes, wird also höchstwahrscheinlich ihre angestammte Rolle zurückerobern und das Zepter erneut in die Hand nehmen. Sie ist der wichtigste Laubbaum Mitteleuropas. In einem **natürlich wachsenden Wald** ist sie die mit Abstand bestimmende und überwiegende Baumart. Studien weisen darauf hin, dass die Buche mit den erwarteten Umweltbedingungen weniger Probleme haben wird und sich durch den Rückgang anderer Bäume, gerade der Nadelbäume,

> *Die Vielfalt organischer Formen – ob künstlerisch erzeugt oder als Ausdruck der Naturkräfte – regt das Spielerische an.*

umso mehr ausbreitet. Tatsächlich sieht demnach der Wald der Zukunft wahrscheinlich ähnlich aus, wie er einst als unberührter Urwald vor vielen Jahrhunderten wuchs. Schätzungen zufolge wäre dann der häufigste Baum die königliche Buche (36 %), gefolgt von Eiche (32 %), Kiefer (13 %) und Erle (6 %) – während die Fichte weit abgeschlagen auf lediglich 3 % käme.

Mit Waldluft gesund bleiben
Auch in anderen Bereichen geht der Trend Richtung Natürlichkeit und bodenständigem Erfahrungswissen. Schon die Ärzte im alten Ägypten wussten um die heilende Wirkung von Grünflächen und verordneten Kranken zur schnelleren Gesundung ausgedehnte Spaziergänge in blühenden Gärten. Wissenschaftliche Untersuchungen bestätigen die heilende Wirkung der Pflanzen auf Körper, Geist und Seele. So brauchen Patienten beispielsweise deutlich weniger Schmerzmittel und werden nach Operationen schneller gesund, wenn sie auf einen Wald oder einen Park – auf gesunde Natur – blicken können. In einer großangelegten Studie wurde gezeigt, dass wir auch in den großen Städten umso gesünder sind, je mehr Bäume in unserer direkten Nachbarschaft wachsen. Es treten signifikant weniger Herz-Kreislauf-Beschwerden, Diabetes und Krebserkrankungen auf. Kliniken und Ärztezentren, die mit Therapiegärten arbeiten, tun damit nichts anderes, als an die 4000 Jahre alten Methoden der Ägypter anzuknüpfen. Die **Garten- und Waldtherapie** etabliert sich immer mehr als Ergänzung und echte Alternative zu herkömmlichen therapeutischen Strategien.

Ganz neue Forschungen weisen tatsächlich darauf hin, dass Bäume und andere Pflanzen offensichtlich mehr als nur Sauerstoff produzieren und verströmen: Mithilfe bestimmter Botenstoffe, sogenannter Terpene, tauschen sie untereinander Informationen aus und warnen ihresgleichen beispielsweise vor anrückenden Schädlingen und Fressfeinden. Innerhalb kürzester Zeit fahren die so vorgewarnten Artgenossen ihr Abwehrsystem hoch und können sich auf diese Weise besser zur Wehr setzen.

Über die Atemluft und die Haut gelangen diese Botenstoffe natürlich auch in unseren Körper. Sie wirken teilweise krebshemmend und stärken das Immunsystem. Vor einigen Jahren gelang Professor Moser von der Universität Graz der Nachweis, dass Schüler in Klassenzimmern, die überwiegend mit Massivholz ausgestattet sind, wesentlich entspannter und weniger aggressiv sind als solche in Klassenzimmern mit wenig oder gar ohne Holz.

Mehr Grün in die Städte bringen
Von solchen Ergebnissen beflügelt, tauchen allenthalben Gegenbewegungen zu unserem modernen Lebensansatz auf. Dem „Immer-größer-weiter-schneller" wird ein kontrollierter Verzicht gegenübergestellt, hin zu einem „Weniger-statt-mehr". Dieser Gedanke liegt den sogenannten **Kleinsthäusern** zugrunde: Ausschließlich aus Holz und anderen Naturmaterialien erbaute Wohnstätten, die für vergleichsweise wenig Materialkosten – um die 4000 Euro – von jedem handwerklich geschickten Menschen in etwa 1500 Arbeitsstunden selbst erbaut werden können, bieten eine ausreichende Lebensqualität bei einem unbedenklichen ökologischen Fußabdruck. Baupläne und Anleitungen stehen kostenfrei im Internet zur Verfügung. In zukunftsweisenden Projekten wie dem *Lammas Ecovillage* in Wales wurden solche Ideen bereits konsequent umgesetzt. In dieser weitgehend unabhängigen Kommune versorgen sich die Bewohner selbst – und sie verstehen sich ganz selbstverständlich als Teil der Natur. Mittlerweile gibt es Kleinsthäuser freilich in vielen verschiedenen Variationen, sogar als modulares Baukastensystem für die ganze Familie.

Eine weitere zukunftsweisende Idee sind sogenannte **vertikale Städte**: Auf Häusern und Hochhäusern der Zukunft grünt und blüht es – und das nicht nur an den Fassaden, sondern auch auf Flachdächern, in verglasten Innenhöfen, auf Plattformen und Außenterrassen. Beispielsweise entsteht auf diese Weise ein Turmgewächshaus, das die Bewohner mit ernährt. Die Atmosphäre solcher Stadtbereiche und Straßenzüge ist völlig verändert. Nicht mehr der bloße Schutz vor Wind und Wetter ist hier das bestimmende Element der Wohnungen und Häuser, sondern die Verbindung einer großen biologischen Vielfalt mit größtmöglichem Wohnkomfort. Dazu gehört auch das urbane Gärtnern. Kleine Gartengrundstücke mitten in den Städten, auf Dächern oder Verkehrsinseln und in Blumenkübeln prägen das Straßenbild und ermöglichen vor allem eines: ein gesünderes Leben.

Mit den Kräften des Bodens leben
Auch international zeitigt der Bewusstseinswandel beeindruckende Projekte. In Indien entschied sich die Regierung vor einigen Jahren für das weltweit größte **Aufforstungsprogramm** mit zwei Milliarden neu gepflanzten Bäumen entlang von Autobahnen und anderen wichtigen Verbindungsstraßen des

▼ *Leben mit natürlicher Hochtechnologie: Der heilsame Naturstoff Holz ist – modernen Werkstoffen zum Trotz – durch nichts zu ersetzen.*

▲ *Sinnvoller und nachhaltiger Umgang mit den Ressourcen ist möglich. Viele Projekte zeigen das.*

ganzen Landes. Das entspricht fast einem Tausendstel des gesamten geschätzten Baumbestandes weltweit. In Anbetracht der Tatsache, dass ein einziger Baum täglich bis zu drei Kilogramm Staub aus der Umgebungsluft filtern kann, wird klar: Derartige Aktionen haben sogar einen messbaren Einfluss auf das Weltklima und sichern darüber hinaus die Wasserversorgung für tausende von Menschen und die Landwirtschaft samt Viehzucht. Ein solches Programm sollte auch für Europa möglich sein, wo vielerorts große Belastungen durch Feinstaub und andere Umweltgifte bestehen.

Ein Projekt in Afrika könnte mehr bringen als hunderte Milliarden Euro Entwicklungshilfe. Der christliche Missionar Tony Rinaudo kämpft seit über 30 Jahren für die Wiederbegrünung des Kontinents. Satellitenbilder der Länder Niger und Äthiopien beweisen nun den durchschlagenden Erfolg seiner einfachen und fast kostenlosen Methode, durch die er der sengenden Savanne der südlichen Sahelzone ganze Landstriche wieder abtrotzen konnte: Neue Wälder schufen dort eine nachhaltige Lebensgrundlage für Mensch und Tier.

Wie war das in diesen von Trockenheit geprägten riesigen Regionen möglich? Nach zahlreichen mehr oder weniger erfolglosen klassischen Aufforstungsprogrammen entdeckte Rinaudo zufällig, dass es im Boden ein lebendiges, weit verzweigtes und bis 40 m in die Tiefe reichendes Wurzelgeflecht der einstigen Waldbestände gibt, die teils bereits vor Jahrzehnten abgeholzt wurden. Ab und an wagte sich ein Sprössling an das flirrende Tageslicht Afrikas – und wurde normalerweise sehr schnell Opfer grasender Ziegen und Kühe. Durch die achtsame Hege und Pflege solcher Sprösslinge gelang es dem Australier, die ersten kleinen Bäumchen zu retten. Mithilfe der einheimischen Bauern wurden daraus bald ganze Wälder.

Seit der Entdeckung des unterirdischen Wurzelwerkes wuchsen in Niger mittlerweile mehr als 200 Millionen neue Bäume heran. Kein einziger Baum musste neu gepflanzt werden! Die Natur bildete einen riesigen Wald, weil sie schlichtweg in Ruhe gelassen wurde. Mittlerweile – und von der Weltöffentlichkeit nahezu unbemerkt – werden dort fünf Millionen Hektar des Waldes sogar bewirtschaftet. Das entspricht der Fläche von der Größe Niedersachsens. Durch die verbesserte Wasserversorgung werden im kühlenden Schatten der neuen Bäume Lebensmittel für mehr als 2,5 Millionen Menschen angebaut. Die Bäume liefern darüber hinaus Feuerholz, Futter für das Vieh, Früchte und traditionelle Heilmittel.

Wieder in die Natur zurückfinden

Mehr und mehr Menschen empfinden heute ganz intuitiv, dass jede **Berührung von Holz** immer auch eine Berührung mit dem Leben ist: sowohl sprichwörtlich, indem man beispielsweise ab und zu einen „Baum seines Vertrauens" umarmt, als auch im übertragenen Sinn. Denn mit der Auswahl der Möbel und der Materialien, mit denen wir uns zuhause oder im Büro umgeben, kann jeder ein Zeichen setzen. Die Industrie reagiert auf die damit verbundene Nachfrage – was sich darin zeigt, dass es immer mehr Gebrauchsgegenstände aus massivem Holz gibt: Uhren, Brillengestelle, Schutzhüllen für Smartphones, Brotdosen, Salatschüsseln oder Schmuck wie Ketten und Ringe.

Das Bedürfnis nach echtem, unverfälschtem Leben zeigt sich – das ist kein Widerspruch – auch bei den **Friedens- oder Ruhewäldern**, die vielen Menschen bei der „letzten Entscheidung des Lebens" offenbar sympathischer sind als die traditionellen Friedhöfe. Die hölzerne Urne unter dem Baum der Wahl ist ein Gefährt in den endlosen Kreislauf der Natur: Die Asche des Verstorbenen wird irgendwann vom Baum aufgenommen, was für den Betroffenen wie für die Hinterbliebenen ein würdiger Trost sein kann. So sucht sich mancher bereits frühzeitig „seinen Baum" aus und umsorgt ihn im festen Glauben, dass er post mortem so etwas wie seine neue Heimstatt wird – und den eigenen Tod mitten ins Leben trägt.

◄ *Kinder werden von Bäumen magisch angezogen. Die überlieferten Mythen zeigen, dass wir mit diesen einzigartigen Lebewesen schicksalsmäßig verbunden sind – heute mehr denn je.*

Literatur zum Weiterlesen

Amber, Conrad: *Baumwelten*, Kosmos 2015
Bächtold-Stäubli, Hanns: *Handwörterbuch des Deutschen Aberglaubens*, Weltbild 2005
Beuchert, Marianne: *Die Symbolik der Pflanzen*, Insel 2004
Bötticher, Carl: *Der Baumkultus der Hellenen*, Nabu Press 2010
Brosse, Jacques: *Mythologie der Bäume*, Patmos 2001
Caryad, Römer, Thomas, Zingsem: *Wanderer am Himmel. Die Welt der Planeten in Astronomie und Mythologie*, Springer Spektrum 2014
Culpeper, Nicholas: *Culpeper's Complete Herbal*, Wordsworth Edition Ltd. 1998
Findeisen, Hans & Heino Gehrts: *Die Schamanen. Jagdhelfer und Ratgeber, Seelenfahrer, Künder und Heiler*, Diederichs 1996
Fischer-Rizzi, Susanne: *Blätter von Bäumen*, AT 2007
Fischer-Rizzi, Susanne: *Mit der Wildnis verbunden*, Kosmos 2016
Fuchs, Christine: *Räuchern im Rhythmus des Jahreskreises*, Kosmos 2015
Geßmann, G. W.: *Die Pflanze im Zauberglauben*, Esoterischer Verlag 2003
Grimm, Jacob: *Deutsche Mythologie Band I–III*, Verlagshaus Römerweg 2007
Hageneder, Fred: *Die Weisheit der Bäume*, Kosmos 2014
Henze, Usch: *Osning – Die Externsteine*, Neue Erde 2006
Hoffmann, David: *Das Findhorn-Kräuter-Heilbuch*, Heyne 1995
Holzapfel, Otto: *Lexikon der abendländischen Mythologie*, Anaconda 2010
Kalusche, Dietmar: *Ökologie in Zahlen*, Springer Spektrum 2015
Knauss, Harald: *Die Botschaft der Bäume*, Narayana 2016
Kneipp, Sebastian: *Kneipp's Hausapotheke*, Oesch 1997
Koch, Walter A.: *Der Sagenkranz um die Sibylle von der Teck*, Spieth 1981
Lingg, Adelheid: *Bäume und die heilende Kraft des Waldes*, Kosmos 2016
Lingg, Adelheid: *Das Heilpflanzenjahr*, Kosmos 2015
Machatschek, Michael: *Nahrhafte Landschaft*, Böhlau 2013
Madaus, Gerhard: *Lehrbuch der biologischen Heilmittel*, Georg Thieme 1938
Marquard, Alfred: *Das hohe Lied vom Holz*, Heinrich Fink 1930
Marzell, Heinrich: *Unsere Heilpflanzen*, Theodor Fischer 1922
Moser, Maximilian & Erwin Thoma: *Sanfte Medizin der Bäume*, Servus 2014
Narby, Jeremy: *Die kosmische Schlange. Auf den Pfaden der Schamanen zu den Ursprüngen modernen Wissens*, Klett-Cotta 2016
Nedoma, Gabriela: *Knospen und die lebendigen Kräfte der Bäume*, Freya 2016
Neuner, Werner Johannes: *Die Blume der Liebe. Vom Problemfeld zum Heilungsfeld*, Limarutti 2010
Paetow, Karl: *Frau Holle. Volksmärchen und Sagen*, Husum 1986
Pritzel, Georg & Carl Friedrich Wilhelm Jessen: *Die deutschen Volksnamen der Pflanzen – Neuer Beitrag zum Deutschen Sprachschatze*, Schippers 1967
Puhle, Annekatrin & Jürgen Trott-Tschepe & Birgit Möller: *Heilpflanzen für die Gesundheit. 333 Pflanzen – neues und überliefertes Heilwissen. Pflanzenheilkunde, Homöopathie und Aromakunde*, Kosmos 2015
Ranke-Graves, Robert: *Die weiße Göttin*, Rowohlt 1992
Rutjes, Henriette & René Zimmer: *Augen zu und durch – die gesellschaftliche (Nicht-) Wahrnehmung des Eschentriebsterbens*, re:member 2015
Rüttner-Cova, Sonja: *Frau Holle. Die gestürzte Göttin*, Sphinx 1986
Stamer, Barbara, Zingsem: *Schlangenfrau und Chaosdrache. In Märchen Mythos und Kunst*, Kreuz 2001
Storl, Wolf-Dieter: *Die alte Göttin und ihre Pflanzen*, Kailash 2014

Storl, Wolf-Dieter: *Die Pflanzen der Kelten,* AT 2000
Storl, Wolf-Dieter: *Die Seele der Pflanzen,* Kosmos 2017
Strassmann, Renato: *Baumheilkunde,* Freya 2013
Strauß, Markus: *Köstliches von Waldbäumen,* Hädecke 2014
Stumpf, Ursula: *Meine Pflanzenmanufaktur,* Kosmos 2016
Stumpf, Ursula: *Pflanzengöttinnen und ihre Heilkräuter,* Kosmos 2010
Vescoli, Michael: *Der keltische Baumkalender,* Kailash 2009
von Bingen, Hildegard: *Heilkraft der Natur – Physica,* Christina 2009
Willford, Richard: *Gesundheit durch Heilkräuter,* Trauner 1997
Zaunert, Paul: *Deutsche Märchen seit Grimm,* Diederichs 1922
Zingsem, Vera: *Der Himmel ist mein, die Erde ist mein. Göttinnen großer Kulturen im Wandel der Zeiten,* Pomaska-Brand 2008
Zingsem, Vera: *Die Kölsche Göttin und Ihr Karneval. Über die Ursprünge des Rheinischen Karnevals,* Pomaska-Brand 2015
Zingsem, Vera: *Und Sie erschuf die Welt. Wie Schöpfungsmythen unser Leben prägen,* Irdana 2013

Berichte aus Zeitschriften

derStandard.at: *120.000 Jahre alter Klebstoff,* Mai 2010
Volksstimme.de: *Der Colbitzer Lindenwald,* August 2012
Der Merkurstab – Zeitschrift für Antroposophische Medizin; Jan Albert Rispens; Anthromedics 2011–2012
SHZ.de, Bernstein: *Unser Strandgut ist teurer als Gold;* Bonsen, Götz; November 2015
Zuschnitt 12: *Holz in Bewegung;* Joppig, Gunther; proHolz 2003
Zeit Online: *Pottasche ...,* April 1946

Süddeutsche Zeitung (SZ.de): Trockengelegte Moore verhageln die Klimabilanz; Weiss, Marlene; August 2012
Spiegel Online: *Ein Guru der Großen Mutter,* Juni 1982
Welt Digital: *Gottes Waldmacher;* Hedemann, Philip; Juni 2015
LWF Wissen 28: *Die Birke als Klangholz,* Bayerische Landesanstalt für Wald und Forstwirtschaft; Holz, Dietrich; 2000
Schutzgemeinschaft Deutscher Wald (SDW), Nr. 15, Institut für *Evolutionsbiologie und Ökologie;* Schmitz, Gregor; 2002

Naturführer für das sichere Bestimmen

Bachofer, Mark & Joachim Mayer: *Der Kosmos-Baumführer,* Kosmos 2015
Golte-Bechtle, Marianne & Roland Spohn & Margot Spohn: *Was blüht denn da?,* Kosmos 2015
Mayer, Joachim & Werner Schwegler: *Welcher Baum ist das?,* Kosmos 2014
Spohn, Margot: *Kosmos-Baumführer Europa,* Kosmos 2011
Stumpf, Ursula: *Heilpflanzen und ihre giftigen Doppelgänger,* Kosmos 2014

Interessante Adressen im Netz

www.alte-linden.com
www.architektur-geomantie.com
www.baum-des-jahres.de
www.beingsomewhere.net/index.htm
www.geist-der-baeume.de
www.karlsruher-naturkompass.de/tippseiten/hutebaeume.html
www.mikrohaus.com
www.sdw.de (Schutzgemeinschaft deutscher Wald)
www.tanzlinde-peesten.de
www.urholz.de

Porträts der Autoren

Ursula Stumpf

Wer weiß, wie viele zahllose Botschaften die Bäume im Lauf meines Lebens für mich wohl gehabt haben. Sie, die Bäume, waren einfach von Anfang an und immer für mich da. Geprägt und geformt durch Wind und Wetter in meiner Heimat Holstein standen sie an den Zäunen, Knicks und Straßenrändern. Der Wind, der durch die Zweige wehte, gab jedem Baum eine eigene Sprache, ein charakteristisches Raunen. Schon als Kind konnte ich die Bäume mit geschlossenen Augen und nur am Rauschen ihrer Blätter oder Nadeln erkennen und unterscheiden. Wenn ich Trost brauchte, ging ich zur Kiefer, wenn ich Aufmunterung nötig hatte, besuchte ich „meine" Eiche und bei fehlender Klarheit wartete der Walnussbaum auf mich. Mein Lieblingsweg führte durch eine Kastanienallee – und noch heute trage ich das ganze Jahr über eine Kastanie in meiner Hosen- oder Manteltasche. Bisher hat sie mich vor Rheuma bewahrt – davon bin ich überzeugt. Als Kräuterfrau, Heilpraktikerin und Apothekerin verbreite ich mit großer Freude das Wissen um die Schätze aller Pflanzen: auf Kräuterspaziergängen, in Büchern und CD's, Artikeln, Vorträgen und meiner Internetseite.
www.kraeuterweisheiten.de

Vera Zingsem

Das Aufwachsen in der Großstadt (Mönchengladbach) hatte schon früh bei mir den Wunsch geweckt, später einmal am Waldrand wohnen zu wollen, was mir in Tübingen, wo ich seit dem Ende meines Studiums lebe, mühelos geglückt ist. Ich studierte Theologie in Bonn, Jerusalem und Tübingen und verlebte insbesondere in Jerusalem eine äußerst prägende Zeit. Einerseits öffnete sich mein Blick für die Vielfalt der monotheistischen Religionen (Judentum, Christentum, Islam), andererseits wurde ich dort auch stark mit deren gemeinsamen Schattenseiten konfrontiert. Sie zeigte sich in der durchgängigen Abwertung des Weiblichen, sei es im Umgang mit Frauen, sei es im Umgang mit der als weiblich bezeichneten Natur. Diese Erfahrungen wiederum brachten mich dazu, mich intensiv mit der Tiefenpsychologie C. G. Jungs zu beschäftigen. Sie führte mich im Eiltempo auf die Spur der großen Mythologien, die mich in einen Lernprozess verwickelten, der noch lange nicht abgeschlossen ist. Bei den Göttinnen der großen Kulturen fand ich einen Anker und mein Lebensthema: die Bilder des Weiblichen (und Männlichen) in den Religionen weltweit und ihr Einfluss auf die Ethik, das Zusammenspiel von Gott, Mensch und Natur. Die Mythologien der Bäume haben mich stark fasziniert. Der Wald als Ganzer als auch alle seine Bäume wurden hierzulande dereinst als heilige göttliche Wesen verehrt. Ein ganz neuer Blick auf die Welt tut sich auf ...
www.polythea.com

Andreas Hase

Bei ungezählten Wanderungen und Fahrradtouren durch tiefe Wälder, einsame Flussauen und weitgehend naturbelassene Nationalparks entdecke ich meine Liebe zur stillen Welt der Natur immer wieder neu. Jede Blume, jeder Busch und jeder Baum erzählen dem „hörenden Menschen" ganz eigene Geschichten, die nur für ihn gedacht sind: Mir sind sie eine kraftvolle Quelle der Inspiration, voller Schönheit und sanfter Energie. Diesen Baumgeschichten lausche ich seit vielen Jahren jeden Tag an meinem Wohn- und Arbeitsort, einem Feriendorf mitten im Nationalpark Nassau im Westerwald. Die Mythischen Bäume sind ein Versuch, „meinen Bäumen" etwas zurückzugeben, eine Liebeserklärung an sie. Auch meine Workshops, die Seminare und die meditativen Wanderungen im Westerwald sind von meiner innigen Verbindung mit Bäumen geprägt.
www.ffd-huebingen.de
www.mythische-baeume.de

Porträts der Fotografen

Charlotte Fischer

Als ich einmal einen Freund, den Redakteur und Autor Wolfgang Held, gefragt habe, was er als seine Aufgabe in der Welt ansieht, antwortete er mir: „Sichtbar zu machen, zu zeigen und zu erzählen, was an Licht in den Dingen und den Wesen in der Welt zu finden ist." Genau das ist, worum es mir geht – allerdings nicht mit den Mitteln des Wortes, sondern mit denen der Fotografie: So ist es eines meiner Hauptanliegen, mithilfe des natürlichen Lichts die Individualität und Einzigartigkeit sowohl von Menschen als auch von Pflanzen sichtbar zu machen. Zeit ist dabei wohl der Faktor, der neben dem Licht meine Arbeit am stärksten prägt. Was ich fotografiere, begleite ich Stunden, Tage, Wochen, manchmal Monate und Jahre lang. Auf diese Weise versuche ich auch, das Wesen unserer Bäume in den Blick zu rücken.

www.charlottefischer.de

Conrad Amber

Das kleine Wäldchen, das ich vor über 50 Jahren zusammen mit meinem Vater gepflanzt habe, gibt es noch immer. Manchmal besuche ich mit meinen Töchtern die stattlichen Bäume, setze mich auf einen starken Ast, genieße den Duft und das Lichtspiel und rede mit ihnen über Erinnerungen an Vergangenes und über unsere Zukunft. Das Leben der Bäume hat mich immer schon eingenommen und fasziniert. Seit vielen Jahren durchwandere ich uralte Wälder, besuche die alten Baumpersönlichkeiten Europas und versuche, das Erlebte in meinen Fotos und Texten festzuhalten. Da geht es um zauberhafte Verbindungen, unerklärbare Kräfte und Energien, wunderbare Geschichten. In meinem Bildband *Baumwelten* gibt es einiges davon zu sehen, in Vorträgen erzähle ich darüber, auf meiner Homepage und auf Facebook finden Interessierte die jeweils aktuellsten Bilder und Termine. Der große Kreis meiner Baumfreunde beflügelt mich und bestärkt mich darin, weiter den unschätzbaren Wert der Bäume und Wälder für unser Leben aufzuzeigen.

www.amber.at, www.baumwelten.at, bildarchiv.conradamber.at

Wir bedanken uns …

– für die richtigen Begegnungen, die uns Autorinnen, den Autor und den Verlag im richtigen Augenblick zusammengeführt haben;
– bei Dr. Stefan Raps für seine Begeisterung, mit der er die Idee zu diesem Buch aufgenommen und in das laufende Programm integriert hat. Mit Umsicht und Überblick hat er die drei unterschiedlichen Themenbereiche und uns drei Autoren immer wieder neu koordiniert;
– bei den Fotografen für ihre beeindruckenden Bilder;
– und bei dem ganz besonderen Holunder im Garten von Andreas Hase.

Rezepte und Anwendungen

Getränke

Apfel: Essig aus Früchten 24
Buche: Likör aus Blättern 58
Eiche: Krafttrunk aus Blättern 89
Esche:
– Geist aus Samen 120
– Wein aus Blättern 121
Fichte: Branntwein aus Trieben 132
Linde:
– Krafttrunk aus Blättern 195
– Sommerbowle aus Blüten 195
Zirbe:
– Schnaps aus Zapfen 180
– Likör aus Zapfen 180

Gerichte und Gewürze

Apfel: Apfelringe 23
Birke:
– Zucker aus der Rinde 41
– Gewürz aus Blättern 42
Eiche: Mehl aus den Früchten 90 f.
Erle:
– Pulver aus Kätzchen 106
– Zucker aus Zäpfchen 107
– Pesto aus Blättern 107
Esche: Gewürz aus den Nüsschen 120
Hasel: Energiekugeln aus Nüssen 147
Holunder:
– Zucker aus Blüten 161
– Suppe aus Beeren 162

Heiltees

Apfel:
– aus Früchten zur Entschlackung 22
– aus der Schale bei Fieber 23
Birke: aus Blättern bei Nieren- und Blasenproblemen 41
Eiche:
– aus der Rinde bei zu starken Menstruationsblutungen 88
– aus Blättern bei Entzündungen der Schleimhäute im Mund, bei Durchfall 89
Erle: aus Knospen zur Entgiftung 106
Esche:
– aus Blättern bei Fieber 119
– aus der Rinde bei Gelenkschmerzen, Erkältung 118
Fichte / Tanne: aus Nadeln bei Husten 131
Hasel:
– aus Blütenknospen bei Husten 144
– aus den Kätzchen bei Infektionen 145
Holunder: aus Blüten bei Erkältung 160
Kiefer: aus Nadeln zur Entschlackung 177
Linde: aus Blüten bei Erkältung 194
Weide:
– aus den Kätzchen bei Stress 207
– aus Rinde bei rheumatischen Beschwerden, Erkältung 209 f.

Weitere Heilanwendungen

Apfel:
– Essig aus der Frucht zur Anregung des Stoffwechsels 24
– Mus aus der Frucht bei Durchfall 22
Birke:
– Zucker aus Rinde bei trockener Haut, Neurodermitis, Schuppenflechte 41
– Kompresse aus Blättern bei Hautunreinheiten 41
– Essenz aus Blüten beim Gefühl von Einsamkeit 42
Buche:
– Pulver aus Blütenknospen und Asche von Holz bei entzündeter Haut 56
– wässriger Auszug aus Blättern bei entzündeten Wunden, rheumatischen Gelenkbeschwerden 58
Eiche: Bad / Kompresse aus Rinde und Zweigen bei Entzündungen, Wunden, Schweißfüßen 88

Erle:
– Bad aus Blättern bei Rheuma 106
– Heilöl aus Knospen bei trockener Haut, Schuppenflechte 106

Esche: Umschlag aus Samen bei Muskelkater, Hexenschuss 120

Esche: Gewürz aus den Nüsschen bei Arthrose 120

Esche: Geist aus Samen bei Gelenk- und Muskelschmerzen 120

Fichte:
– Sirup aus Trieben bei Husten 131
– Branntwein aus Trieben bei Muskelschmerzen, Verstauchungen 132

Fichte / Kiefer / Tanne: Bad aus Trieben bei Erkältung 132

Fichter / Kiefer / Lärche / Tanne: Harz- oder Pechsalbe aus Baumharz bei Wunden, kalten Füßen, Gelenkschmerzen, Erkältungen, als Zugsalbe 133

Hasel:
– Auszug aus Blättern und Rinde bei Entzündungen, Krampfadern, Hämorrhoiden 145
– Heilpulver aus Knospen bei Entzündungen, Akne, Ekzemen 145

Holunder:
– Kompresse aus Blüten bei geröteten, strapazierten Augen 160
– Saft aus den Beeren bei Erkältung, Nervenschmerzen, Virusinfektionen 162

Kiefer: Bad mit Kiefernadelöl bei Erkältung 178

Weide:
– Hautöl aus Blattknospen bei rheumatischen Beschwerden, Sportverletzungen 208
– Kaltansatz aus Rinde bei rheumatischen Beschwerden, Erkältung 210
– Kaugummi aus dem Holz bei (Zahn-) Schmerzen 210

Zirbe:
– Geist aus Zapfen bei Gelenkschmerzen 180
– Likör aus Zapfen bei Husten 180

Kosmetik

Apfel:
– Essig aus der Frucht zur Haut- und Haarpflege 24
– Gesichtsmaske aus der Frucht 25
– Haut- und Badeöl aus Blüten 25
– Heilwasser aus Blüten 25

Birke: Gesichtswasser aus Blättern 41

Eiche:
– Deodorant aus Blättern 89
– Haarfestiger aus Blättern 89

Esche: Gesichtswasser aus Blättern 119

Fichte: Deodorant aus Trieben 131

Holunder:
– Bad aus Blüten 160
– Hautöl aus Blüten 161

Kiefer / Zirbe: Peelingsalz aus Nadeln 177

Kiefer: Massageöl aus dem ätherischen Öl 179

Linde: Deodorant aus Blüten 195

Weide:
– Hautöl aus Blattknospen 208
– Gesichtscreme aus Blattknospen 208

Sonstige Anwendungen

Buche: Kissen aus den Blättern 58

Erle: Räuchern mit Knospen, Zäpfchen, Blättern 107

Fichte / Tanne:
– Duftlampe mit ätherischem Öl 134
– Räuchern mit dem Harz 134

Hasel: Räuchern mit den Blättern 148

Kiefer / Zirbe: Duftlampe mit ätherischem Öl 178, 181

Weide: Räuchern mit dem Holz 211

Zirbe: Kissen aus Holzspänen 180

Sachregister

Abies alba 125 ff.
Aletschwald 220
Alkaloide 66, 70
Alnus spec. 99 ff.
Apfel 17 ff.
Äpfel der Hesperiden 26
Äpfel der Iduna 26
Apfelwein 30
Arillus 66
Aschenputtel 148
Asen 75
Asgard 74, 78, 93
Ask 13
Äskulapstab 13, 197
Aufforstungsprogramm 225
Auricularia auricula-judae 159
Avalon 27

Bach-Blüten
– Beech 59
– Oak 91
– Pine 179
– Willow 211
Bauholz 53, 128
Baumkalender 44
Baumohr 159
Bergriesen 74
Bergwaldprojekt 221
Bernstein 174
Beständigkeit 51, 74, 181
Betbaum 219
Betula spec. 33 ff.
Betulin 41
Betyle 45
Bienenweide 204
Birke 33 ff.
Birkengewächse 99, 142
Birkenpech 37
Birkenreiser 43
Birkenwasserleitung 39

Blattsäureglykosid 59
Blaue Kuppe 29
Blocksberg 116
Brennholz 53, 144
Brigidakreuz 44, 45
Buche 49 ff.
Buchengewächse 49
Buchenkeimling 57
Buchenlaub 57
Buchennüsschen 58
Buchstaben 50

Christbaum 135
Christbaumkugeln 30
Colbitzer Lindenwald 216
Corylus avellana 141 ff.
Cumarin 119

Deutsche Eiche 84
Die Stimme im Walde, Märchen 11
Donareiche 84
Dornröschenschloss 218
Drechslerei 20, 104
Drei Linden 201
Dreieinigkeit 213
Druckerpresse 50
Drudenfuß 31
Druiden 65
Drüsenschuppen 36
Dürrenstein, Wildnisgebiet 220

Eibe 65 ff.
Eibenbogen 69
Eiche 83 ff.
Eiche von Dodona 94
Eisriesen 74
Ellhorn 166
Embla 13
Energielinien 153
Energiewälder 207

Entgiftung 22
Erle 99 ff.
Erlenmutter 110
Erlensterben 103
Erlkönig 100
Esche 113 ff.
Euphrat 8
Europäische Eibe 72

Fagus sylvatica 49 ff.
Färben 158
Faschinenholz 206
Fassreifen 143
Festigkeit 74
Feuerbaum 172
Feuerriesen 78
Fichte 125 ff.
Fichtentanne 126
Fiederblatt 114
Flachwurzler 52, 156, 205
Flavonoide 89, 118
Flechtarbeit 143
Flechtwerk 206
Fliegenpilz 47, 137
Flöte 158
Frau Holle 109, 163 ff.
Frau-Hollenteich 29
Fraxin 118 f.
Fraxinus excelsior 113 ff.
Friedenswälder 227
Friedhofbaum 67
Frostriesen 29, 78, 93
Fruchtbarkeit 19 f.
Frühlingsbaum 34
Frühlingstrank 39
Fünfzack 31

Gartentherapie 224
Geburtenbäumchen 19
Geigenbau 127
Gemmotherapie 91

Gerben 107
Gerbstoffe 87, 104
Germanen 10, 39
Gift 66, 70
Glasberg 183, 185
Glasfertigung 54
Glaswald 55
Gluthathion 21
Glutinosa 105
Glykoside 118
Großmütterchen Immergrün 164
Güte 141

Hänge-Birke 35
Harz 89, 130
Hasel 141 ff.
Haselgerte 152
Haselwurm 152
Heilige Brigitte 47
heilige Steine 45
Helbrunnen 74
Helikon, Berg 213
Herzensbaum 18
Herzwurzelsystem 18, 36, 52, 190
Hesperiden 26
Hexe 111
Hexenbaum 206, 212
Hexenbesen 43, 212
Himmelsleiter 8, 47, 138
Himmelsstürmerin 49
Holunder 155 ff.
Holzschuhbaum 104
Homöopathie 59, 72, 91
Hörselberg 31
Huldr-Saga 200
Hutewälder 86

Initiationsritual 111
Innenwurzeln 67
Insel Avalon 27

Instrumentenbau 38, 70
Irminsul 94

Jötunheim 78
Judasohr 159

Kiefer 171 ff.
Kienspan 174
Kirche Maria Dreieichen 97
Klarheit 125
Klimawandel 222
Kohlepulver 193
Kolophonium 174
Krebszellen 72
Kreosotum 59
Krummer Lutz von Schellenberg 199

Langbogen 69
Laute 69
Lebensbäumchen 19
Lebensfaden 63
Lentizellen 102
Lepomorph 216
Lichterbaum 136
Lignin 211
Limes 116
Linde 187 ff.
Lindenbast 192
Lindenblütenhonig 192

Maibaum 134, 138
Malus spec. 17 ff.
Malvengewächse 190
Mandelstein 61
Maria Dreieichen, Kirche 97
Maria Taferl 97
Mariä Lichtmess 44
Marmelade 71
Mastjahre 59
Maulbeerfeigenbaum 9
Medizinbaum 105
Methusalem 128

Midgard 79
Midgardschlange 79
Mimirs Baum 76
Mimirsbrunnen 74, 76, 122
Miniatursonnen 26
Mjöllnir 93
Moor-Birke 35
Moschuskrautgewächse 157
Mu-Err-Pilz 159
Musikinstrumente 191
Muspelheim 78

Nachhaltigkeit 80, 222
Nadelesche 74
Natürlichkeit 224
Nebelheim 77
Neiddrache 77

Odins Pferd 123
Offenheit 155
Ökologie 80
Ökosystem 222
Orakelbaum 183
Ötzi 38

Paclitaxel 72
Palmzweig 212
Panthea 150
Pantheon 61
Paradies 27
Paterzeller Eibenwald 68, 217
Pektin 22
Pentagramm 31
Peristere 95
Pfahlbau 70, 104
Pfahlwurzel 83, 143, 173
Phoroneus 108
Picea abies 125 ff.
Pinosylvin 180
Pinus spec. 171 ff.
Pionierbaum 34, 102, 172
Pioniergeist 34
Pionierpflanze 204

Quercetin 21
Quercus robur 83

Raubbau 54
Reinhardswald 217
Riesen 78
Rot-Buche 49
Roter Holunder 155
Rothwald 220
Ruhewälder 227
– Runen 61
– Gebo 122
– Ogham 65
Runenalphabet 61
Runenbefragung 63

Sababurg 217
Salicylsäure 209
Salige der Lüsner Alm 137
Salix alba 206
– *caprea* 206
– spec. 203 ff.
Sal-Weide 206
Sambucus nigra 155 ff.
Sand-Birke 35
Schamanen 12, 47, 111, 122, 136
Schamanenbaum 138
Schicksal 63
Schiffsbau 86
Schindelmacher 129
Schirmrispe 156
Schlange Ladon 27
Schmiedekunst 46
Schneeweißchen und Rosenrot 152
Schneewittchen, Märchen 17
Schnitzarbeit 104
Schüttgelb 39
Schutz 17, 51
Schutzengel 36
Schwäbische Alb 11
Schwarzer Holunder 155
Sekret 36

Senkwurzelsystem 115
Sibylle von der Teck 11
Silber-Weide 206
Sleipnir 123
Sommer-Eiche 84
Sommer-Linde 189
Sperrholz 38
Spreewald 102
Standbaum 102
Stiel-Eiche 83
Stomata 51, 66
Sturmriesen 28

Tanne 125 ff.
Tannenbaum 134
Tanzlinde 189, 197
Taxin 66
Taxol 72
Taxus baccata 65 ff.
Tempel zu Ephesus 150
Terpentinöl 174
Teufel 168
Teufelsbaum 206
Thingplatz 94, 151
Thors Hammer 78
Tiefwurzler 52
Tiermütter 136
Tilia spec. 187 ff.
Tinte 107
Titanen 108
Totenbaum 109
Totenbrettl 128
Totenkult 149
Trauben-Eiche 84
Trauben-Holunder 155

Unterwelt 167
Urbrunnen 74
Urtinktur, Eiche 91
Urwald
– Aletschwald 220
– Rothwald 220
– Sababurg 217

Venusberg 31
vertikale Städte 225
Vitamin
– B 21
– B2 162
– B6 58
– C 21, 42, 58, 162, 176,
– E 21, 162
– K 162

Waldglas 54
Waldmanagement 223
Waldohr 159
Waldtherapie 224
Walküren 46, 76
Wandelbaum 157

Wanen 75
Wasserbau 87
Wasserkreislauf 13
Weide 203 ff.
Weihekraft 125
Weihenächte 135
Weihnachtsbaum 135
Weihnachtszeit 29
Weiß-Birke 35
Weltenbaum 12, 74
Weltenklang 62
Weltesche 73
Westerwald 218
Wiese der Holle 169
Wildnisgebiet Dürrenstein 220

Winter-Eiche 84
Winter-Linde 189
Wunderbaum 183
Wünschelrute 150
Wurzelknöllchen 102

Xylit 41 f.

Yggdrasil 73 f., 123

Zapfen 101
Zauberlied 62
Zedlacher Paradies 219
Zentaur 196
Zirbe 171 ff.
Zirbeldrüse 179

Zirbenbett 179
Zodiak 150
Zunderpilz 53
Zwerge 30, 78

Register zu Personen, Götternamen und mythischen Figuren

Adonis 181
Antonio Stradivari 128
Aphrodite 31, 109, 181
Apollo 26, 45
Apuleius 211
Artemis 149, 181, 212
Artus, König 27
Aschera 9
Asklepios 197
Attis 181

Baldur 77
Bel; Belenos 168
Belili 212
Berchta 43, 136
Bestla 121
Bingen, Hildegard von 71, 105, 193
Birgid 43 ff.
Bock, Hieronymus 105
Bonifatius 84

Bragi 28, 62 f.
Bran 111
Brigitte 43

Carl Gustav Jung 122
Carl von Carlowitz 222
Ceres 96
Cheiron 197

Dag 62, 81
del Gesu, Guiseppe Guarneri 128
Demeter 93, 96, 110
Diana 60, 149, 212
Dioskurides 105
Donar 92

Erde 61
Erysichthon 96
Eurynome 108

Fafnir 201
Fee Morgane 27
Fee Viviane 182
Frau Ellhorn 10
Frau Holle 11, 29, 163 ff.
Frau Linde 10
Frau Weckolter 10
Freya 11, 31, 43, 46, 62, 80, 92, 122, 169, 198, 213
Frigg 28, 93, 123, 139, 198, 213

Gaia 109
Gebrüder Grimm 218
Gefjon 62, 80, 122
Goethe, Johann Wolfgang von 100
Grimm, Gebrüder 218
Groa 123
Gutenberg, Johannes 50

Hades 110
Halja 109
Hathor 9
Hati 81
heilige Brigitte 43
heiliger Andreas 191
heiliger Petrus 93, 168
Hel 74, 77, 80, 109
Hera 26, 110, 213
Herakles 27
Herkate 212
Hermes 151
Herodes 213
Hesperos 26
Hesse, Hermann 201
Holle 11, 29, 31, 93, 135 f., 151, 197, 213
Homer 94
Hönir G 13
Hygieia 197

Iduna 27
Inanna 8, 108, 212
Ischtar 8, 108, 212
Isis 181

Jesus Christus 168
Jörd 92
Judas 206
Jupiter 60, 92, 96

Kneipp, Sebastian 130
Kronos 108, 196
Kybele 181

Ladon 27
Loki 13, 77
Luzifer 168

Mani 81
Maria 44
Matthioli, Pietro Andrea 105

Merkur 151
Merlin 182
Mimir 74, 76, 121

Nott 62, 81

Odin 13, 28, 61, 73, 76, 80, 92, 120, 135, 139
Ödrörir 80, 122
Okeanos 196
Orpheus 213
Osiris 181
Ostara 28
Ötzi, Mann aus dem Eis 38

Pausanias 95
Persephone 213
Petrus 93, 168
Philyra 196
Phoroneus 111
Plinius der Ältere 182

Poseidon 110
Pritzel, Georg August 142

Renato Ruf 221
Rhea 108, 196
Riemenschneider, Tilman 191
Rinaudo, Tony 226
Rocholl, Theodor 218
Romulus 96

Saligen 136
Saravati 45
Schwanthaler, Ludwig 191
Sif 93
Sigurd 29, 201
Skoll 81
Skuld 63, 74 ff.
Sol 81
Stainer, Jacob 128
Steiner, Rudolf 113
Surtur 78

Tacitus 11
Thetys 196
Thor 79, 92, 165, 168

Uranos 109
Urd 74 ff.

Venus 31
Vescoli, Michael 108
von Bingen, Hildegard 71, 105, 193
von der Teck, Sibylle 11

Werdandi 74 ff.
Wodan 61, 92, 151

Zeus 92, 94, 109, 213

ABKÜRZUNGEN

spec. = Spezies, Art
cm = Zentimeter
m = Meter
km = Kilometer
km² = Quadratkilometer
mg = Milligramm
g = Gramm
kg = Kilogramm
ml = Milliliter
l = Liter

TL = Teelöffel
EL = Esslöffel
pH-Wert = potentia hydrogenii, Stärke des Wasserstoffs
°C = Grad Celcius
% = Prozent
D = Deutschland
A = Österreich
CH = Schweiz (Confoederatio Helvetica)

Bildnachweis

Mit 275 Fotos:

136 Fotos von Charlotte Fischer (S. 2, 8, 9 beide, 10, 11, 12, 13, 16, 18, 20, 22, 23 alle 3, 24 beide, 25, 26, 29 beide, 30 beide, 32, 34 rechts, 36 oben, 38 beide, 39 beide, 40, 41, 44, 45 rechts, 46, 47, 51, 55 alle 5, 57 rechts, 59, 61, 62 rechts, 65, 68, 69 alle 5, 70 links, 72, 76, 77 rechts, 79 rechts, 85, 86 beide, 89 rechts, 90 rechts, 93, 98, 100, 101 unten, 103, 104, 105 alle 3, 108, 110, 111, 117 beide, 119, 120, 122, 129 alle 6, 133, 134, 135, 136, 137 links, 144, 147 beide, 148, 151 beide, 153 beide, 158 beide, 159, 161 alle 3, 162, 163, 174 beide, 175 unten, 176 unten, 177, 178 beide, 179, 180 rechts, 184, 186, 192, 194, 195, 199, 201 links, 203, 205 links, 207, 214, 215, 224 beide, 225, 226 beide, 227 alle 3, 231 links), 121 Fotos von Conrad Amber (S. 4, 6/7, 14/15, 17, 19, 21, 28, 33, 34 links, 35, 37, 42, 48, 49, 50, 52 beide, 53 beide, 54, 56, 58, 60, 64, 67 beide, 71, 73, 77 links, 78, 79 links, 81, 82, 83, 87, 88, 89 links, 90 links, 91, 92, 95, 96, 97, 99, 101 oben, 106, 107, 112, 113, 114, 115 beide, 116 beide, 118, 121, 140, 141, 142, 143 beide, 145, 146, 152, 154, 155, 156, 157 beide, 168, 169, 170, 171, 172, 173, 175 oben, 176 oben, 182, 185, 187, 188, 189 beide, 190 beide, 191, 193, 196, 198, 201 rechts, 202, 204, 205 rechts, 206 beide, 208 oben, 210 beide, 211, 213, 217, 218 beide, 221, 222, 223, 231 rechts), 1 Foto von Conrad Amber / Johannes Gepp (S. 57 links), 2 Fotos von Conrad Amber / Andreas Ziemann (S. 180 links, 181), 2 Fotos von Susanne Allgaier (S. 36 unten, 70 rechts), 1 Foto von Andreas Hase (S. 230 unten), 1 Foto von Carmen Mayr (S. 160), 3 Fotos von Ursula Stumpf (S. 208 unten, 209, 230 oben links), 1 Foto von Ursula Stumpf / Carolina Visser (S. 62 links), 1 Foto von Vera Zingsem (230 oben rechts), 6 Fotos aus Wikimedia Commons (S. 31 von Yvanberthe; 45 links von Laineylee; 150 von Andreas Praefcke; 166 von Markus Goebel; 167 von Christoph Braun; 198 rechts von 4028mdk09)

Mit 20 Illustrationen:

16 Illustrationen aus Wikimedia Commons (S. 20 „Adam und Eva" von Lucas Cranach d. Ä.; 27 links „Herkules raubt die Äpfel der Hesperiden" von Lucas Cranach d. Ä.; 43 „Heilige Bridget von Irland", Urheber unbekannt; 63 „Iduna, Loki, Heimdall und Bragi" von Lorenz Frølich; 74 „Die Eiche Yggdrasil" von Friedrich Wilhelm Heine; 84 „Bonifatius fällt die Donareiche" von Daniel Nikolaus Chodowiecki; 94 „Gott Thor", Urheber unbekannt; 109 „Saturn" von Johann Ladenspelder; 123 links „Wodan" von Ludwig Pietsch; 123 rechts „Odin reitet zu Hel" von W. G. Collingwood; 149 „Diana", Urheber unbekannt; 183 „Die Verführung von Merlin" von Edward Burne-Jones; 197 links „Zentaur Chiron", Urheber unbekannt; 200 „Frigg, die Wolken spinnend" von John Charles Dollman; 212 links „Diana", Urheber unbekannt; 212 rechts „Freya auf dem Katzenwagen" von Ludwig Pietsch); außerdem 4 Illustrationen (S. 27 rechts sowie 75 aus Vera Zingsem „Der Himmel ist mein, die Erde ist mein"; 164 aus Karl Müllner „In den Zwölf Nächten"; 165 aus Alexander Sixt „Frau Holle – Berchtas Ausfahrt")

Impressum

Umschlaggestaltung: Andrea Burk, solutioncube, unter Verwendung von 1 Farbfoto von shutterstock („Buchen", von jatra)

Mit 276 Farbfotos.

Die in diesem Buch enthaltenen Angaben, Hinweise und Rezepturen sind von den Autoren nach bestem Wissen und Gewissen erwogen und geprüft. Sie entsprechen dem aktuellen Stand der Wissenschaft bei Veröffentlichung dieser Auflage. Jedoch können die Autoren und der Verlag keine Haftung für etwaige Schäden, die sich aus dem Gebrauch der dargestellten Behandlungsmethoden sowie Rezepten ergeben könnten, übernehmen – dafür bitten wir um Ihr Verständnis. Die in diesem Buch dargestellten Anwendungen stellen keinen Ersatz für medizinische Behandlungen jeglicher Art dar. Im Zweifelsfall sollten Sie die Anwendungen nicht ohne Konsultation eines Arztes, Heilpraktikers oder Apothekers ausprobieren.

Unser gesamtes Programm finden Sie unter **kosmos.de**.
Über Neuigkeiten informieren Sie regelmäßig unsere Newsletter, einfach anmelden unter **kosmos.de/newsletter**.

Gedruckt auf chlorfrei gebleichtem Papier

© 2017, Franckh-Kosmos Verlags-GmbH & Co. KG, Stuttgart
Alle Rechte vorbehalten
ISBN 978-3-440-15002-3
Projektleitung und Redaktion: Dr. Stefan Raps
Gestaltungskonzept: Peter Schmid Group
Satz: Katrin Kleinschrot, Stuttgart
Produktion: Markus Schärtlein
Druck und Bindung: Firmengruppe Appl, aprinta druck, Wemding
Printed in Germany / Imprimé en Allemagne

Baumbestimmung
—— ganz einfach

Erdbeerbäume, der Drachenbaum oder die Dattelpalmen sind heutzutage keine fernen Exoten mehr. Sie sind ebenso Teil unserer europäischen Heimat wie Stiel-Eiche, Rot-Buche oder Weiß-Tanne. Ob wir in Wald und Park, in Orangerien oder in den Urlaubsländern unterwegs sind: Dieser Naturführer porträtiert erstmals alle unsere europäischen sowie häufige außereuropäische Bäume. Alle Porträts mit einzigartig illustrierten Details zu Blatt, Blüte, Frucht, Rinde und Wuchsform.

304 Seiten, ca. €(D) 29,99

Der erfolgreiche Baumführer – jetzt aktualisiert und überarbeitet. 315 Bäume und die 55 häufigsten Sträucher Mitteleuropas werden in einzigartiger Kombination aus Farbfotos und Farbzeichnungen gezeigt. Zusätzlich zu den Farbfotos von Wuchsform und Borke helfen Farbzeichnungen von Blatt, Blüte und Frucht beim sicheren Bestimmen. Ein neuer Sonderteil zeigt Holzmaserung und Farbe von häufigen Bäumen.

288 Seiten, ca. €(D) 16,99

kosmos.de

Souverän mit Heilpflanzen umgehen

Immer mehr Menschen möchten Produkte für ihren täglichen Bedarf selbst herstellen – mit traditionellen, bewährten Techniken und aus dem nachhaltigen Rohstoff Pflanze. Das Praxisbuch von Kräuterfrau Ursula Stumpf zeigt, wie es geht: von pflegenden Kosmetika wie Cremes und Seifen bis zu Tees, Naturfarben und Körben oder Schnüren. Der Porträtteil mit 40 heimischen Pflanzen erklärt, welche sich wofür eignen und wo man sie findet. Die praxiserprobten Anleitungen werden Schritt für Schritt erklärt.

200 Seiten, ca. €(D) 25,–

Um Pflanzen wirklich kennenzulernen und für sich zu entdecken, muss man sie aus möglichst verschiedenen Blickwinkeln erkunden: als Botaniker, Gärtner, Ethnobotaniker, Koch und Gourmet oder Brauchtumsforscher. Es gilt, sie mit allen Sinnen wahrzunehmen. Um ihr Wesen zu entschlüsseln ist es hilfreich, ihren Geschichten, Sagen und Mythen zu lauschen. Kräuterkundige früherer Zeiten nahmen auf diese Weise intuitiv den Charakter einer Pflanze, ihre Persönlichkeit wahr – und nutzten dieses Wissen gerade in der Heilkunde. Rudi Beiser vereint all diese Zugänge in sich. In diesem Buch enthüllt er das Wesen seiner 13 Lieblingspflanzen, die er über 30 Jahre lang beobachtete. Charlotte Fischer setzt mit einzigartigen und wunderschönen Fotografien die Zauberwelt dieser magischen Pflanzen einfühlsam in Szene.

208 Seiten, ca. €(D) 29,99

kosmos.de